深度学习系列
DEEP LEARNING SERIES

深度学习与TensorFlow实战

李建军　王希铭　潘　勉　张真诚　许硕贵　孔德兴　徐国卿◎著

人 民 邮 电 出 版 社
北 京

图书在版编目（C I P）数据

深度学习与TensorFlow实战 / 李建军等著. -- 北京：
人民邮电出版社，2018.8
（深度学习系列）
ISBN 978-7-115-47884-9

Ⅰ. ①深… Ⅱ. ①李… Ⅲ. ①人工智能—算法 Ⅳ.
①TP18

中国版本图书馆CIP数据核字(2018)第025523号

内 容 提 要

本书主要讲解深度学习和TensorFlow的实战知识，全书分为10章，主要内容如下：第1章为深度学习概述，包括深度学习的基础知识、深度学习的生产力实现—TensorFlow、数据模型、TensorFlow项目介绍、TensorFlow工作环境的安装与运行；第2章为机器学习概述，讲解机器学习的定义、任务、性能、经验、学习算法、线性回归实例和TensorFlow的完整运行脚本；第3章介绍从生物神经元到感知器的内容，讲解基于MCP神经元实现布尔逻辑、感知器、使用感知器做分类等；第4章介绍人工神经网络，讲述的内容包括从感知器到多层感知器、带有权值的MCP神经元—感知器、反向传播神经网络、使用人工神经网络分类mnist；第5章介绍Logistic回归与Softmax回归；第6章介绍卷积神经网络，讲述感知器模式识别、卷积操作、卷积神经网络的结构、使用TensorFlow实现卷积神经网络的实例；第7章介绍循环神经网络，包括循环神经网络的特征、有限状态机、从MCP神经网络到循环神经网络等；第8章介绍LSTM循环神经网络，包括梯度弥散现象、长短期记忆网络、通过TensorFlow实现一个简单的LSTM；第9章深入讨论TensorFlow，讲解机器学习框架、计算图、神经网络与计算图、TensorFlow中的数据流图、使用GPU、数据可视化工具TensorBoard等；第10章为TensorFlow案例实践，包括构建TensorFlow的图片分类系统、准备代码和训练集、构造模型计算图、训练模型、评估模型的性能、多GPU训练等。

本书旨在帮助具有较少数学基础并期望在深度学习上有所作为的学习者，希望为他们提供一个快速上手深度学习的实战教程。本书适合阅读的读者包括相关专业的本科生或研究生，以及不具有机器学习或统计知识背景但想要快速补充深度学习知识，以便在实际产品或平台中应用的软件工程师。

◆ 著　李建军　王希铭　潘　勉　张真诚　许硕贵
孔德兴　徐国卿
责任编辑　张　涛
责任印制　焦志炜
◆ 人民邮电出版社出版发行　北京市丰台区成寿寺路11号
邮编　100164　电子邮件　315@ptpress.com.cn
网址　http://www.ptpress.com.cn
固安县铭成印刷有限公司印刷
◆ 开本：800×1000　1/16
印张：14.25　2018年8月第1版
字数：308千字　2024年7月河北第3次印刷

定价：59.00元

读者服务热线：(010)81055410　印装质量热线：(010)81055316
反盗版热线：(010)81055315
广告经营许可证：京东市监广登字20170147号

前　　言

人工智能、机器学习、深度学习是当今流行的前沿技术，人工智能是给机器赋予人的智能，机器学习是实现人工智能的一种方法，深度学习是实现机器学习的一种技术。

如果把人工智能比喻成一个人，机器学习就是一个会感知、会思考、会学习的大脑，而深度学习就是掌握了一种“超能力”或者“特异功能”的“超级大脑”。我们把人工智能用在语音识别领域，就能让机器更会“听”；把它用在计算机视觉领域，就能让机器更会“看”。也许若干年后，可能会出现一种全新的工具，它可以代替深度学习实现人工智能，人们要做的就是，在简单环境下用深度学习算法解决实际问题。

TensorFlow 是由 Google 公司开发、通过 C++工程化封装、以 C++和 Python 为 API 的一种深度学习框架；TensorFlow 也是一个以 Graph 为计算框架、以 Session 为运行环境、以 Operation 为运算单元的机器学习框架，这种框架保证了它的灵活性和易实现性。TensorFlow 提供了完整的开源代码，这就意味着无论个人开发者或者研究机构都可以编写自己的数学模型和算法，并对 TensorFlow 架构进行补充和完善，从而形成一个活跃的深度学习社区。TensorFlow 是当前最为流行的深度学习开发框架之一，其发展前景极好。本书旨在帮助具有一般数学基础并期望在深度学习上有所作为的学习者快速上手深度学习。

本书特色

（1）可以在无较强数学基础、无丰富编程经验的条件下开始学习深度学习并实践操作。

本书每章都列出了必备的数学知识，方便没有足够数学基础知识的读者学习。书中还讲解了必要的 Python 编写规范，以方便缺乏 Python 编程知识的读者能够尽快熟悉开发技术，并上手操作 TensorFlow。

（2）本书对深度学习的解读简单、生动，入门容易。

本书以深度学习（神经网络）的发展史为脉络，从神经网络这一学科最原始的概念出发，逐层深入各方面知识点，通过整理、提炼大量外文专著和原始文献思想，以简单、生动、凝练的方式书写，同时还使用了大量的图片和例子辅助说明，目的是让读者尽快进入实践角色。

（3）实例丰富，实践性强，让读者学以致用。

本书每章基本上配有代码实例。通过实例的演练，读者可以对学习的知识进行应用，强化学习效果。在本书最后一章，我们将前面 9 章的知识点连接起来，形成一个综合的项目实战案例，让读者可以体会到深度学习的强大之处。

另外，我们尽可能将所有章节的知识点加以封装和结构化，读者在学习时只需要对知识概念进行掌握，并在头脑里建立起一个系统化概念，就可以掌握深度学习的整个知识体系。以后，我们会完成一个关于深度学习原理及项目实践的系列教程，持续地分享 TensorFlow 开源社区的最新进展，以及我们自身的工程项目经验总结。

作者简介

李建军，博士，浙江省千人计划引进人才、浙江省钱江学者特聘教授。 专长：计算机视觉、人工智能技术及应用。

张真诚, 逢甲大学信息工程系教授，交通大学计算机工程博士。专长：网络安全、数据库设计、图像处理、信息隐藏、算法设计与分析。

孔德兴，浙江大学求是学者，博士、教授。专长：医学图像处理、医学人工智能。

许硕贵，医学博士，第二军医大学上海长海医院急诊科主任、战创伤急救中心执行主任，主任医师、教授。专长：危重创伤救治、生物材料、激光导航微创外科、骨折&骨不连。

徐国卿，博士，上海大学教授。专长：电力电子与电力传动，电动汽车能量管理与运动控制，新型磁电能量变换技术。

本书在编写过程中得到了杭州电子科技大学图形图像所、多媒体技术实验室的部分老师和同学的大力协助，特此表示感谢！他们为（排名不分先后）：羊丹、王菊仙、黄思铭、赵凌志、郑志新、王睿之、陈君博、李珂冉、李玉菊、虞杰、黄凯等。

由于编写时间仓促，书中难免存在不足之处，希望广大读者阅读后给予反馈，以便我们修订完善。本书编辑邮箱为 zhangtao@ptpress.com.cn。

李建军

于杭州

第1章　深度学习概述

1.1 人类的人工智能之梦

虽然各种机器威胁论不绝于耳，但制造出能像人类一样思考、能够解放人力的机器，一直以来都是科学家的一大梦想，他们将这个宽泛的领域统称为“人工智能”。

那么，人工智能是伪命题、伪科学吗？如何定义人工智能？到现在，人工智能到底发展到哪一步了？有没有可供参考的、可供实施人工智能的工具？这就是本书所要讲的内容。阅读完本书，你就能够对这些问题形成一个初步的认识。

关于人工智能的最早定义，还需要从计算机之父——阿兰·图灵说起。

看过电影《模仿游戏》的读者一定会知道，图灵设计了这样一个机器：它通过机械运动来模拟一个计算过程，并认为人类的智慧就存在于由它模拟的机器计算过程之中。于是，他在纸上设计了一个机器——图灵机。图灵机是计算机理论的基础，在计算机基础上，诞生了最初的人工智能理论。

图灵机模拟了人类进行计算的过程。假如我们要计算两个 3 位数的加法：456+789，则需要拿出一张草稿纸和一支笔并在纸上按照加法规则运算：从个位到百位逐位相加，超过 10 还需要注意进位，最后得出一个计算结果。

图灵机将这个过程简化为一个基本的计算问题：草稿纸被模拟成一条由格子组成的无限长的纸带；笔被模拟成一个可以读、可以擦写的读写头；10 以内的运算法则为读写头运行的程序；进位则被模拟成读写头的内部状态。首先设定好纸带上的初始信息和读写头的内部状态，以及程序规则，然后图灵机开始运行。

图灵机在每一时刻读入一个纸带信息，根据当前的内部状态查找相应的程序，从而给出下一时刻的内部状态并把信息涂写到纸带的格子上，如图 1-1 所示。

图灵机的模型得到了科学家的认可，这促使他开始认真思考机器是否能够具备人的智能。他逐渐意识到首先需要定义一个评价标准来定义一台机器是否具备智能。于是，图灵在 1950 年发表了“机器能思考吗”一文，提出了一个称为“图灵测试”的标准。

假设现有两间密闭的屋子，一个屋子里面放置了一台人工智能机器，另一个屋子里有一个人，屋外有一个测试者。测试者只能通过一根导线与屋子里面的计算机交流（如联网聊天）。如果测试者在有限的时间内无法判断出哪间屋子里关的是人，哪间屋子里关的是机器，那么就称这台人工智能机器通过了图灵测试（事实上，当初只要求超过 30%的测试者不能确定出人和机器），如图 1-2 所示。

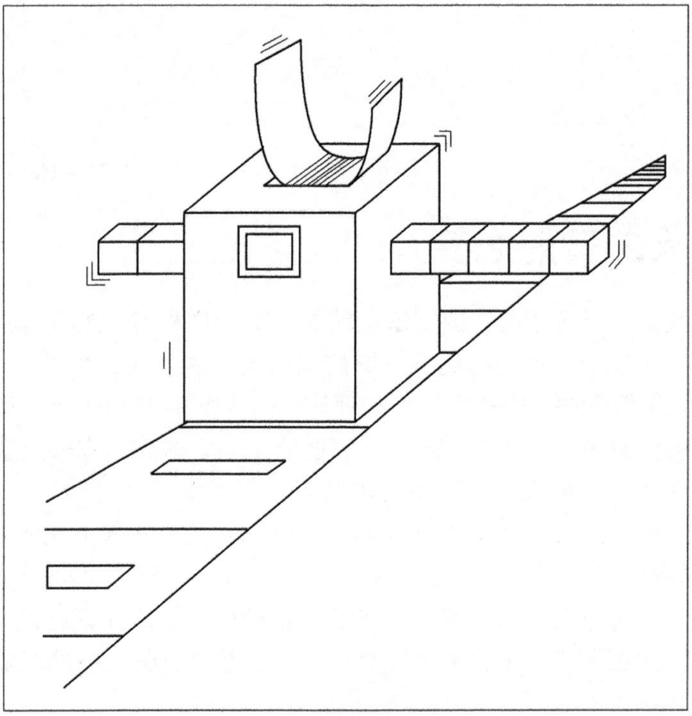

图 1-1　图灵机

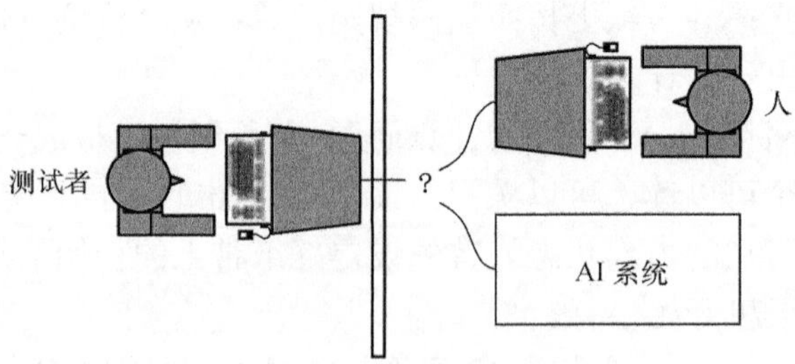

图 1-2　图灵测试

从图灵机和图灵测试这两个方面可以发现，图灵将人工智能等同于符号计算，并试图通过一个“黑箱模型”隐藏智能的本质，从外部对其性质进行判别。图灵的工作具有开创性，但也存在重大缺陷。他虽然大大推动了计算机事业的发展，但图灵测试和图灵机没有从细节上说清楚人工智能以及人工智能的实现方式，毕竟人类是有血有肉、有感情的生物，用纯粹的符号运算概括似乎有些过于简化了。

1.2 从遥想到实践

1956 年是人工智能元年。这一年夏天，在美国新罕步什尔州的汉诺威小镇，美丽的常春藤名校达特茅斯学院里群星闪耀。约翰·麦卡锡（John McCarthy）、马文·明斯基（Marvin Minsky）、克劳德·香农（Claude Shannon）、艾伦·纽厄尔（Allen Newell）、赫伯特·西蒙（Herbert Simon）等众多领域的科学家聚在一起，目标是“精确、全面地描述人类的学习和其他智能，并制造机器来模拟”。这次“达特茅斯会议”被公认为人工智能这一学科的起源。

达特茅斯会议之后，人工智能获得了不错的发展，陆续进行了不少出色的工作，如用计算机代替人类证明数学定理、击败人类选手获得美国跳棋州冠军等，但其实连我们渴求的强人工智能的门槛都还摸不到。人工智能学科也经历了几番大起大落。每一次人工智能的崛起都是因为某种先进的技术发明，而每一次人工智能遇到的瓶颈都是因为人们对于人工智能技术的期望太高，超出了它在技术上能达到的水准。有时，政府、基金会等甚至会撤资，从而导致研究人员没有足够的资金去从事相关研究。

从图灵测试的设计中，可以看出科学家将人工智能机器看成一个黑箱，用各种方法与这个黑箱进行沟通，并得到黑箱的反馈。可以用 3 种方式对待这个黑箱：

（1）完全不管黑箱中的内容，只关心人与黑箱之间的交流，以期通过图灵测试。

（2）仔细审视黑箱中的内容，调整黑箱中的内容来通过图灵测试。

（3）观察和模仿自然界的各种生命活动（将它们看成黑箱），以期模拟出一个黑箱。

这 3 种对待人工智能（黑箱）的方式，产生了三大人工智能学派。

1.3 三大人工智能学派

1.3.1 符号学派

符号学派不考虑黑箱如何构造，而是强调它的智能行为和表现。只要黑箱的表现符合一定标准（如满足图灵测试）或者表现出一定的生物智能行为，就认为实现了人工智能。因此，可以将这种观点概括为“物理符号系统假说”（physical symbolic system hypothesis）。符号学派将人工智能看成一个软件而非硬件，并重点关注人工智能黑箱与外部交互的部分。

1.3.2 行为学派

行为学派的出发点与符号学派不同，他们将关注点聚焦在低等生命。如果我们观察许多动物的行为，可以发现某种“智慧”的表象。例如，单个蚂蚁结构简单、智力低下，但一窝蚂蚁能构筑庞杂、舒适的巢穴，并非常明智地选择生存策略；又如，燕群飞翔时似乎总能保持完美的队形，这是我们人类目前所不能理解的“群体行为智力”。行为学派受到了这种低等生物集群智慧的启发，认为人工智能可以通过设计低等的智慧并“涌现”出“人工智能”。

1.3.3　连接学派

人类的智慧活动主要来自大脑的活动，而大脑是由亿万的神经元通过复杂的连接构成的。一个构建人工智能很自然的想法是：能不能通过模拟人脑的结构来实现类似大脑的智力呢？如果把智力活动比作软件，那么支撑这些活动的神经网络就是相应的硬件。对比符号学派，我们发现主张人工智能的科学家实际上在强调高级的人工智能活动是从大量神经网络的连接中自发出现的。因此，他们又称为连接学派。

1.4　连接学派中的神经网络

本书所述内容的核心是深度学习（又称深度神经网络），它正是连接学派的一个分支。下面会具体介绍神经网络，其发展史如图 1-3 所示。其中列出了从 1943 年到 2015 年神经网络发展史中的里程碑。

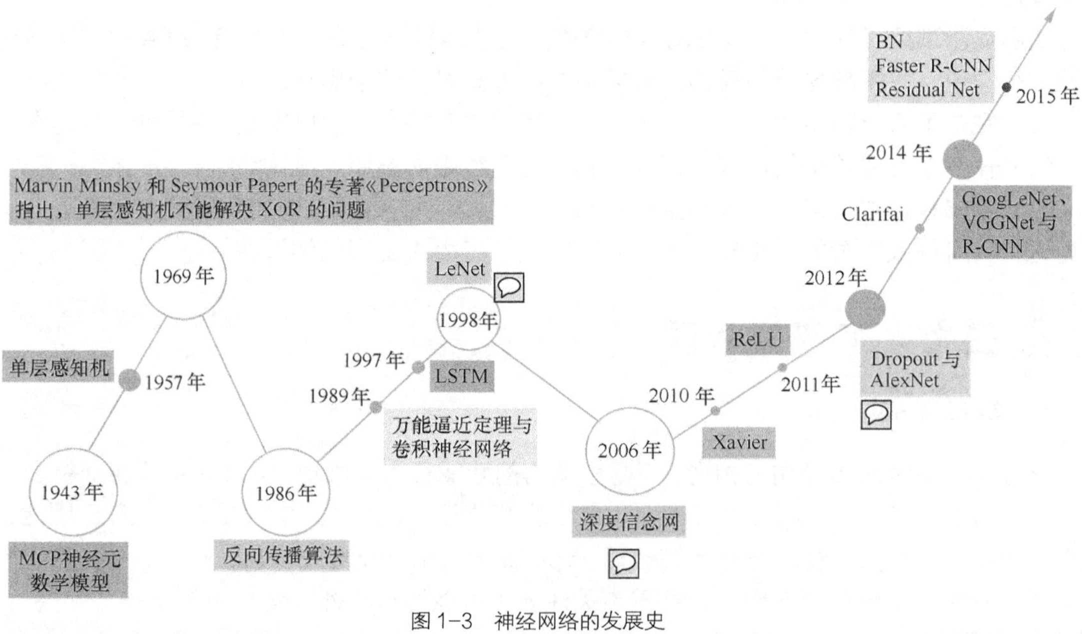

图 1-3　神经网络的发展史

故事要从 1943 年开始说起。Warren McCulloch 和 Walter Pitts 构建了称为 MCP 人工神经元的模型，当时希望能够用计算机来模拟人的神经元反应过程。该模型将神经元简化为 3 个过程：输入信号线性加权、求和、非线性激活（通过阈值），如图 1-4 所示。

可以通过这个简单的模型模拟一些常见的函数，并进行自学习优化。这个模型是不完美的，它只是简单地模拟了一个神经元的行为，而人类大脑中的神经元总数达到了 500 亿个之多，离产生人工智能还相距遥远。

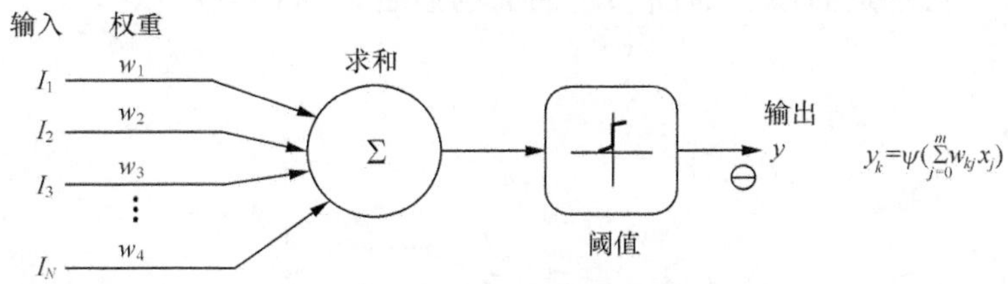

图 1-4 MCP 人工神经元模型

1957 年，Rosenblatt 对 MCP 神经元加以改良，发明了感知器（Perceptron）算法，这一算法将神经元活动抽象为一个数学模型，它可以对多维数据进行分类，并且能够使用梯度下降法从训练样本中自动学习更新权值。这一创新将神经网络理论用于人工智能向前推进了一大步，也激起了人工智能的第一波发展浪潮。

然而，到了 1969 年，美国数学家 Marvin Minsky 和 Seymour Papert 合著了一部关于感知器的著作（英文书名称为《Perceptrons》），针对感知器的局限性做了严谨的分析。

在该书中，他们证明了感知器本质上是一种线性模型，只能处理线性分类问题。例如，感知器在分析布尔函数中的异或（XOR）问题时，不能对异或分类问题进行线性分类。这实质上在理论上锁死了感知器继续发展的上限，也在某种程度上成为导致神经网络研究陷入近 20 年停滞的一个标志。

关于 MCP 神经元感知器，将在第 3 章中详细论述。

1986～1998 年是神经网络的第二次发展高潮。

到了 1986 年，感知器不能解决非线性问题的缺陷被 Hinton 弥补，他提出了适用于多层感知器（Multi-Layer Perceptron，MLP）的反向传播（Back-Propagation，BP）算法，并引入了 sigmoid 非线性激活函数进行非线性映射，从而有效解决了非线性分类中的参数学习问题。

多层感知器是对感知器模型的发展，它解决了单个感知器不能够解决复杂任务的问题。如果假设感知器为一个神经元细胞，那么多个感知器组成的多层网络则可以视为一个神经元细胞组成的神经网络。感知器只有一个输入层和一个输出层，而多层感知器将前一层感知器的输出作为下一层感知器的输入，从而组成包含一个输入层、多个隐层和一个输出层的神经网络，依靠多个隐层可以处理复杂很多的任务，并且能够解决异或分类的问题（见图 1-5）。然而，Marvin Minsky 在其《Perceptrons》中认为，世界上没人发现可以将 MLP 训练得足够好，因此神经网络是没有前途的。而 Hinton 所提出的 BP 算法正好成功地解决了 MLP 网络参数的训练难题。

1989 年，Robert Nielsen 证明了多层感知器的万能逼近定理，即对于任何闭区间内的一个连续函数 $f(\cdot)$，都可以用含有一个隐层的 BP 网络来逼近。用通俗的语言来讲，单个感知器只能模拟一个简单的线性方程式，即模拟出简单的直线、平面及超平面（比样本空间维度少一维的平面，可用于对样本空间进行划分），在感知器的输出层引入非线性函数，则可以将直线、平面及超平面变为曲线、曲面和超曲面；如果由多个非线性感知器组成一个神经网络，实际上，它就是曲线、曲面和超曲面的组合，这样就可以拟合一切连续函数了，如图 1-6 所示。

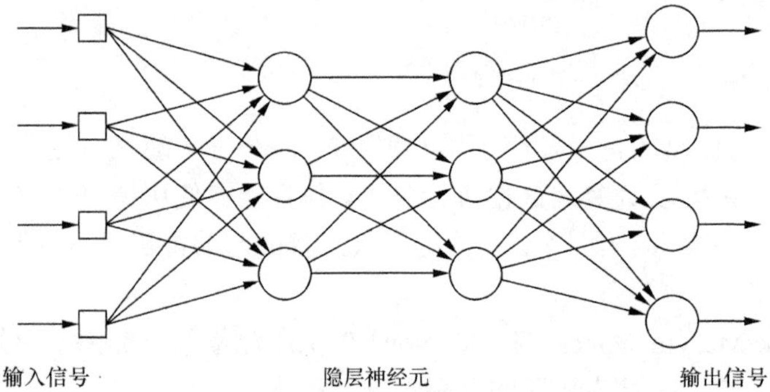

图 1-5　多层感知器示意图

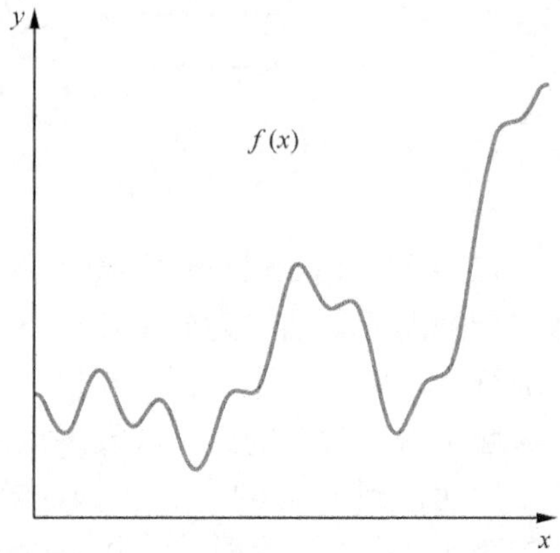

图 1-6　神经网络可以拟合一切连续函数

按照这个思路发展下去，多层感知器组成的人工神经网络应当具有逼近一切连续函数的能力。既然连接主义者认为人工智能的实现方式在于那个黑箱内部的连接方式，那么只要实现任意函数拟合，也就能够实现任意的连接方式。同样在 1989 年，Yann LeCun 发明了卷积神经网络——LeNet（见图 1-7），并将其用于美国邮政系统的手写数字识别，取得了非常好的成绩，这意味着神经网络拟合的“人工智能”已经可以看懂人类写数字了！那么距离它实现强人工智能似乎只是时间问题了。

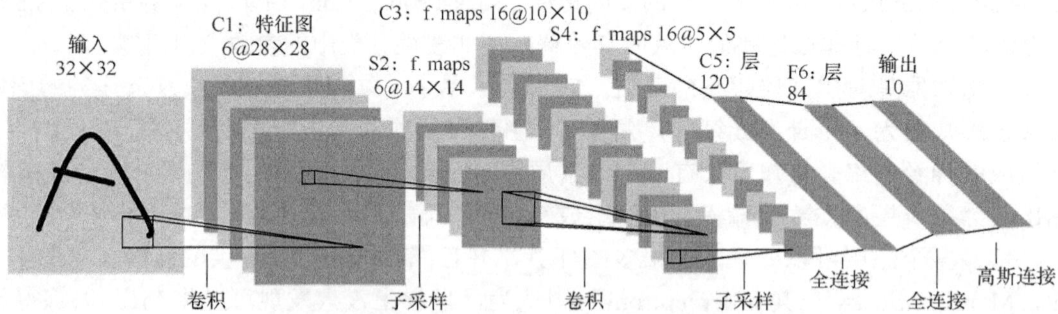

图 1-7　LeNet 结构图（来自 Yann LeCun 的论文）

然而，事情却没有那么顺利。首先，神经网络是一种连接方式，而这种连接方式并非实体，而是存在于计算机编写的代码中，并运行于内存中。尽管这个神经网络可以任意扩展下去，但计算机的计算能力跟不上。其次，神经网络的增加需要海量的数据进行训练，而在那个互联网还没有普及、传感器成本极高的时代，数据是极其稀缺的，这导致我们无法找到充足的数据来“喂养”我们的模型。最后，算法本身就存在严重缺陷，

1991 年指出 BP 算法存在梯度消失问题，即误差梯度在从后向前传递的过程中会逐渐变小。对于一个层数比较多的神经网络，误差梯度传到前层以后几乎为 0，这导致模型参数无法训练。

前面已经提到，为了提高“智力”，多层感知器必须依靠增加神经网络的深度以逼近更复杂的连续函数。而对于一个使用 BP 算法的深度神经网络，其参数因为梯度消失问题而几乎无法学习，这实际上又给神经网络的未来带来了很大的不确定性。由此，对神经网络的探索在 20 世纪末又再次陷入沉寂，许多神经网络的学者不是投稿被拒，就是另寻他路。

1.5 神经网络的“新称谓”——深度学习

由于种种原因，神经网络的发展再一次跌入低谷，但 Hinton 及其他几位科学家坚持了下来。事情的转机发生在 2006 年，困扰科学界多时的梯度消失终于有了合适的解决方案。为了让科学界重新接受神经网络，他们用“深度学习”来替换已经让人心生厌烦的“神经网络”一词，神经网络的“新称谓”——深度学习，就此登上历史舞台，并开启了第三次神经网络发展的高潮。

2006 年是深度学习元年，Hinton 提出了网络训练中梯度消失问题的解决方案：无监督预训练对参数进行初始化+有监督训练微调。其主要思想是：首先通过无监督方法学习到训练数据的结构（如自动编码器），然后在这一结构上进行有监督训练参数微调。

2011 年，有人提出了 ReLU 微调，该激活函数能够有效地抑制梯度消失问题。

2012 年，为了证明深度学习的潜力，Hinton 课题组首次参加了 ImageNet 图像识别比赛（一个识别图像中物体分类的大赛）。他们通过构建 CNN 网络 AlexNet 一举夺魁，而且 AlexNet 的分类正确性大大超过了 SVM 模型（一种经典的统计学习方法）。曾经被冷落的神经网络，自此开启了“逆袭”之旅。

2015 年，Hinton、Yann LeCun、Bengio 论证了局部极值问题对于深度学习的影响，结论是损失函数的局部极值问题对于深度神经网络的影响可以忽略。这一论断消除了笼罩在神经网络上局部极值最优化问题的阴霾。具体原因是深度网络虽然局部极值非常多，但是通过深度学习的批量梯度下降（batch gradient descent）优化方法很难陷入局部极小值，就算陷进去，也非常接近于全局最小值。

神经网络发展的第三次浪潮不仅是因为算法上的革命，还受到 20 世纪 90 年代计算机硬件发展的影响。得益于摩尔定律，计算机相比过去快了数十倍、数百倍，这使得处理大规模数据集和深度神经网络成为可能。但这还不够，CPU 开始逼近单核算力的上限，计算能力开始主要通过数个 CPU 并行计算来增长，但大型数据集的规模和神经网络层数越来越多，主流的 CPU 并行计算也不能满足对计算能力的要求，GPU 并行计算模式开始崭露头角。

最先意识到这一点的是 Abdel-rahman Mohamed 和 George Dalh，他们与 Hinton 合作发现了利用多个高端显卡有效训练并模拟神经网络的架构方法。由于不同的模型和不同的训练集需要的计算量不同，因此利用 GPU 代替 CPU 做并行计算到底能有多少效率的提升很难定量地说明，但是使用 GPU 后效率的提高是显而易见的。以往需要数周训练的一个模型，在使用 GPU 后，训练时间可以压缩到几天甚至是几个小时。这也就意味着深度学习可以从实验室走出来，开始朝着商业化应用的方向发展了。

另一位深度学习生产化应用的先驱 Andrew Ng 对分布式计算有着深刻的认识，他逐渐意识到利用大量训练数据与快速的计算能力结合产生商业化应用的发展潜力被严重低估。在当时，“大数据”的发展如火如荼，其概念也已经深入人心。但如何对大量的训练数据进行计算并挖掘其中有用的数据而产生价值，却是一个亟待解决的问题。而这个问题在深度学习的语境下可以理解为：在一个计算能力强大的 GPU 分布式计算平台上，使用大量的训练数据对一个深度神经网络模型进行训练，可以很好地减少传统模型过拟合的问题，从而让模型的预测、识别精度再上一个台阶（例如，识别人类语音、识别图片中的物体，甚至自动驾驶汽车等），接近甚至超过人类的水平。

于是 Google 技术专家 Jeff Dean 很快与 Andrew Ng 取得联系，并借助 Google 的资源一同创建了谷歌大脑（Google Brain）实验室。他们使用深度神经网络模型训练了 YouTube 上存储的大量视频数据，让模型试着去学习如何辨别一只“猫”，这个模型的识别精度已经接近了人类的最好水平。

从上文中我们可以发现，Hinton、Yann LeCun、Bengio、Andrew Ng 对神经网络的第三次崛起（即深度学习）做出了非常大的贡献，可以说他们是开宗立派式的人物。而神经网络的发展，也从少量数据集、依靠较弱的 CPU 计算性能和简单的参数算法，朝着大量数据集、GPU 并行计算，以及更好和更灵巧的算法方向发展，我们可以将深度学习总结为：

深度学习=海量训练数据+并行计算+多层神经网络算法

1.6 深度学习的生产力实现——TensorFlow

现在认真审视一下 1.5 节中提到的深度学习的“伪公式”：深度学习=海量训练数据+并行计算+多层神经网络算法。

（1）因为深度学习的结构，使它具有较传统模型更强的表达能力，从而也就需要更多的数据来避免过拟合的发生，以保证训练的模型在新的数据上也能有可以接受的表现。为了能够进行深度学习，你必须有非常多的训练数据，这个“非常多”并不是指 PC 里面 GB 级的数据，而是云服务器中 TB 级、PB 级的数据。因此，深度学习的商业化应用诞生在 Google、Amazon、Microsoft 这样拥有海量数据的“大公司”也就合情合理了。

（2）为了能够在可接受的时间内对这些庞大的数据进行计算，需要设计一个全新的计算架构（当然，也可以用一台普通的 PC 来计算这些数据，但仅仅等待就有可能花去非常长的时间）。前面提到 GPU 并行计算的性能远远大于 CPU 并行计算（这并不是说 GPU 强于 CPU，而是说 GPU 更适合处理琐碎的深度学习计算），因此设计一个基于 GPU 并行计算的软件平台则是当务之急。

（3）人工神经网络是一个能够学习、能够总结归纳的系统，也就是说，它能够通过已知数据来学习和归纳总结（看完此书以后，你将会理解我说的这种基于数据的学习）。人工神经网络通过已有数据和设定目标之间的联系，能够自我迭代训练，从而产生一个在具体问题（取决于你设定的目标）上的“类人”判断系统。

TensorFlow 正是在这样的背景下产生的。一方面，Google 的云服务器中拥有大量的优质训练数据；另一方面，它还是一个喜欢新鲜事物、追求创新的公司。2011 年，Google 开发了一个深度学习基础架构 DistBelief。2016 年，Google 在其之上加以改进，开源了现在称为 TensorFlow 的深度学习架构。其命名来源于这一架构本身的运行原理：Tensor（张量）意味着 N 阶张量，Flow（流）意味着以张量数据为基础的数据流图（DataFlow）的计算。TensorFlow 可以简单地表述为：张量从数据流图的一端流动到另一端的计算过程。前文所述的深度神经网络则可以通过这个数据流图进行模拟。这样，TensorFlow 就可以将复杂的数据结构通过深度神经网络进行训练，并实现某种程度上的“人工智能”。

现在我们知道了 TensorFlow 由“Tensor”和“Flow”两部分组成。为了更深入地了解 TensorFlow，我们分别了解“Tensor”和“Flow”的内涵。

1.6.1 TensorFlow 之 Tensor

Tensor 指的是张量，即多维数组。可以用“阶”来定义数组的维度。例如，0 阶数组是一个常值张量；1 阶数组是一个向量；2 阶数组是一个矩阵，依次类推，见表 1-1。

表 1-1 张量

阶数	表示的量	数组的表示方法	空间想象
0	常量	$s=1$	一个点
1	向量	$s=[1, 2, 3]$	一条线
2	矩阵	$s=[[1, 2, 3], [4, 5, 6], [7, 8, 9]]$	一个平面
3	3 阶张量	$t=[[[1], [2], [3]], [[4], [5], [6]], [[7], [8], [9]]$	一个立方体
n	n 阶张量	……	……

这样做的好处是什么呢？一个 n 阶张量可以存储一个大批量的数据。例如，现在有一张像素为 28×28 的图片，我们可以用一个 28×28 的二阶张量来表示它（见图 1-8）。

这对于黑白图片是可行的。假设这张图片是彩色的，有 3 个颜色通道（channel），则可以增加一个维度，用一个 3 阶张量来表示它（见图 1-9）。

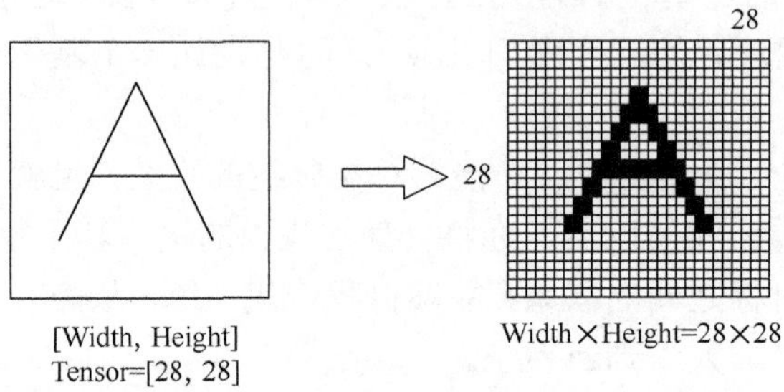

图 1–8　用 28×28 的二阶张量表示 28×28 像素的图片

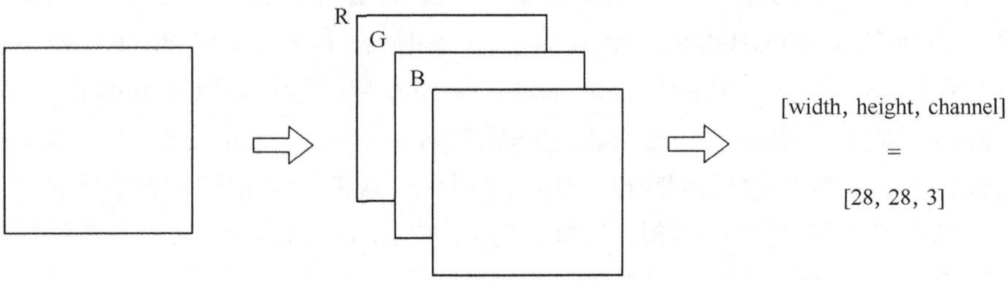

图 1–9　用 3 阶张量表示彩色图片

那么，如何把 100 张这样的图片打包成一批（batch）呢？可以用一个 4 阶张量，将这 100 个图片都包含进去（见图 1-10）。

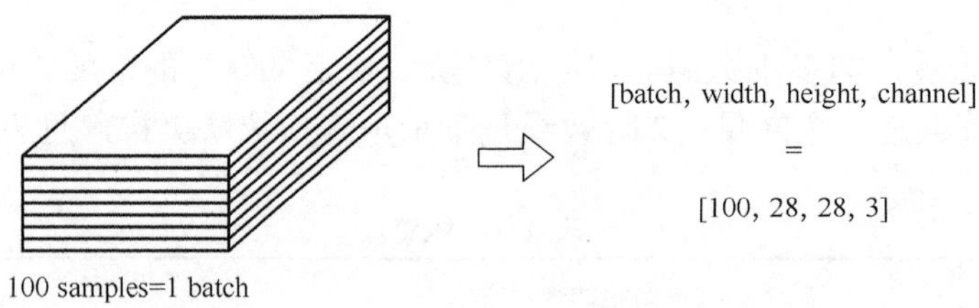

图 1–10　用 4 阶张量表示 100 张彩色图片

这样就可以将 100 张图片的所有信息包含在一个张量当中了。原则上，只要内存足够大，就能够放足够多的数据进去。那么，这样做的好处是什么呢？张量化处理可以很明晰地将大量数据打包成一批一批的训练文件，同时还不用花太多的时间像程序员那样定义各种各样的变量，设计如何更好地使用、回收内存，以及如何更好地循环等工作（这是一件既烦琐又容易出错的工作），TensorFlow 已经将这部分工作封装好并以简单的方式呈现给你了。

1.6.2　TensorFlow 之 Flow

Flow 指的是流动，即 Tensor 在数据流图中的流动。在 TensorFlow 中，一切的计算都是以矢量的计算方式从模型的一端流向模型的另一端。

这样描述有一些抽象，我们举一个例子：假如现在有两个矢量 T_1（tensor-1）和 T_2（tensor-2），对它们做一个矢量乘法（叉乘），并将结果放在矢量 output_tensor 中，那么在 TensorFlow 中定行就如图 1-11 所示。

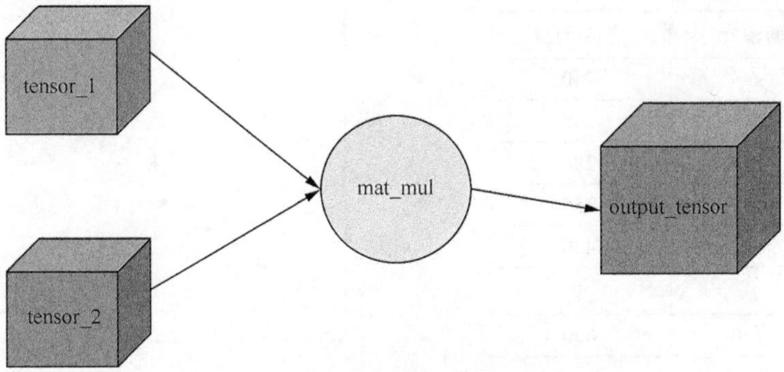

图 1-11 矢量相乘示意图

假如现在有 10000 个 T_1 和 T_2 进行 10000 次计算，就表现为 Tensor 从一端向另一端的数据“流动”，而整个计算过程也展现为一个“数据流图”。

事实上，在 TensorFlow 中，神经网络模型也表现为一个数据流图，如对一个简单的拥有两个隐层的神经网络而言，其模型见图 1-12。

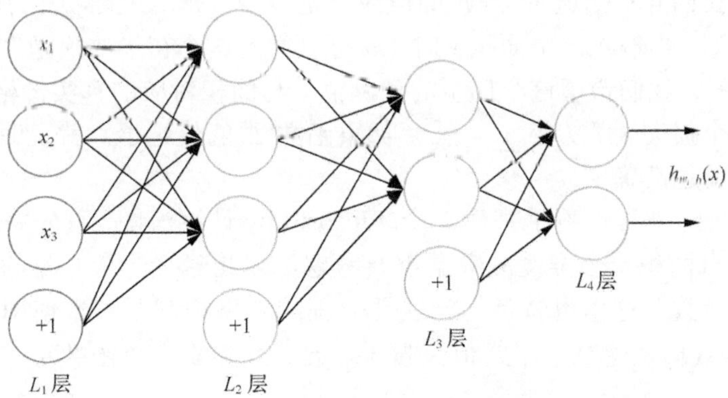

图 1-12 拥有两个隐层的神经网络

TensorFlow 会将它表现为一个数据流图的形式，它以矢量数据流的形式进行计算，这是一种所见即所得的计算架构。

现在你是不是开始对 TensorFlow 有一些了解了？下面看一下这种数据流图到底有什么作用。

1.6.3 TensorFlow 之简单的数据模型

假设你是一名地产商，掌握着 10 万套房子的面积和房价信息（为了简化问题，假设房产的价格大致与面积呈线性相关），在你的数据库中有表 1-2 所示的一组数据。

由于假设房屋面积与房价大致呈线性相关，因此大致可以画成如图 1-13 所示的图。

表 1-2　房屋面积与房价信息

序号	面积/m^2	房价/万元
1	60	240
2	65	255
3	70	280
4	89	355
5	120	480
⋮	⋮	⋮
100000	150	600

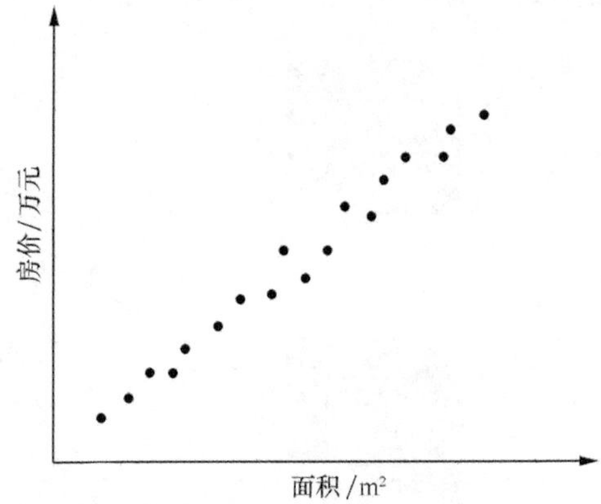

图 1–13　房屋面积与房价的线性关系

现在你希望利用 TensorFlow，并通过目前已经掌握的数据，来训练得到一个只要输入房屋面积就可以大致得出对应房价的模型。显然，可以建立一个简单的一元线性方程 $\hat{y}=wx+b$ 来拟合这段数据。这个一元线性方程就是一个简单的模型。这里的 w 和 b 就是模型的参数，我们通过输入训练数据来对参数进行学习。

显然，一开始我们并不知道 w 和 b 的值应该是多少，那么就随机赋予它们一个值，继而产生一个初步的模型。当输入一个面积 x 时，就可以通过这个初步的模型产生一个临时的预测值 $\hat{y}$。然后怎么办呢？我们希望这个模型的预测值 $\hat{y}$ 与面积对应的真实价格 y 尽可能接近，因此可以设计这样一个损失函数 $L=(\hat{y}-y)^2$，如果函数 L 的值越小，就说明预测值越接近真实值，模型的预测也就越准确。

设计好了该模型，就可以着手搭建一个 TensorFlow 计算流图：首先将房屋面积数据用矢量打包好，由于只有面积一个维度的数据需要考虑，因此建立一个 0 阶的常值矢量即可，假定为 x；同样，将参数（这里也就是一元线性方程的斜率和截距）也使用常值矢量表示；房价 y 也是一个一维数据，建立一个常值矢量 y；最后，建立一个函数 L，显然这也是一个常值函数。

生成的计算流图如图 1-14 所示。

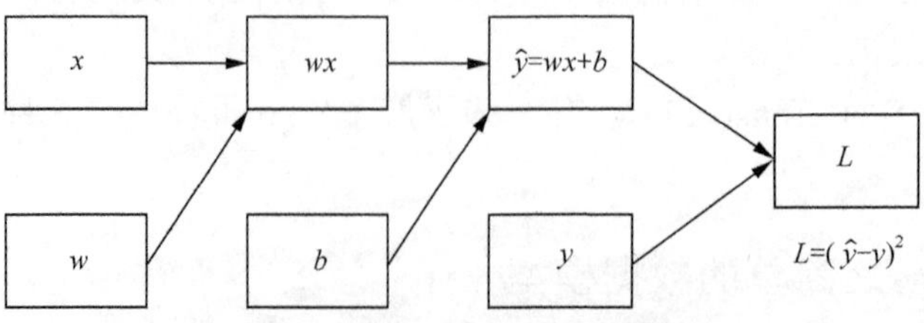

图 1–14　房屋面积和房价的计算流图

然后，使用一个称为梯度下降的算法来对 w 和 b 进行参数微调（这是一个经典的算法，将会在后面章节中详述。简单地说，就是微调参数 w 和 b，使函数 L 不断地变小。我们将房屋面积的仗量值从计算流图的一端（x）流向另一端（函数 L），根据函数 L 的梯度修正 w 和 b，直到 L 收敛为止。最终的结果是预测矢量 $\hat{y}$ 非常接近于真实房价 y，模型也就训练完毕了，如图 1-15 所示。

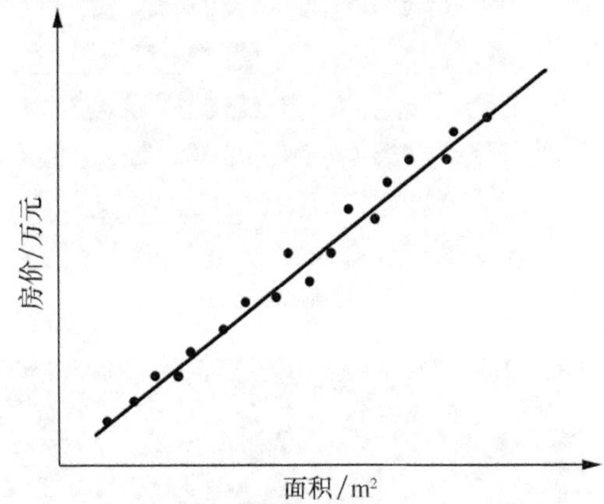

图 1-15 最终的预测矢量 $\hat{y}$

现在再考虑一下计算效率问题。假设计算机一次可以完成 100 个房价的计算，那么如果只是采用单个房价矢量输入这样的“小水管”，显然就太浪费时间和计算资源了。我们可以将这 100 000 个数据分割成 1000×100 的数据集，即 100 个房价样本组成一个批次（batch），这样，输入 1000 个批次，就能完成计算（而之前必须输入 100 000 次，效率提升了 100 倍）。

如何操作呢？我们只需要增加每个矢量的维度，将批次考虑进去，此时的矢量乘法变成了二维的矩阵叉乘，最终将函数 L 修改为 $\sum_{i=1}^{100}(\hat{y}-y)^2$，即 100 个样本所产生的总值（也可以求其平均值）。

这样，我们用 TensorFlow 训练就完成了一个房屋面积-房价的预测模型，而这个计算流图本身就是 TensorFlow。相信你已经领会到了 TensorFlow 的核心理念。

1.7 TensorFlow 项目介绍

在正式学习深度神经网络和 TensorFlow 之前，首先看一下已有的成果。

- TensorFlow Playground 可视化训练人工神经网络。
- 服装推荐系统：推荐系统正逐渐成为一种巨大的财富。随着产品种类的增加，企业迫切需要一种能够智能锁定产品潜在消费者的工具，深度学习恰恰能在这方面很好地帮助我们。读者可搜索 clothing-matching 进行了解。
- 日本一位农夫（其实是一位电气工程师）训练了一个 TensorFlow 模型，它可以按照大小、形状以及其他特征来挑选黄瓜并分类，如图 1-16 所示。
- 澳大利亚海洋生物学家使用 TensorFlow 在数以万计的高清照片中寻找海牛，以更好地了解这个濒临灭绝的群体数量，如图 1-17 所示。
- 放射科医生通过 TensorFlow，使其在医学扫描中能够识别帕金森病的迹象，如图 1-18 所示。
- 数据科学家在树莓派上使用 TensorFlow 来追踪记录加州火车的动态，如图 1-19 所示。

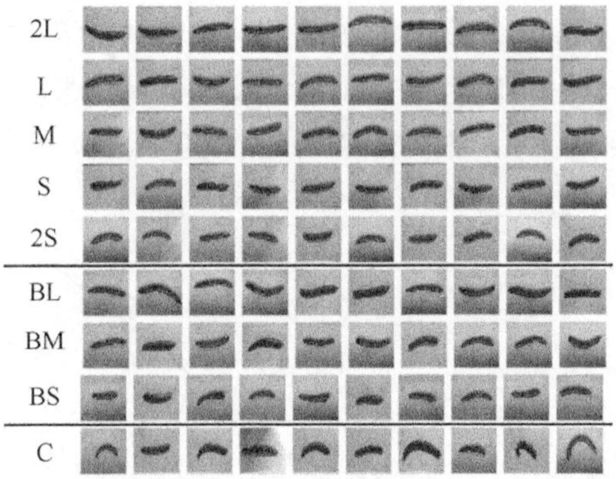

图 1-16　对黄瓜进行分类

图 1-17　从高处拍摄的照片中寻找海牛

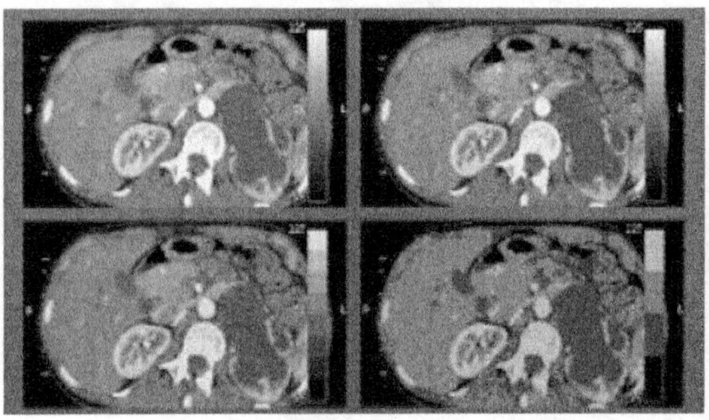

图 1-18　医学扫描图

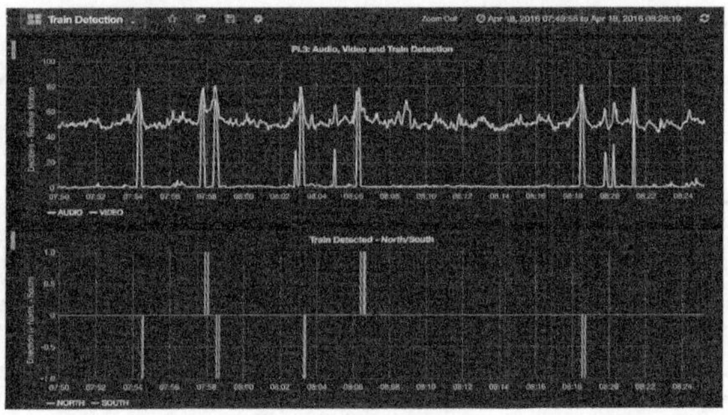

图 1-19　火车动态追踪

- Magenta 项目正在开发新一代基于强化学习的模型，它能够进行音乐艺术创作，如图 1-20 所示。
- 当然，还有那个闻名于世的 AlphaGo，也是用 TensorFlow 做的，如图 1-21 所示。

图 1-20　音乐创作示意图

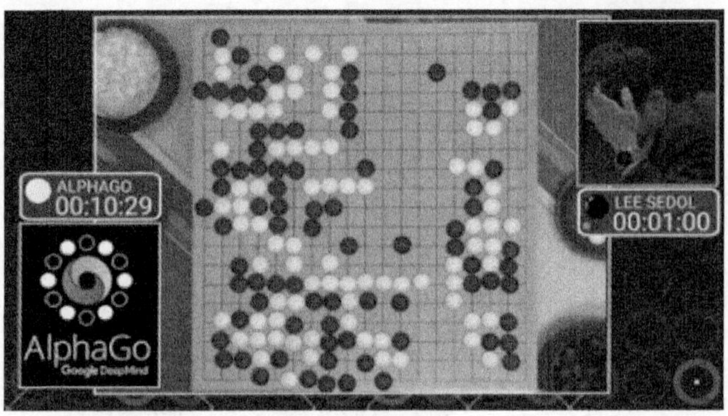

图 1-21　AlphaGo

1.8 TensorFlow 工作环境的安装和运行

TensorFlow 有以下两种运行模式。

- 仅用 CPU 计算的模式。
- 使用 CPU+GPU 计算的模式。

仅用 CPU 计算的配置比较简单，但计算模型速度很慢（这一点会在第 9 章详细介绍）。虽然使用 CPU+GPU 计算的配置较为烦琐，而且还需要显卡（GPU）支持 CUDA 开发套件，但计算效率会提升很多（例如，训练一个模型从几小时降到十几分钟）。

TensorFlow 的官方文档中提供了非常详细的安装方法，下面介绍其中两种。

1.8.1 Ubuntu 环境下基于 Virtualenv 的安装方法

这里介绍一种基于 Virtualenv 的安装方法。Virtualenv 可以搭建一个虚拟安装环境，在这个虚拟环境下安装不同版本 TensorFlow 所需要的依赖包，避免不同版本之间的混淆。具体安装步骤如下。

1）打开 Terminal，安装 pip 和 Virtualenv。

```
$ sudo apt-get install python-pip python-dev python-virtualenv
```

2）创建虚拟环境。

```
$ virtualenv --no-site-packages ~/tensorflow
```

~/tensorflow 指存放虚拟环境的位置。--no-site-packages 指不使用系统自带的 pip 包。

3）激活虚拟环境（以后开启 TensorFlow 都要先激活虚拟环境）。

```
$ source ~/tensorflow/bin/activate
```

命令行左侧会出现一个表示 TensorFlow 的标志$，说明已经进入虚拟环境了。这样，你就可以随意地下载 pip 安装包，而不用担心 pip 安装的依赖之间出现版本冲突问题。

如何安装 GPU 版的 TensorFlow

如果想使用 GPU 版的 TensorFlow，那么必须先配置好 CUDA 和 CUDNN 两个依赖:

要安装 CUDA，可以在 nvidia 网站找到参考资料。

要安装 CUDNN，可以在 nvidia 网站找到参考资料。

安装 TensorFlow 的命令如下。

```
(tensorflow)$ pip install --upgrade tensorflow # 这是使用 CPU 计算的版本
(tensorflow)$ pip install --upgrade tensorflow-gpu # 这是使用 GPU 计算的版本
```

pip 会安装一系列运行 TensorFlow 所依赖的库。

如果下载的速度有点慢，那么可以使用 Ctrl+C 组合键终止安装，然后使用国内的 pip 镜像安装，例如:

```
(tensorflow)$ pip install --upgrade tensorflow -i https://pypi.douban.com/simple/
```

4）确认是否安装成功。

进入 Python 环境，然后使用 import tensorflow 查看 TensorFlow 是否安装成功。如果没有报出什么错误，就说明安装成功了。

```
(tensorflow)$ python
>>import tensorflow
>>
```

5）退出虚拟环境。

```
(tensorflow)$ deactivate
```

1.8.2　基于 Mac OS 的安装方法

基于 Mac OS 安装 TensorFlow 的步骤如下。

1）打开 Terminal，安装 pip 和 Virtualenv。

```
$ sudo easy_install pip
$ sudo pip install --upgrade virtualenv
```

2）创建虚拟环境。

```
$ virtualenv --no-site-packages ~/tensorflow
```

~/tensorflow 指存放虚拟环境的位置。--no-site-packages 指不使用系统自带的 pip 包。

3）激活虚拟环境（以后开启 TensorFlow 都要先激活虚拟环境）。

```
$ source ~/tensorflow/bin/activate
```

然后命令行左侧会出现一个（TensorFlow）的标志$，说明已经进入虚拟环境了。这样你就可以随意下载 pip 安装包，而不用担心 pip 安装的依赖之间出现版本冲突问题。

如果想使用 GPU 版的 TensorFlow，还必须先配置好 CUDA 和 CUDNN 两个依赖。

通过以下命令安装 TensorFlow。

```
(tensorflow)$ pip install --upgrade tensorflow # 这是使用 CPU 计算的版本
(tensorflow)$ pip install --upgrade tensorflow-gpu # 这是使用 GPU 计算的版本
```

pip 会安装一系列运行 TensorFlow 所依赖的库。

如果下载的速度有点慢，可以使用 Ctrl+C 组合键终止安装，然后使用国内的 pip 镜像安装，例如：

```
(tensorflow)$ pip install --upgrade tensorflow -i https://pypi.douban.com/simple/
```

1.8.3　简单运行一下 TensorFlow

首先，打开虚拟环境和 Python 环境：

```
$ source ~/tensorflow/bin/activate
(tensorflow)$ python
```

然后，尝试编写一个 HelloWorld 程序：

```
>> import tensorflow as tf
>> hello = tf.constant('Hello, TensorFlow!')
>> sess = tf.Session()
>> print(sess.run(hello))
```

由于 TensorFlow 是一个执行计算图的软件，因此编写一个 HelloWorld 程序会显得比较麻烦，但用它来做计算非常便利。下面就可以开始深度学习之旅了！

第 2 章　机器学习概述

2.1 什么是机器学习

2.1.1　机器学习的定义

机器学习可以理解成“让机器自己给自己编程的过程”。如果编程是一种逻辑思维的自动化实现，那么机器学习就是让这个实现自动化的过程也自动化。编写程序是软件开发中的一个瓶颈，因为我们没有足够多、足够好的开发者。如果让数据而不是人在开发中起更大的作用，那么我们就可以设计出更多针对不同场景、不同任务情况下的程序，如图 2-1 所示。

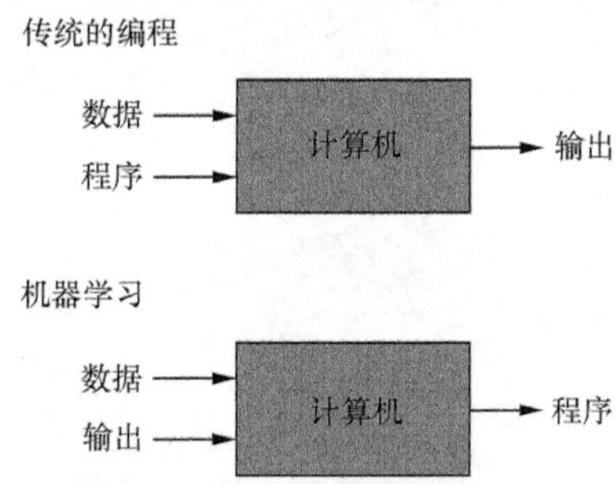

图 2–1　传统编程与机器学习示意图

- **传统的编程**：数据和程序在计算机上运行后输出结果。
- **机器学习**：根据数据和输出来修正我们的程序，然后再把这个优化后的程序用于传统的编程。

更加具体地分析，我们说的学习到底是什么意思呢？Mitchell 提供了一个简洁的定义：“对于某类任务 T 和性能 P，一个计算机程序被认为可以从经验 E 中学习。通过经验 E 的改进后，它在任务 T 上的性能度量有所提高。”如果把机器学习模型想象成一个黑箱模型，那么它主要就是通过任务 T、经验 E 和性能 P 这 3 个接口与外界进行交流。

- 任务（Task）是程序设计的起点和终点，为了解决实践中碰到的问题，先辈们发明了许多充满奇思妙想的算法，并最终完成了开始定下的任务。
- 经验（Experience）是机器学习算法改进的依据，与传统算法不同，机器学习强调要从已有的数据中发现和学习规律，然后根据预测结果与实际结果的偏差来修正程序，这样就把人从纷繁复杂的规则中解放了出来。
- 性能（Performance）就是评价这个黑箱好坏的指标。我们拥有许多特点各异的机器学习算法，如何从这么多算法中选出适合自己这个任务的算法呢？这就需要我们找到一种合适的指标去评价这些算法。

我们可以通过画一张形象的图来帮助理解它们之间的关系，如图 2-2 所示。

我们可以通过一个国际象棋的程序来更好地理解机器学习算法和传统算法之间的差异。

从任务和性能度量上来说，机器学习和传统编程并没有什么本质区别，任务都是设计一个可以下国际象棋的程序，性能则可以通过对弈的胜负来度量。它们最大的区别就在于是根据人的规则来优化程序还是根据对弈的经验来自己优化程序。

从传统程序设计的角度讲，一个国际象棋游戏就是设计一个能不断推演各种下法，并找到一个可以在 N 步之内击败对方的程序。具体地说，就是通过对游戏规则的理解，设置合适的剪枝策略，在计算未来若干步的情况后，在对自己最有利的位置落子。如果从机器学习的角度来设计，那么我们会通过过去已有的对弈棋谱或程序不断尝试下棋并从失败中吸取教训的方法取得一个程序，而给程序设定的目标就如图 2-3 所示：①最终获得胜利；②每落一步子的获胜概率最大。

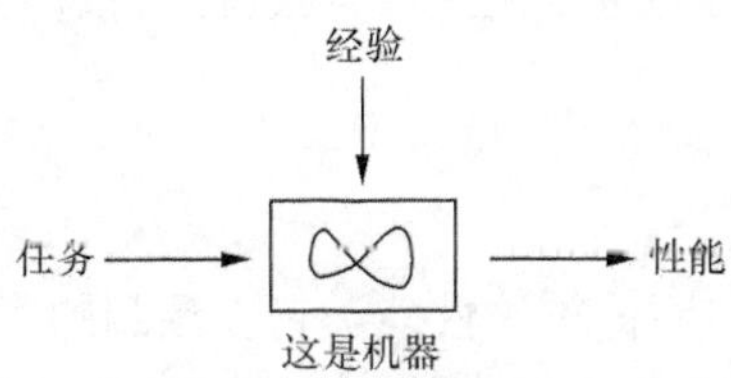

图 2-2 黑箱模型

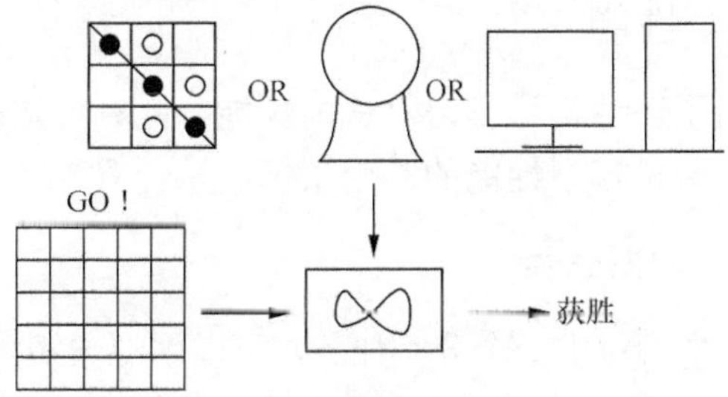

图 2-3 国际象棋程序示意图

2.1.2 任务

机器学习是实现人工智能的一种途径。换言之，可以用机器学习作为手段，解决人工智能中的问题。从划分类别的角度来说，机器学习可以分为监督学习、无监督学习和增强学习。监督学习是目前最成功也是最成熟的领域，由于篇幅有限，本书只对监督学习进行介绍，下文提到的机器学习都可以狭义地理解为监督学习。

一些常用的任务有以下几种。

- 分类

输入信息原本属于某个类型，机器学习模型要将输入的信息输出成对应的分类结果（离散的类）。例如，物体分类就是将图片输出成这张照片所属的分类，如猫和狗。

- 回归

对于一个输入信息，机器学习模型需要预测其对应的结果。例如，输入一套商品房的位

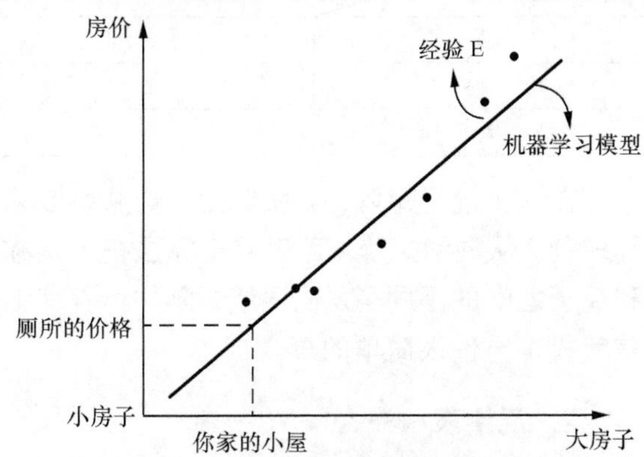

图 2-4 输入商品房信息预测其房价

置、户型、面积，预测它的房价，如图 2-4 所示。与分类不同，回归的结果是一些连续的值，而不是一个个离散的类别。

- 识别与转换

扫描印刷体并转成电子文档，转换声音为文字等。

- 翻译

将一系列语言符号转换成另一种语言符号。

- 无人驾驶

无人车通过雷达、摄像头等技术感知环境，并完成合理的驾驶操作。

……

假如我们将房子的面积当成自变量，将房屋的价格当成因变量，那么机器学习可以通过线性回归学习得到一个根据房子面积来预测其房价的模型。机器学习模型就是回归曲线，图中已有的样本就是经验数据。

2.1.3 性能

为了评估机器学习算法的性能，针对特定的任务 T，使用量化指标对其进行考核。下面介绍几个衡量模型性能的常用指标。

1. 混淆矩阵

例如，对于一个分类任务，可以用混淆矩阵来可视化地评价算法性能。它以预测的类为列，以实际的类为行，很好地评价了模型中的误判情况。如果想用一个模型来辨别猫、狗和兔子之间的不同，那么混淆矩阵就能帮助我们评价算法，并指明未来努力的方向。假设有一个包含 27 个动物的样本，其中包含 8 只猫，6 只狗，13 只兔子，运行预测算法后的结果见表 2-1。

表 2-1 预测算法后的混淆矩阵

预测的类 实际的类	猫	狗	兔子
猫	5	3	0
狗	2	3	1
兔子	0	2	11

在这个混淆矩阵中，实际上，一共有 8 只猫，而只有 5 只猫被正确识别，另外 3 只猫被识别成狗。从混淆矩阵，可以看出算法在识别猫、狗之间存在瓶颈，但是它已经能很好地识别猫和兔子之间的不同了。在混淆矩阵中，所有正确的预测都位于对角线上，那么可视化地探索误差就成了一件很简单的事。

2. 混淆表

在预测分析中，混淆表有助于更细致地分析模型对每一种类别的分类情况。它有两行两列，以阴阳性为横轴，若预测结果是目标类，则为阳性，反之为阴性；以真假为纵轴，结果正确为真，反之为假。比如，以上面的混淆矩阵为例，针对猫这个类，可以得到表 2-2。

表 2-2 混淆矩阵中“猫”的混淆表

猫 的 分 类	非猫的分类
5 个真阳性（猫被正确分类为猫）	3 个假阴性（猫被错误地分类为其他动物）
两个假阳性（其他动物被错误地分类为猫）	17 个真阴性（其他动物被正确地分类为非猫）

根据混淆表，可以计算出几个常用的指标来评价模型。

- 准确率（Accuracy）$=\dfrac{\text{真阳性}+\text{真阴性}}{\text{样本数}}$

准确率大体上评价了模型的准确情况。

- 精准率（Precision）$=\dfrac{\text{真阳性}}{\text{真阳性}+\text{假阳性}}$

精准率又称查准率，表明了分类器检测其为目标的准确性。

- 召回率（Recall）$=\dfrac{\text{真阳性}}{\text{真阳性}+\text{假阴性}}$

召回率又称查全率，表明了分类器能否把所有的目标都检测出来。

可以用一个简单的例子来说明准确率、精准率和召回率如图 2-5 所示。

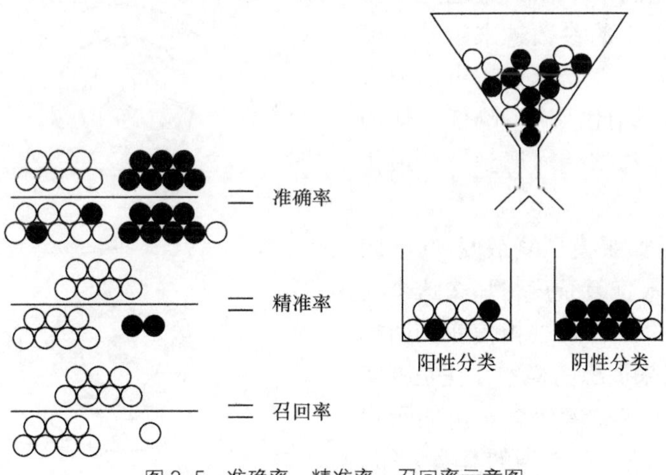

图 2-5 准确率、精准率、召回率示意图

假设我们将白色小球定义为阳性样本，黑色小球定义为阴性样本。用一个分类器将它们筛分到属于阳性分类的小筐和阴性分类的小筐。如果白色小球被分入阳性分类筐，认定为真阳性；如果黑色小球被误分入阳性小筐，认定为假阳性；同样，若黑色小球被分入阴性分类小筐，认定为真阴性；若白色小球被误分入阴性分类小筐，认定为假阴性。就可以通过计算小球的数量来得到准确率、精准率和召回率。可以发现，这 3 个性能指标反映了不同的分类性能。准确率

反映了筛分器对两类小球的分类性能，如果两种小球有一个分不清，准确率则不会很高；精准率反映了筛分器对某一分类（如阳性）的分类性能，如果阳性小筐中流入了很多黑色小球，精准率则不会很高；召回率反映了阳性样本总体的分类情况，如果阳性小球很多被误分到阴性小筐中，召回率则不会很高。

3. 误差

拥有了一些基本的评价准则后，我们首先要将注意力转到模型误差的来源上。总的来说，模型的误差（error）分为偏差（bias）和方差（variance）两大类。

- 偏差是由于模型不能够表达底层数据的复杂性，它评价了模型的预测结果与实际结果的差异。一个高偏差的模型通常称为对数据欠拟合。
- 方差是由于模型对于有限的数据太过敏感，它评价了模型对于给定数据点的预测结果的聚集情况。一个高方差的模型通常称为对数据过拟合。

可以画一张打靶图来可视化偏差和方差的区别。靶心是一个预测正确的模型，点离靶心越近，预测结果就越好。假设重复模型预测多次，因为向前传播中存在许多随机因素，所以在靶子上会得到许多独立的命中。有时候，可以得到很好的结果，既能很好地正确预测，又能有很好地聚集情况，但有时候又充满了异常值。可以绘制 4 种不同的情况，分别表示高低偏差和方差的组合情况，如图 2-6 所示。

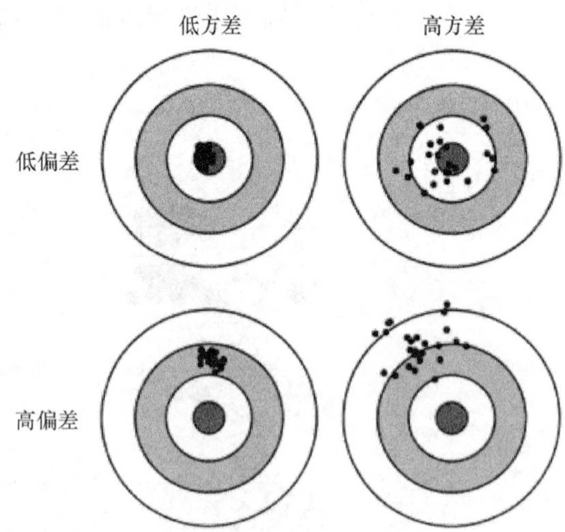

图 2-6　高低偏差和方差的组合示意图

处理偏差和方差的根本在于处理过拟合与欠拟合。随着模型中的参数越来越多，模型的复杂度不断上升，偏差越来越小，但方差不可避免地增大。因此，为了降低整体的误差，需要权衡误差与偏差，得到一个最优的复杂度。

如图 2-7 所示。如果模型复杂度（model complexity）超过了最优复杂度，那么这个模型实际上是过拟合的，它太过相信我们所拥有的数据，却忘了用来训练的样本往往是真实数据中一个很小的子集或者包含一定的噪声数据，不能很好地反映全部数据的真实分布。通过对样本所有信息的拟合，虽然降低了偏差，却导致了较大的方差，这样模型的泛化能力便大大下降，因为模型主观臆想了一些并不存在的关系。如果模型的复杂度小于最优复杂度，那么模型不能很好地洞察数据之间的关系，这样就导致最后结果的偏差过大。

我们根据二次函数再加上一些小的随机数生成一系列的数据点，现在需要拟合这些数据点以得到一个模型。通过观察数据点的分布，我们知道使用一个二次函数去拟合会得到更好的结果。如果减小模型的复杂度，可能导致模型的误差过大，不能发现数据点之间实际的关系。如果为了拟合现有的数据点，不断增加函数的次数，使模型能够精准地通过每一个已知的数据点，最终却会导致最后的模型太过复杂而把一个二次函数拟合成了奇奇怪怪的曲线。造成这个现象的主要原因是，我们对于已知的数据太过自信，而忽略了已知数据本来就自带的偏差。这样模型的泛化能力（这个在后面讲）就很差了，就是说，在这个例子中，如果我们得到更多的数据点，二次模型的误差可能会比高次模型的误差更小（如图 2-8 所示）。

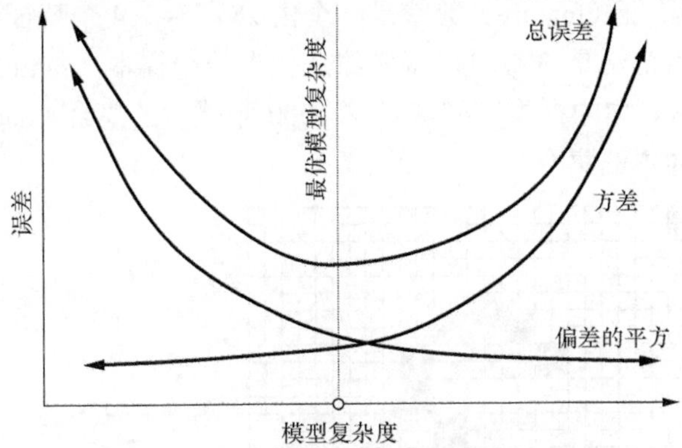

图 2-7 偏差与方差随模型复杂度变化的示意图

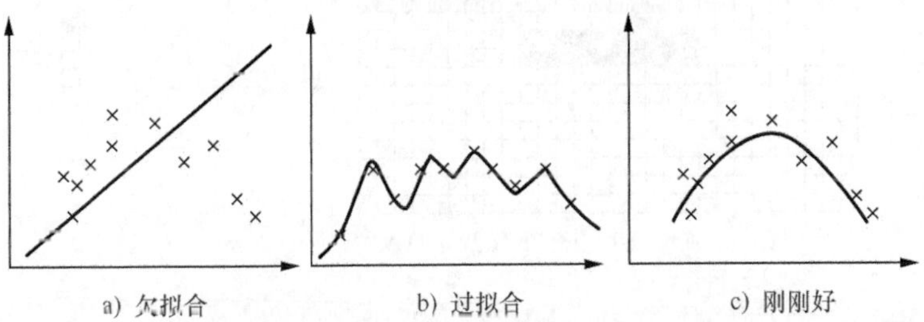

图 2-8 欠拟合、过拟合与刚刚好的示意图

4. 泛化能力

形象地说，学习算法（模型）就好比大小不一的水杯，我们用经验之水来灌满它。局部拟合就好比中间出现了漏洞，导致怎么都灌不满。如果水杯很大（模型规模大、参数多），我们就要用很多的水（经验数据）灌满，这样刚刚好，模型的泛化能力才强（见图 2-9a）；如果模型太大，水量不足，吃不饱，就会产生过拟合，模型的泛化能力降低（见图 2-9b）；如果杯子太小，水太多，溢出来了，就会产生欠拟合，即模型不足以学习到整个样本空间（经验数据）中的知识（见图 2-9c）。

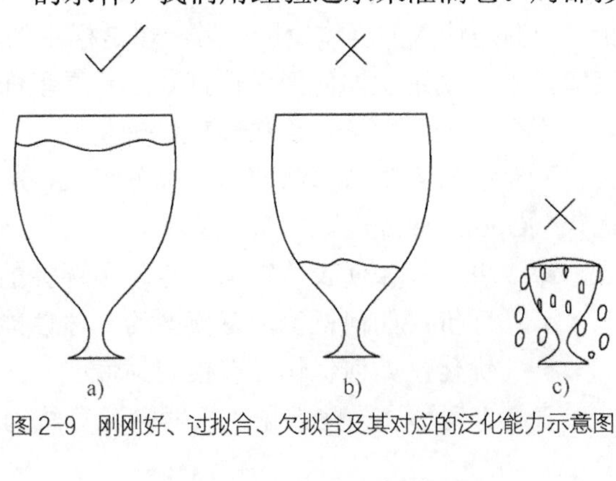

图 2-9 刚刚好、过拟合、欠拟合及其对应的泛化能力示意图

2.1.4　经验

基于给定的数据集是否有标签，可以将机器学习算法归类为有监督学习和无监督学习。对于大多数机器学习算法，经验就是遍历整个数据集。

数据集就是学习样本的集合，每个样本中含有许多特征，这些特征代表了这个样本的所有信息。例如，对于一张像素为 28×28 的黑白照片，如果在每个像素点上用 0 代表白、用 1 代表黑，那么这张照片的特征（feature）数就是一个由 28×28=784 个特征组成的向量（或者一阶矢量），每个特征的取值范围是 0 或 1，每张照片代表一个样本（sample）（见图 2-10）。如果你有 1000 张这样的照片，你的样本空间就是这 1000 张照片的集合（dataset），也就是含有 784 个特征的 1000 个不同样本的集合。

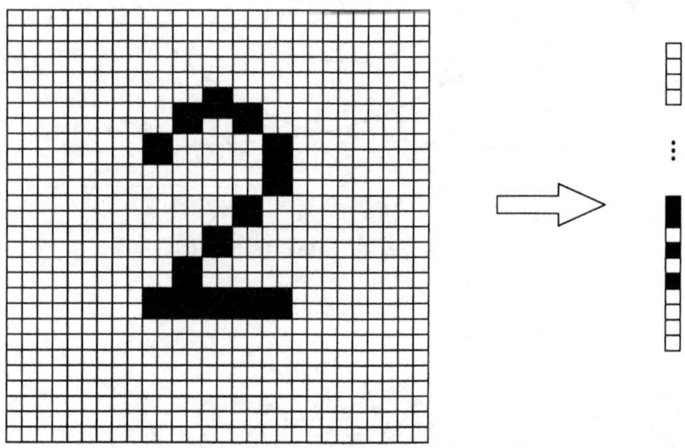

图 2-10　28×28 像素黑白照片的特征表示

2.2　学习算法

这里，算法（Algorithm）是指输入样本空间到输出样本空间的映射。学习算法（Learning Algorithm）就是为了得到正确的映射关系，我们必须从经验中学习。算法可以当成一个黑盒子，一端是输入的样本空间，另一端是样本的输出空间。如果说上一节讨论的是黑箱与外界的接口，本节就讲述如何把黑箱打开，看看里面到底有什么东西。

用公式表示，学习算法=表示+评价+优化。

所有的机器学习算法都由 3 部分组成，分别是：表示（Representation）、评价（Evaluation）、优化（Optimization）。

- 表示：如何表达知识，也就是选择的机器学习模型。
- 评价：如何评价现有模型的具体性能。
- 优化：如何优化已有模型的性能。

表 2-3 列举了一些常见的机器学习算法的表示、评价和优化。

表 2-3 常见的机器学习算法的表示、评价和优化

表示 R	评价 E	优化 O
基于实例的方法	准确/错误比率	组合优化
近邻法	精准率和召回率	贪心搜索
支持向量机	平方误差	线性规划
超平面方法	似然	分支界限法
朴素贝叶斯	后验概率	连续优化
Logistic 回归	信息增益	无约束
决策树方法	*K-L* 距离	梯度下降
神经网络	成本/效用	拟牛顿法
贝叶斯网络	利润	
⋮	⋮	⋮

2.2.1 表示

狭义地讲，机器学习就是给定一些训练样本 (x_i, y_i)（其中，x_i 是输入，y_i 是需要预测的目标），学习一个输入到输出的决策函数 $f(\cdot)$，这一决策函数由模型来表示。模型属于输入空间到输出空间映射的集合，这个集合就是假设空间。机器学习的示意图如图 2-11 所示。

$$\hat{y} = f(\phi(x),\theta)$$

这里，$\hat{y}$ 是模型的输出，θ 为决策函数的参数，$\phi(x)$ 表示样本 x 对应的特征表示。因为 x 不一定是数值型的输入，所以需要通过 $\phi(x)$ 将 x 转换为数值型的输入。如果假设 x 是已经处理好的标量或向量，也可以直接写为

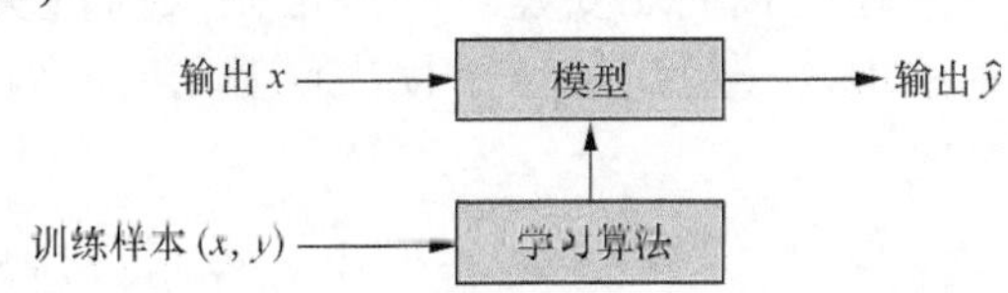

图 2-11 机器学习的示意图

$$\hat{y} = f(x,\theta)$$

由上一小节可知，表示实际上就是纷繁复杂的机器学习模型，本书的重心就在于探讨神经网络这个模型。

2.2.2 评价

我们需要一个针对学习算法的评价函数，用评价函数来评价学习算法所得到模型的优劣。注意，机器学习算法内部使用的评价函数和前面所指的性能 P 是两个概念，这里的评价 E 是用于优化机器学习模型内部的参数。下面通过分析整个参数优化的流程来区分评价 E 和性能 P，如图 2-12 所示。

首先，把数据集合分为训练集、交叉验证集和测试集。训练集用于训练模型，交叉验证集用于调节超参数（机器学习模型中的框架参数，如训练迭代次数、每一次参数调整的程度等），

测试集用于最后整体模型质量的检验。然后，初始化参数并开始训练，根据评价 E 产生的训练误差调整参数。最后，得到一个较优的模型用来测试性能 P。

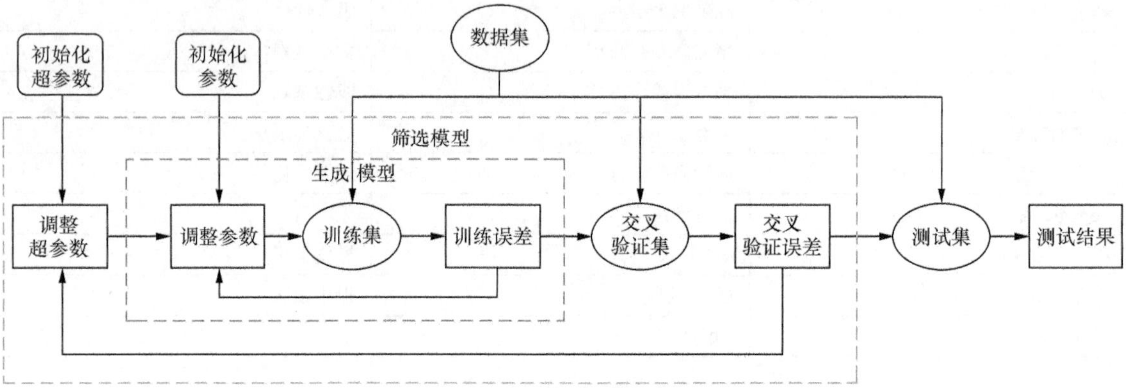

图 2–12　参数优化流程

在这个训练的流程中，2.1.3 节中提到的性能 P 指的就是最后测试集的结果，而学习算法中的评价 E 就是评价模型参数好坏的方法。虽然这两种方法可能是相似的，但目的有很大的区别，性能强调的是这个学习算法在整个任务 T 上的表现，评价 E 强调的是学习算法中参数的好坏。

因此我们还要建立一些准则来衡量决策函数的好坏，也就是评价 E。在很多机器学习算法中，一般定义一个损失函数 $L(y, f(x, \theta))$，然后在所有的训练样本上评价决策函数的风险。

$$R(\theta)=\frac{1}{N}\sum_{i=1}^{N}L\left(y^{(i)},f\left(x^{(i)},\theta\right)\right)$$

可以这样理解这个公式。

- $f\left(x^{(i)},\theta\right)$代表一个样本输入到决策函数$f(\cdot)$中产生的结果。$x^{(i)}$代表第 i 个样本。
- $y^{(i)}$代表这个样本的真实值，也就是有监督标签（例如，一个手写数字“1”的图像的真实值就是 1）。
- 损失函数 $L(\cdot)$用来衡量 $y^{(i)}$和 $f\left(x^{(i)},\theta\right)$的差异程度（本书会介绍两个损失函数：平方损失函数和交叉熵损失函数）。如果预测的结果和真实的结果越接近，那么这个函数也就越小。
- 求和符号$\sum_{i=1}^{N}$表示将 N 个训练样本的损失函数相加，再乘以 $1/N$，即求它们的平均值（当然，也可不用求）。因此样本总体损失函数 $R(\theta)$ 是在已知的训练样本（经验 E）上计算得来的一个综合指标，也称为经验风险。

2.2.3 优化

现在我们有了表示 R（定义了各种模型参数）、评价 E（基于模型参数，样本产生的结果与其真实值的差异程度），显然，还需要一个通过调整参数将这个差异程度变小的方法，也就是优化 O。如果所有样本的经验丰富，风险 $R(\theta)$ 降低到最小并不再发生显著变化（例如，收敛），我们就得到了一个良好的预测模型。

因此用对参数求经验风险来逐渐逼近理想的期望风险最小值，就是我们常说的经验风险最小化原则（Empirical Risk Minimization）。这样，我们的目标就变成了找到一个参数 θ^* 使得经验风险最小。

$$\theta^* = \arg_\theta \min R(\theta)$$

我们希望将这个差异最小化，也就是尽量将预测值贴近真实值，就需要不断地向这个过程里放入样本输入值 x，并判断预测值和真实值的差异。通过不断地输入训练样本数据集，就得到了损失函数的“经验”风险。如果经验风险（也就是损失函数的值）不是最小，那么就改进决策函数中的参数 θ，直到经验风险收敛，如图 2-13 所示。

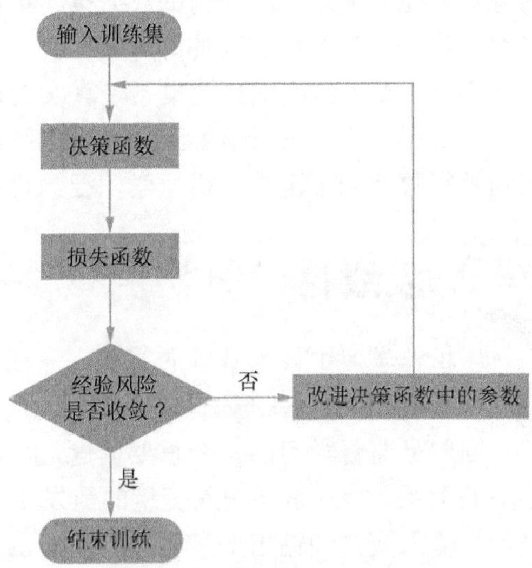

图 2-13 经验风险最小化流程图

改进决策函数中参数 θ 的方法，就是优化 O 的实质，也可以称为参数学习算法。

参数学习算法就是如何从训练集的样本中，自动学习决策函数的参数。不同机器学习算法的区别在于决策函数和学习算法的差异，相同的决策函数可以有不同的学习算法。下面介绍一种常用的参数学习算法：梯度下降法（Gradient Descent Method）。梯度下降法也叫最速下降法，如果一个实值函数 $f(x)$在点 a 处可微且有定义，那么函数 $f(x)$在 a 点沿着梯度相反的方向 $-\nabla f(a)$ 下降最快。梯度下降法经常用来求解无约束优化的极值问题。其迭代公式为：

$$a_{t+1} = a_t - \lambda \nabla f(a_t)$$

其中，$\lambda > 0$ 是梯度方向上的搜索步长。

当 λ 为一个足够小的数值时，$f(a_{k+1}) \leqslant f(a_k)$，我们可以从一个初始值 x_0 开始，并通过迭代公式得到 $x_0, x_1, x_2, \cdots$，x_n，最终 x_n 收敛到期望的极值。

因此在机器学习问题中，可以通过这种方法学习到最优参数 θ，使得风险函数最小化。

$$\begin{aligned}\theta^* &= \arg_\theta \min R(\theta_t) \\ &= \arg_\theta \frac{1}{N}\sum_{i=1}^{N} L(y^{(i)}, f(x^{(i)}, \theta))\end{aligned}$$

如果用梯度下降法进行参数学习：

$$\begin{aligned} a_{t+1} &= a_t - \lambda \frac{\partial R(\theta)}{\partial \theta_t} \\ &= a_t - \lambda \sum_{i=1}^{N} \frac{\partial R(x^{(i)}, y^{(i)}; \theta_t)}{\partial \theta} \end{aligned}$$

λ 也称学习率。

此时的决策函数 $\hat{y} = f(\phi(x), \theta')$ 已经能够较好地模拟训练数据集中 x_i 和 y_i 的关系，我们将它作为一个机器学习的模型，用另一组测试数据集进行测试。一般来说，将训练数据集中的一部分数据提取出来，作为测试数据集。将正确预测的结果数除以整个测试数据集的样本数，就能够评价模型与模型之间的好坏。

当然，真正的测试数据集乃是真实的世界，但目前我们的计算机算力之弱、已掌握并存储的训练数据之少，还很难得到一个可以统筹真实世界的模型。但在一些专一、细分的领域（从识别手写数字到下围棋）机器学习已经能够得到一个比人脑识别更好的结果。

2.3 以线性回归为例

以机器学习中最为基础的算法——线性回归（Linear Regression）为例，本节介绍机器学习的整个流程（T+E+P→R+E+O）。

回归是监督学习的一个重要问题，回归用于预测输入变量（自变量）和输出变量（因变量）之间的关系，特别是当输入变量的值发生变化时，输出变量的值随之发生变化。回归模型正是表示从输入变量到输出变量之间的映射函数。

2.3.1 线性回归的任务 T

线性回归的任务就是函数拟合：选择一条函数曲线使其很好地拟合已知数据且很好地预测未知数据。具体地说，线性回归的任务是：在一个由 x 轴和 y 轴组成的二维平面上，给定一些已知的 x_i 与 y_i 的映射关系。机器学习要探索给定的这种关系（也就是经验 E），学习其规律，并可以成功地预测一个未知 x_k 对应的映射值 y_k。

2.3.2 线性回归的经验 E

首先，要给定训练数据集 T（经验 E）：

$$T = \{(x_1, y_1), (x_2, y_2), \cdots, (x_n, y_n)\}$$

其中，$x_i \in \mathbf{R}$ 是输入，$y_i \in \mathbf{R}$ 是对应的输出，$i = 1, 2, \cdots, n$。

在这组数据中，(x_i, y_i) 代表一个样本。T 是样本的总集，也就是数据集，我们将这个数据集作为经验 E。也可以用另一种方法来表示。机器学习是将样本空间中的向量（vector）$v \in \mathbf{R}$

作为输入，映射到输出空间中的常量（scalar） $y \in \mathbf{R}$ 。

由于线性回归的任务是拟合 x 向 y 的映射，因此前面所给定的数据集可以用如下方式表达：把每个样本视为拥有一个维度特征的一个向量 $\boldsymbol{x}=[x_1]$，对应输出空间中拥有一个维度特征的一个常量 y，每个样本可以表示为 $\boldsymbol{v}_n=[x,y]$，整个数据集则是由 n 个样本组成的向量集合 $\boldsymbol{T}=[v_1,v_2,v_3,\cdots,v_n]$ 。这样表达的好处是可以更深刻地反映出样本空间向输出空间的映射关系，并且每个样本可以直观地表示多个维度的特征，理解这一点非常重要。在这个例子中，输入空间实质上是由一维特征组成的向量集，在 x 轴上表达为 x 轴上的取点。而其输出空间是 x 对应的 y 值，我们将经验 E 展开到二维平面上则表现出 x 向 y 映射所产生的点集。

在了解了最基本的情况后，还可以对数据集的不同情况做如下深入探讨。

- 可以增加样本特征的维数，例如，二维的 $\boldsymbol{x}=[x_1,x_2]$，那么这种映射关系就变为一个三维空间上由其中两维空间向第三维空间点的映射，最终也能表达为一个点集。还可以继续推广到 n 维向量 $\boldsymbol{x}=[x_1,x_2,x_3,\cdots,x_n]$，但这很难用大脑想象出来，但我们仍然能够很好地用数学工具抽象表达出来。
- 在这里的输出空间 y 中，如果这个 y 值是连续的（即某个范围内连续的点集），我们称之为回归问题。如果这个 y 值是离散的（只有有限个分立的点集），我们称之为分类问题。如果只有两个离散的点集，那就是一个二分类问题；如果离散的点集多于两个，则是一个多分类问题。
- 如果经验 E 并没有给出输出空间的 y 值，我们就无从得知输出空间的分布情况，这就是一个无监督学习，例如聚类分析。我们需要从输入空间的特征值中找出规律，我们甚至可以自行设计一个输出空间；相反，如果经验 E 已经给出了输入空间向输出空间的明确映射关系，这就是一个有监督学习，例如分类和回归。我们需要从输入空间的特征值本身以及输入空间向输出空间的映射关系中寻找规律。

回到这个给定的数据集 T，可以将其表示为样本组成的点集： $[(x^{(1)},y^{(1)}),(x^{(2)},y^{(2)}),\cdots,(x^{(n)},y^{(n)})]$，这里 n 代表第 n 个样本。

也可以将输入空间和输出空间分开表示： $\boldsymbol{x}=[x^{(1)},x^{(2)},\cdots,x^{(n)}]$ 和 $\boldsymbol{y}=[y^{(1)},y^{(2)},\cdots,y^{(n)}]$ ，$\boldsymbol{y}$ 可以是一个连续量，也可以是一个离散量。也可以用一个图表来表示，见表 2-4。

表 2-4

输入空间与输出空间

x	*y*
x_1	y_1
x_2	y_2
⋮	⋮
x_n	y_n

在 TensorFlow 中，先使用 numpy 生成一段数组来模拟生成一段训练数据和测试数据。首先，打开文本编辑器（如 Sublime Text），新建一个 Python（.py）文档（“#”符号后面的文字是注释）。

```
import numpy
import TensorFlow as tf
# import 的功能是导入 Python 的一个库 numpy，它可以用来生成和处理各种格式的数组
# import TensorFlow as tf 导入了 TensorFlow，"as tf" 是 TensorFlow 的简写，这样就可以使用 tf 来直接调用 TensorFlow 了，也可以使用 import numpy as np 来简写 numpy
# 生成训练数据
```

```
train_X = numpy.asarray([3.3,4.4,5.5,6.71,6.93,4.168,9.779,6.182,7.59,2.167,
7.042,10.791,5.313,7.997,5.654,9.27,3.1])
# train_Y 可以看成对应数据 X 的“真实”值
train_Y  =  numpy.asarray([1.7,2.76,2.09,3.19,1.694,1.573,3.366,2.596,2.53,
1.221,2.827,3.465,1.65,2.904,2.42,2.94,1.3])
# 生成测试数据
test_X = numpy.asarray([6.83, 4.668, 8.9, 7.91, 5.7, 8.7, 3.1, 2.1])

test_Y = numpy.asarray([1.84, 2.273, 3.2, 2.831, 2.92, 3.24, 1.35, 1.03])
```

2.3.3　线性回归的表示 R

作为线性回归学习的表示 R，其映射方程为：

$$\hat{y} = \boldsymbol{w}^{\mathrm{T}}\boldsymbol{x} + b$$

这里，$\boldsymbol{w} \in \mathbf{R}$，$\boldsymbol{w} = [w_1, w_2, w_3, \cdots, w_n]$ 也是一个参数向量（parameter vector），分别对应输入特征 $\boldsymbol{x} = [x_1, x_2, x_3, \cdots, x_n]$。

参数向量 $\boldsymbol{w}$ 和常值 b 是这个模型的参数，$\boldsymbol{w}$ 实质是将来自样本空间的特征 x_i 分别与对应的系数 w_i 相乘并求和，系数 w_i 也可以看成决定不同特征对系统影响的权值，且 x_i 对 $\hat{y}$ 的影响与 w_i 呈正相关关系。

学习系统基于训练数据构建一个机器学习算法的模型，即决策函数 $Y = f(x)$。对新的输入 x_{n+1}，预测系统根据学习的模型 $Y = f(X)$ 确定相应的输出 y_{n+1}。

联系上一节提到的决策函数 $f\left(x^{(i)};\theta\right)$，线性回归表示 R 的决策函数为 $f\left(x^{(i)};\boldsymbol{w},\boldsymbol{b}\right) = \boldsymbol{wx} + b$，$x^{(i)}$ 是第 i 个样本的经验 E，$\boldsymbol{w}$、b 是决策函数的参数。

$\boldsymbol{x}$ 可以是一个 n 维的向量。$\boldsymbol{w}$、b 也可以是一个 n 维的向量。此时的决策函数应该为 $f\left(x^{(i)};\boldsymbol{w},b\right) = \boldsymbol{wx} + b$，就是向量 $\boldsymbol{w}$、$\boldsymbol{x}$ 的点乘再加上常值 b。

在 TensorFlow 中，这样写这个公式：

```
# 这里直接使用 TensorFlow 的缩写 tf 来使用 TensorFlow
# tf 后面的"."代表调用 TensorFlow 下面的类库
# 可以在 www.tensorflow.org 下面的 API 列表中找到每个类库的说明文档
# pred 是一个你自己命名的变量，这里的 pred 代表 predition，即预测之意
pred = tf.add(tf.mul(x,W),b)
```

也可以用：

```
pred = tf.mul(x,W) + b
```

如果 x 和 W 是一个矩阵，那么：

```
pred = tf.matmul(x,W) + b
```

2.3.4　线性回归的评价 E

对于一个给定的训练集，我们需要一个损失函数用于评价模型的拟合情况。由于线性回归

的特殊性，损失函数的形式与性能 P 的评价函数很类似，区别在于评价函数的经验 E 来自于训练集：

$$\mathrm{MSE}_{\mathrm{train}} = \frac{1}{m}\sum_i (\hat{y}^{(\mathrm{train})} - y^{(\mathrm{train})})_i^2$$

结合上一节给出的**代价函数**形式 $L\big(y, f(x,\theta)\big)$，可以得到在一个样本上的损失函数：$L\big(\hat{y}, f(\boldsymbol{x};\boldsymbol{w},b)\big) = (\boldsymbol{wx}+b-\hat{y})^2$。联系上一节给出的**决策函数**的经验风险函数：

$$R(\theta) = \frac{1}{N}\sum_{i=1}^{N} L\Big(y^{(i)}, f\big(x^{(i)},\theta\big)\Big)$$

可以得到在给定的经验 E 上的风险函数：

$$R(\boldsymbol{w},b) = \frac{1}{2}\sum_{i=0}^{N}(w_i x_i + b - \hat{y}_i)^2$$

式中，N 是样本个数，这里使用 1/2 是为了方便后面的求导。显然，这样的处理不会对经验风险带来影响。

在 TensorFlow 中，我们这样表示均方损失函数：

```
# cost 代表损失之意
cost = tf.reduce_sum(tf.pow(pred - Y, 2)) / (2 * n_samples)
```

2.3.5 线性回归的优化 O

我们使用梯度下降法调整参数 $\boldsymbol{w}$、b，使经验风险最小化。

现在要调整 $\boldsymbol{w}$、b，使得 $R(\boldsymbol{w},b)$ 取得最小值。为了达到这个目标，可以对 $\boldsymbol{w}$、b 取一个随机初始值（随机初始化的目的是使 $\boldsymbol{w}$、b 的对称性失效），然后不断迭代改变 $\boldsymbol{w}$、b 的值，使 $R(\boldsymbol{w},b)$ 减小，直到最终收敛，取得一个 $\boldsymbol{w}$、b，使得 $R(\boldsymbol{w},b)$ 最小。

可以通过图 2-14 来理解梯度下降的原理。

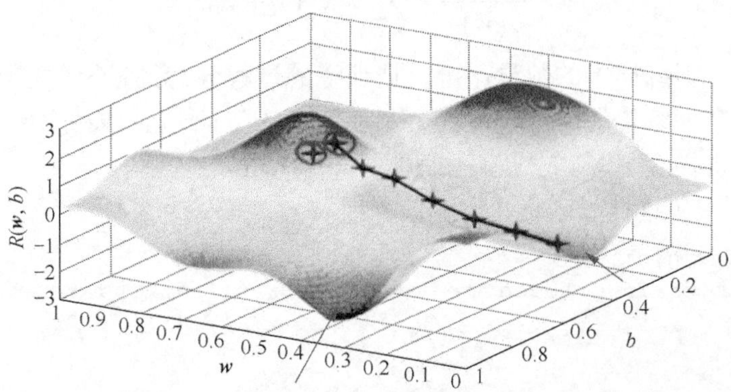

图 2-14 梯度下降的示意图

图 2-14 中，横轴为 $\boldsymbol{w}$，纵轴为 b，竖轴为 $R(\boldsymbol{w}, b)$，我们的目的是最小化这个竖轴的函数，即找到图像的最低点。假设从图中随机的一点开始出发，梯度下降所做的，就是环顾四周，找一个最陡峭的方向，然后沿着这个方向下降，重复上述的行为，直至无法继续下降。由梯度下降的步骤，我们知道选择梯度下降未必能保证全局最优，因为不恰当的初始点可能会让算法在局部最优停止。

总体上来说，梯度下降法就是利用梯度来为我们找到一个最陡的下降方向，然后向那个方向前行，因此梯度下降也叫作最速下降。下面对这个更新参数（下降）的方式进行深入探讨：

重复以下流程，直至收敛。

$$\boldsymbol{w} \leftarrow \boldsymbol{w} - \lambda \frac{\partial R(\boldsymbol{w}, b)}{\partial(\boldsymbol{w})}$$

$$b \leftarrow b - \lambda \frac{\partial R(\boldsymbol{w}, b)}{\partial(b)}$$

这个式子中有以下几个要点需要注意。

- 参数的更新是同步进行的。也就是说，$\boldsymbol{w}$ 和 b 的结果只依赖于前一刻的计算结果。
- λ 是学习率，形象地说，即在依据梯度选定了前进的方向后，迈多大的步子前进。如果这个步子迈得过小，就会需要很多步（迭代），才能到达一个极小值；相反，如果步子迈得过大，可能会错过极小值，甚至无法收敛。
- $\frac{\partial R(\boldsymbol{w}, b)}{\partial(\boldsymbol{w})}$ 是对损失函数求偏导的部分。
- 代入上文定义的损失函数：

$$R(\boldsymbol{w}, b) = \frac{1}{2}\sum_{i=0}^{N}(w_i x_i + b - \hat{y}_i)^2$$

可得

$$\frac{\partial R(\boldsymbol{w}, b)}{\partial(\boldsymbol{w})} = \sum_{i=1}^{N}(w_i x_i + b - \hat{y}_i)x_i$$

根据梯度下降时训练样本的数量，可以把训练的过程分为批量梯度下降和随机梯度下降。如果每次迭代都考察训练集的所有样本，就称为批量梯度下降；如果每次迭代使用随机的单个训练样本，则称随机梯度下降。

在 TensorFlow 中，这样表示优化过程：

```
learning_rate = 0.01
optimizer = tf.train.GradientDescentOptimizer(learning_rate).minimize(cost)
```

2.3.6　小结

本章总结了机器学习的 6 个知识点，它们可以简化为如图 2-15 所示的流程。

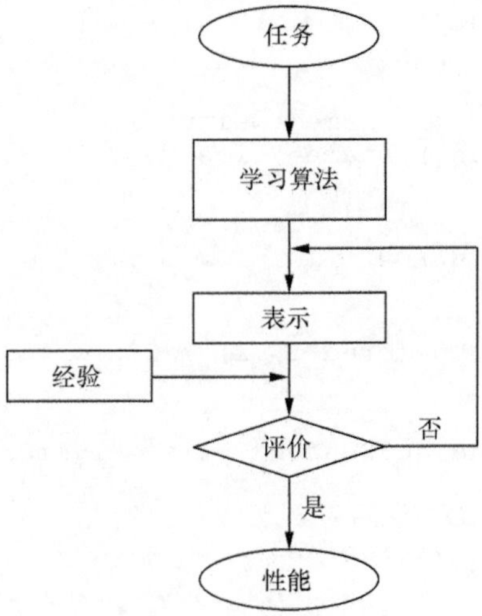

图 2-15 机器学习流程

2.3.7 TensorFlow 的完整运行脚本

直接把下面这段代码粘贴到文本中，例如，创建 linear_regression.py 的 Python 文本。然后在命令行下执行：

```
python linear_regression.py

# TensorFlow 实现线性回归
# 作者：Aymeric Damien
# 来自开源项目：https://github.com/aymericdamien/TensorFlow-Examples/

from __future__ import print_function

import tensorflow as tf
import numpy
import matplotlib.pyplot as plt
rng = numpy.random

# 模型的超参数
# 学习率，即步长
learning_rate = 0.01
# 训练迭代次数
training_epochs = 1000
display_step = 50
# 模拟生成一段训练数据
Training Data
train_X = numpy.asarray([3.3,4.4,5.5,6.71,6.93,4.168,9.779,6.182,7.59,2.167,
                         7.042,10.791,5.313,7.997,5.654,9.27,3.1])
train_Y = numpy.asarray([1.7,2.76,2.09,3.19,1.694,1.573,3.366,2.596,2.53,1.221,
                        2.827,3.465,1.65,2.904,2.42,2.94,1.3])
n_samples = train_X.shape[0]

# 创建 placeholder，这会在第 9 章中说明
X = tf.placeholder("float")
```

```
Y = tf.placeholder("float")

# 创建模型参数作为变量
W = tf.Variable(rng.randn(), name="weight")
b = tf.Variable(rng.randn(), name="bias")

# 创建决策函数
pred = tf.add(tf.mul(X, W), b)

# 创建损失函数
cost = tf.reduce_sum(tf.pow(pred-Y, 2))/(2*n_samples)

# 创建优化方法
optimizer = tf.train.GradientDescentOptimizer(learning_rate).minimize(cost)

# 模型参数初始化，这会在第 9 章中说明
init = tf.initialize_all_variables()

# 创建计算图
with tf.Session() as sess:
    sess.run(init)

    # 创建迭代训练循环
    for epoch in range(training_epochs):
        for (x, y) in zip(train_X, train_Y):
            # feed_dict 是将数据放入模型的方法
            sess.run(optimizer, feed_dict={X: x , Y: y})

        # 每隔 50 次显示一下损失函数的值
        if (epoch+1) % display_step == 0:
            c = sess.run(cost, feed_dict={X: train_X, Y:train_Y})
            print("Epoch:", '%04d' % (epoch+1), "cost=", "{:.9f}".format(c), \
                "W=", sess.run(W), "b=", sess.run(b))

    print("Optimization Finished!")
    # 训练结束后，显示一下最终的损失函数值
    training_cost = sess.run(cost, feed_dict={X: train_X, Y: train_Y})
    print("Training cost=", training_cost, "W=", sess.run(W), "b=", sess.run(b), '\n')

    # 用 matplotlib 库生成一幅图
    plt.plot(train_X, train_Y, 'ro', label='Original data')
    plt.plot(train_X, sess.run(W) * train_X + sess.run(b), label='Fitted line')
    plt.legend()
    plt.show()

    # 生成一段测试数据
    test_X = numpy.asarray([6.83, 4.668, 8.9, 7.91, 5.7, 8.7, 3.1, 2.1])
    test_Y = numpy.asarray([1.84, 2.273, 3.2, 2.831, 2.92, 3.24, 1.35, 1.03])

    print("Testing... (Mean square loss Comparison)")
    # 现在用训练好的参数根据 test_x 预测对应的 y
    testing_cost = sess.run(
        tf.reduce_sum(tf.pow(pred - Y, 2)) / (2 * test_X.shape[0]),
        feed_dict={X: test_X, Y: test_Y})  # 使用的模型是一样的，此时参数已经不同了
    print("Testing cost=", testing_cost)
```

```
# 比较一下训练的损失函数值和测试损失函数值
print("Absolute mean square loss difference:", abs(
    training_cost - testing_cost))

plt.plot(test_X, test_Y, 'bo', label='Testing data')
plt.plot(train_X, sess.run(W) * train_X + sess.run(b), label='Fitted line')
plt.legend()
plt.show()
```

2.4 本章小结

本章简述了机器学习的基本概念，为后续引入深度学习的知识创造了条件。本章要点如下。

- 机器学习可以看成一个解决问题的方法，或者一个黑箱。与传统的编程不同，机器学习引导模型朝着目标前进并逐渐完善自己。
- 机器学习可以理解成由任务（Task）、经验（Experience）、性能（Performance）3 方面组成的框架。任务（T）提供了模型学习的目标；经验 E 提供了模型学习的内容；性能（P）提供了模型学习的结果。
- 为了得到一个好的模型，可以通过表示（Representation）、评价（Evaluation）、优化（Optimization）3 个过程来实现学习算法。不同的机器学习有不同的学习算法。
- 以线性优化作为简单的例子，使用 TensorFlow 来实现上述内容。

第 3 章 从生物神经元到感知器

3.1 感知器的前身

3.1.1 生物神经元

感知器是对生物神经细胞的简单数学模拟。神经细胞也称神经元（Neuron），结构大致可以分为细胞体和细胞突触。

- 细胞体中的神经细胞膜上有各种受体和离子通道。细胞膜的受体可与相应的化学物质神经递质结合，引起离子透过及膜内外电位差发生改变，产生相应的生理活动：兴奋或抑制。
- 细胞突触是由细胞体延伸出来的细长部分，分为树突和轴突。两个神经元之间或神经元与传感器细胞之间的信息传递依靠突触（Synapse）完成。突触是一个神经元的兴奋传到另一个神经元或与另一个细胞相互接触的结构。
- 树突（Dendrite）可以接受来自其他神经元或传感器产生的刺激，并将兴奋传入细胞体。每个神经元可以有多个树突。
- 轴突（Axon）可以把兴奋从一个神经元传递给另一个神经元或其他组织。每个神经元只能有一个轴突。

因此，单个神经元可以视为具有两种状态——兴奋和抑制的机器。神经细胞的状态取决于从其他神经细胞收到的输入的兴奋量，以及突触的强度类型（是加强，还是抑制）。当输入的信号总量超过了某个阈值时，细胞体就会产生兴奋，以电脉冲为表现形式。电脉冲沿着轴突传递到其他神经元，如图 3-1 所示。

而整个大脑可以视为大量神经元以不同方式互相连接的整体，它可以称为一个由神经元组成的神经网络。

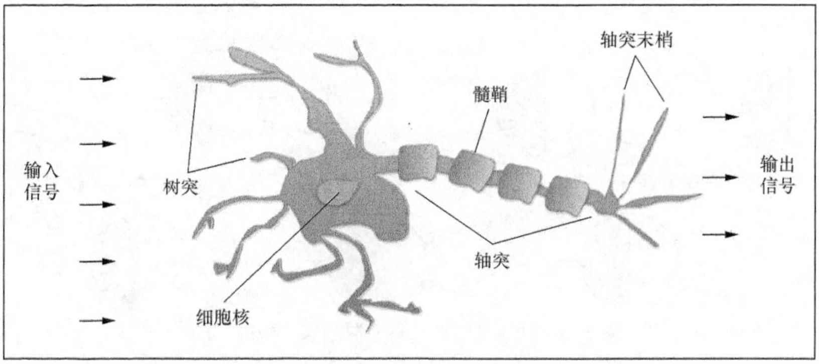

图 3-1 单个神经元示意图

3.1.2 一个基础的神经元——McCulloch-Pitts Units

McCulloch-Pitts 神经元（以下简称 MCP 神经元）是一个最基础的神经元：用 0 和 1 分别代表以抑制和兴奋作为输入和输出的空间。以一个阈值参数 θ 判断使神经元兴奋还是抑制，如图 3-2 所示。

图中，神经元分别接收兴奋突触 x_n 和抑制兴奋突触 y_n 的二值输入。当任意 $y_i = 0(1 \leqslant i \leqslant n)$ 且 $x = \sum_{i=1}^{n} x_n \geqslant \theta$ 时，神经元兴奋；若一个条件不满足，则神经元抑制。

我们可以发现，神经元的输出受到抑制信号的影响。如果没有抑制信号输入，那么神经元的输出就受阈值门的控制。

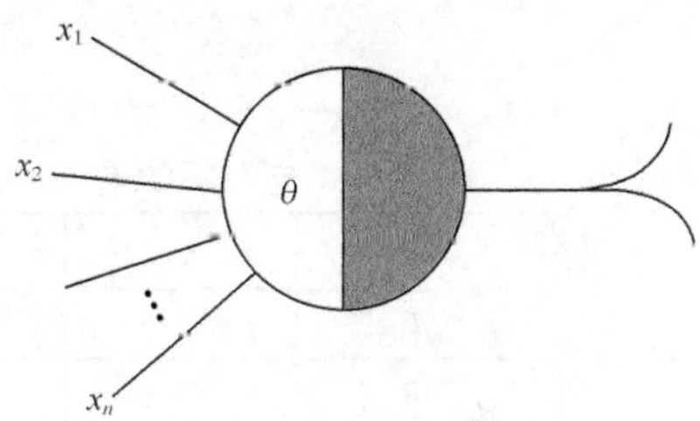

图 3-2 MCP 神经元的示意图

3.1.3 基于 MCP 神经元实现布尔逻辑

20 世纪初，英国科学家香农指出，布尔逻辑可以用来描述电路。换言之，电路可以模拟布尔逻辑。于是，人类的推理和判断，就可以用电路实现了。这就是计算机的实现基础。如果能够用 MCP 神经元来模拟布尔逻辑，那么理论上电路能解决的问题，MCP 神经元也能解决。

在 MCP 神经元中，将布尔逻辑方程视为从集合 $\{0,1\}^n$ 向集合 $\{0,1\}$ 的映射，即来自输入空间的 n 个传入神经（0 表示没有活动，1 表示兴奋），输入信号满足前一节中所述 MCP 神经元的定义：神经元受抑制突触和阈值的调控，神经元输出兴奋或未激活（1 或 0）。

- 因此可以用这个神经元表达逻辑“与”（AND）和逻辑“或”（OR），如图 3-3 所示。
- 只要改变阈值，就可以实现任意输入参数的逻辑“与”和逻辑“或”，如图 3-4 所示。为了表达方便，我们将逻辑“与”简称为“与”门，将逻辑“或”简称为“或”门。
- “与”门和“或”门本身不能组成 n 个变量的任意布尔逻辑方程，但结合了抑制突触后，则可以实现“非”门、“与非”门和“或非”门，如图 3-5 所示。

对于一个二维输入空间（即输入 x_1, x_2），总共有 $2^2 = 4$ 种分布：$\{1,0\}$、$\{1,1\}$、$\{0,0\}$、$\{0,1\}$。对应的输出结果有 $2^{2^2} = 16$ 种。

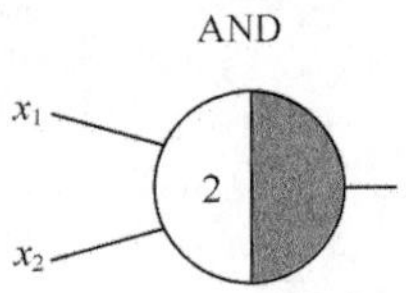

图 3-3 逻辑“与”和逻辑“或”

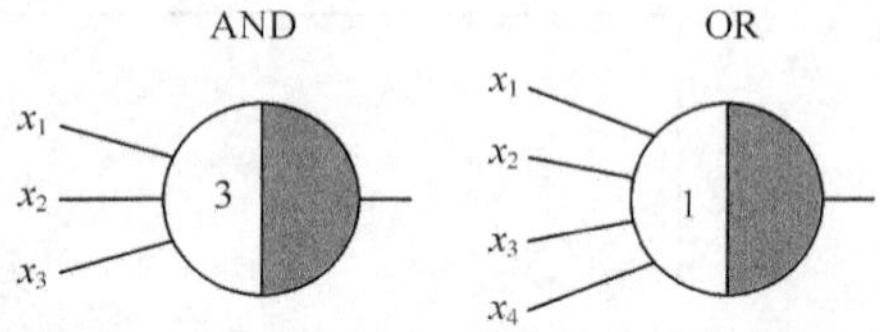

图 3-4 任意输入参数的逻辑“与”和逻辑“或”

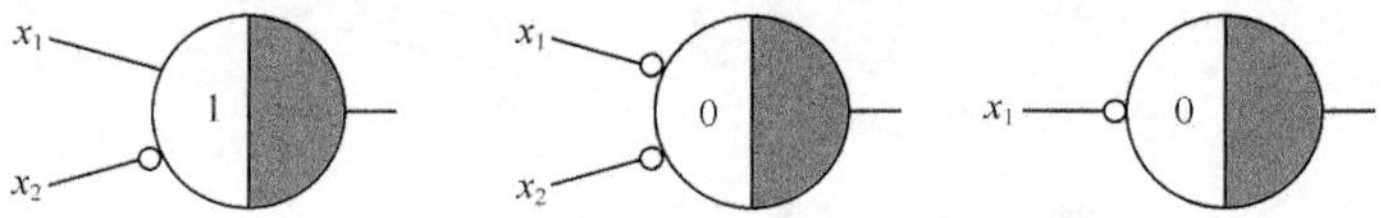

图 3-5 “非”门、“与非”门和“或非”门

下面讨论如何用逻辑门表示对应的布尔逻辑映射。

1. “与”门

“与”门的输入输出关系见表 3-1，示意图见图 3-6。

表 3-1 “与”门的输入输出关系

x_1	x_2	f
0	0	0
0	1	0
1	0	0
1	1	1

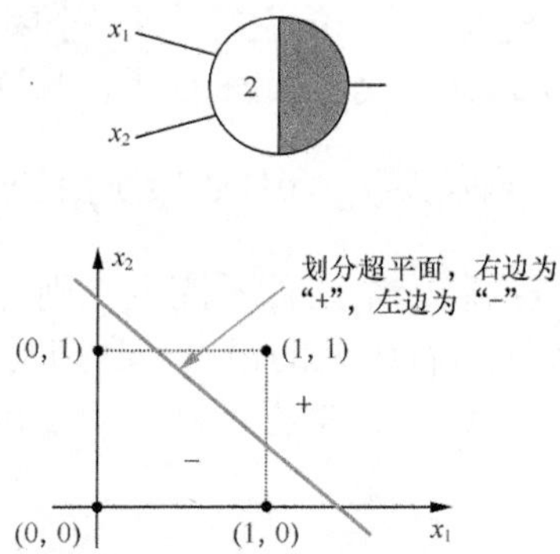

“与”问题（$x_1 \wedge x_2$）

图 3-6 “与”门的示意图

2. “或”门

“或”门的输入输出关系见表 3-2，示意图见图 3-7。

表 3-2 “或”门的输入输出关系

x_1	x_2	f
0	0	0
0	1	1
1	0	1
1	1	1

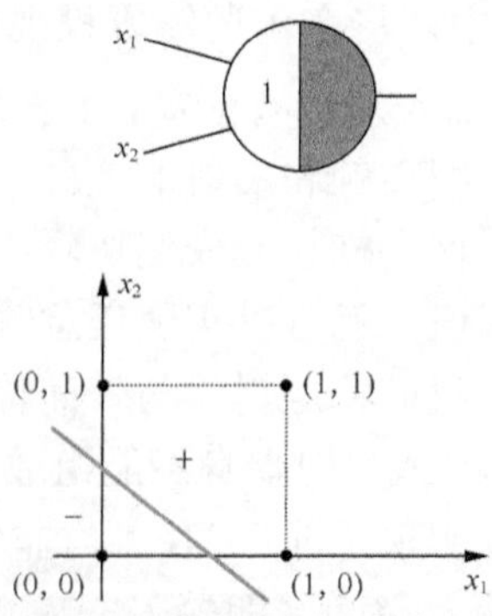

“或”问题（$x_1 \vee x_2$）

图 3-7 “或”门的示意图

3. “非”门

“非”门的输入输出关系见表 3-3。示意图见图 3-8。

表 3-3 “非”门的输入输出关系

x_1	f
0	1
1	0

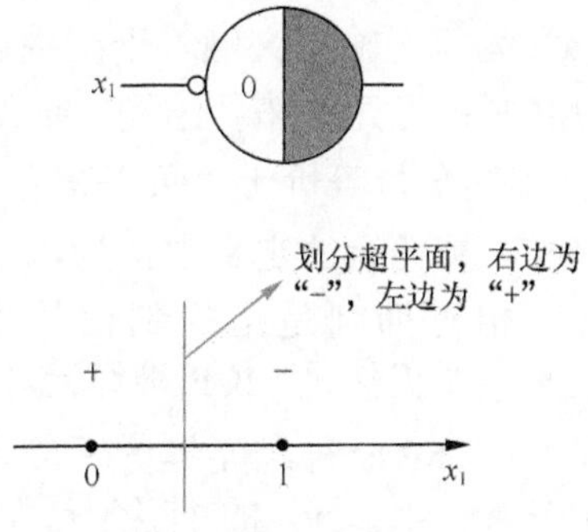

图 3–8 “非”门的示意图

4. “异或”门

“异或”门的输入输出关系见表 3-4，示意图见图 3-9。

由布尔逻辑的特点，可以知道其他的逻辑运算都可以由最基本的 AND、OR、NOT 的有限次组合得到。但是，“同或”和“异或”是需要两个神经元来表达的。其中，“异或”用式子表示为$(x_1 \text{ OR } \neg x_2)\text{AND}(\neg x_1 \text{ OR } x_2)$。

表 3-4 “异或”门的输入输出关系

x_1	x_2	f
0	0	0
0	1	1
1	0	1
1	1	0

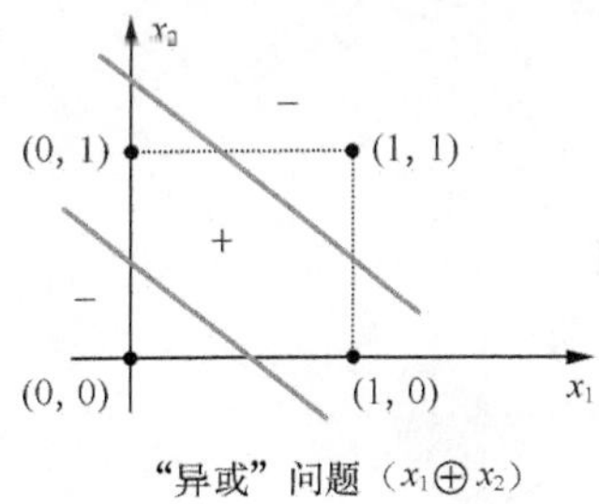

图 3–9 “异或”门示意图

从图 3-9 还可以发现，对于任意布尔逻辑映射：$F:\{0,1\}^n \to \{0,1\}$，都可以用多层神经元来表示。这里不再给出证明。因此由多个 MCP 神经元组成的神经网络等价于一个逻辑门电路，其实质上可以实现从任意输入空间$\{0,1\}^n$向输出空间$\{0,1\}$的映射。n 代表输入的维数，如果 n=3，则输入空间为$\{x_1,x_2,x_3\},x_n \in \{0,1\}$。

3.1.4 带有权值的 MCP 神经元

上一节中，我们使用神经元实现了布尔逻辑函数，如果在 MCP 神经元上增加权值（以及权值的正负号概念），可以发现这是对 MCP 神经元的推广。

- 正权值等价于每个输入突触增加多次，如图 3-10 所示。

正权值的数学含义是在每个输入突触上乘以一个值，如 $0.1x_1+0.2x_2+0.3x_3 \geqslant 0.5$。对两边同乘以 10 等价于 $x_1+2x_2+3x_3 \geqslant 5$，可以用图 3-10 表示。

图 3-10（a）为每个输入突触若干次叠加后的神经元，图 3-10（b）为带权值的神经元。这样就简化了 MCP 神经元的拓扑结构，使我们能更加方便地用 MCP 神经元表达更多的信息。

- 负权值中的负号等价于“负兴奋”（见图 3-11）。

一开始对 MCP 神经元的定义中认为，只要存在抑制信号，则整个神经元不被激发，这称为绝对抑制。而相对抑制是指抑制信号不会终结神经元的激发，只是降低了兴奋量：$x_1+x_2-x_3$，且其实质仍然是 MCP 神经元。

可以发现，多个 MCP 神经元等价于带有相对抑制的神经元变体，例如，如图 3-11 所示，对于 $\{x_1+x_2+\cdots+x_n-1 \geqslant m\}$ 的神经元，即 $(x_1,x_2,\cdots,x_n,-1)$ 就能激活神经元，那么 $\{x_1,+x_2+\cdots+x_n \geqslant m+1\}$ 也成立，即 $(x_1,x_2,\cdots,x_n)$ 也能激活神经元，−1 称为一个判断符。也可以推广到 $\{x_1+x_2+\cdots+x_n-w \geqslant m\}$ 的情况。

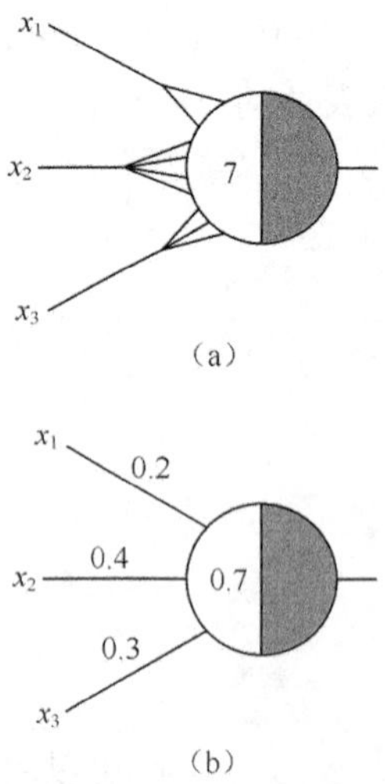

图 3-10　正权值的 MCP 神经元表示

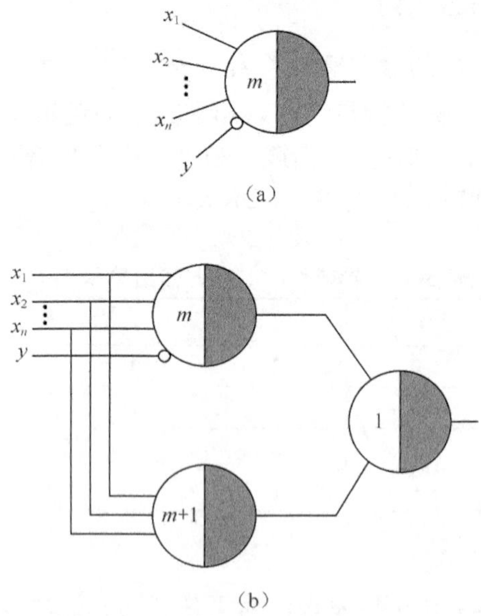

图 3-11　负权值的 MCP 神经元表示

这样我们就得到了带有正负权值的 MCP 神经元变种，等价于多个 MCP 神经元，其实质仍然是前文所述的映射关系。

3.1.5　通过带有权值的 MCP 神经元对空间进行线性划分

在前面的章节，我们使用布尔逻辑函数实现从输入空间 $\{0,1\}^n$ 到输出空间 $\{0,1\}$ 的任意映射，其本质是使用不同布尔逻辑门，并且用 MCP 神经元的不同组合来一一对应实现。

随后我们引入了带有正负权值的MCP神经网络变体，将其等同为布尔逻辑函数映射。因此我们可以使用带正负权值的MCP神经网络实现从输入空间$\{0,1\}^n$到输出空间$\{0,1\}$的任意映射进行理解。

例如，对于一个带权值的 MCP 神经元，它可看成$x_1+x_2\geqslant 1$这条直线对平面中的点$\{(0,0)\},\{(0,1),(1,0),(1,1)\}$的分割。

注意以下几个要点。

- 直线的法向量是(1, 1)。
- 法向量与直线正交，具有方向和大小。
- 法向量指向的方向区域（包括直线上的点）上的点会映射为1，反方向的区域会映射为0。
- 直线的位置通过法向量确定方向，从(0,0)开始通过截距（也就是阈值）平移得来。

它可以转化为一个“或非”（NOR）门（其输入输出关系见表3-5）。

也可以增加一个维度：$x_1+x_2+x_3\geqslant 1$，这个平面实现从输入空间$\{0,1\}^3$到输出空间$\{0,1\}$的映射。其法向量是（1, 1, 1），将一个立方体中的8个点（2^3）映射到两个值上，如图3-12所示。

表3-5 “或非”门的输入输出关系

x_1	x_2	f
0	0	1
0	1	0
1	0	0
1	1	0

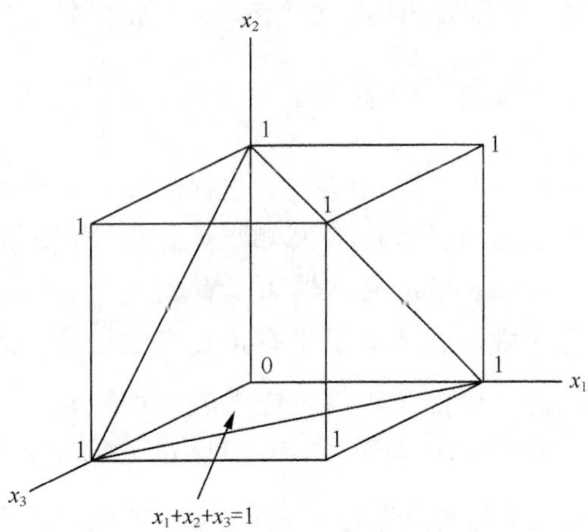

图3-12 三维输入时的映射示意图

显然，这个平面对三维空间的划分也可以分解为一个逻辑门方程组。

以上是从输入空间{0, 1}^{n}到输出空间{0, 1}的映射。如果对这两个集合进行扩展，并且对权值和阈值不加限制，就可以实现更复杂的线性分割，即划分直线和划分平面（或划分超平面）可以实现在任意方向（法向量的值）和任意截距（阈值）上对空间中任意值的划分。

基于前面的论述，我们也可以认为这种线性分割也是基于逻辑门实现的。

3.2 感知器

3.2.1 感知器简介

感知器是最简单的神经网络，它只有一个神经元。感知器是由美国计算机科学家Rosenblatt

于 1957 年提出的，它是和线性分类器（联想上一章中使用的那个分类曲线）非常类似的一个经典学习算法，如图 3-13 所示。

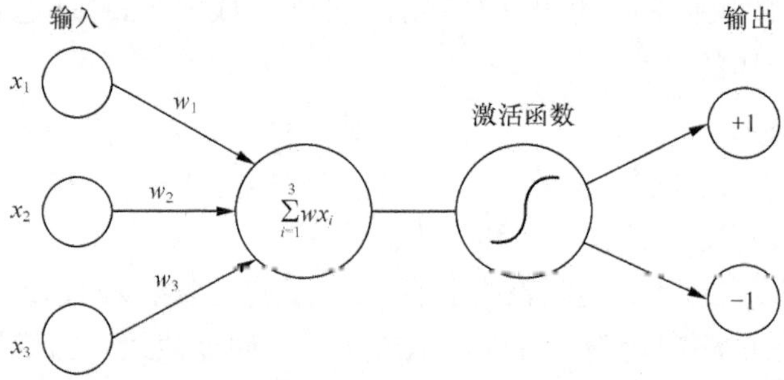

图 3–13　感知器的示意图

下面介绍感知器的规则。

感知器以一个实数值向量作为输入，计算这些输入的线性组合，如果结果大于某个阈值，就输出 1，否则输出–1。更精确地，如果输入为 $x_1, x_2, \cdots, x_n$，那么感知器计算的输出为

$$\text{sign}(x_1, \cdots, x_n) = \begin{cases} 1 & w_1x_1 + w_2x_2 + \cdots w_nx_n > b \\ -1 & \text{其他} \end{cases}$$

其中，每个 w_i 是一个实数常量，也称权值（weight)，用来决定输入 x_i 对感知器输出的贡献率。注意，b 是一个阈值，它是为了使感知器输出 1，输入的加权和 $w_1x_1 + w_2x_2 + \cdots + w_nx_n$ 必须超过的阈值。

显然，Rosenblatt 感知器可以看成一个 MCP 神经元的拓展：它的输入空间不仅局限于 $\{0,1\}$，而是任意实数，它增加了带有正负号的权值；对激活函数稍做改动，输出空间即变为 $\{1,-1\}$。但它仍然是一个由逻辑门方程组成的神经元。

为了简化表示，给定一个附加的常量输入 $x_0 = 1$，这样就可以将阈值 b 加到权值中去，并且可以把上面的不等式简化为 $\sum_{i=0}^{n} w_ix_i > 0$，或以向量的形式写为 $\boldsymbol{w} \cdot \boldsymbol{x}$。这样，就可以将感知器简写为

$$\text{sign}(\boldsymbol{w} \cdot \boldsymbol{x})$$

其中，

$$\text{sign}(\boldsymbol{w} \cdot \boldsymbol{x}) = \begin{cases} 1 & \boldsymbol{w} \cdot \boldsymbol{x} > 0 \\ -1 & \text{其他} \end{cases}$$

3.2.2　感知器的激活函数

注意这里的激活函数，这与 MCP 函数的映射形式有区别。

这里，$\text{sign}(\cdot)$ 函数起到了这样一个作用：它将线性方程组计算的结果映射到另外一个空间（也就是 1 和–1）上，它起到连接线性方程组和输出空间（二分类）的作用。这是得以实现二分类的直接原因，如图 3-14 所示。

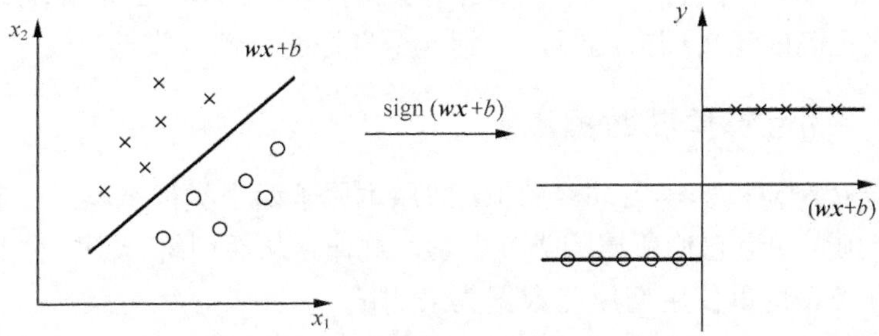

图 3-14　sign(·) 函数实现二分类示意图

学习感知器意味着选择权值 $w_0, w_1, \cdots, w_n$ 的值。因此，感知器的假设空间 H 就是所有可能的实数权向量的集合 $H = \{\boldsymbol{w} \in \mathbf{R}^{(n+1)}\}$。

3.3 使用感知器分类

3.3.1　感知器的二分类

基于前面的知识，我们知道感知器可以对一个数据集进行二分类，这里的二分类显然就是任务 T。我们可以这样理解：在给定的输入空间中，有 n 维数据组成的向量，如 $(x_1, x_2, \cdots, x_n)$。在输出空间 $\{0,1\}$ 中，欲通过一个函数映射，得到正确的预测，即正确的映射。

因此，感知器可以解决的任务一般都为二元离散的分类和预测问题，如喜欢或不喜欢、是或不是、属于类别一或类别二等。单个感知器只解决线性可分问题（对于线性不可分即“异或”问题，要用两层感知器，后面的章节会继续讨论这个问题）。

感知器的任务 T 相当于机器学习的任务 T。例如，使用感知器将一个数据集分成两个类。这里，输入空间是数据集，输出空间是 $\{+1, -1\}$，从输入空间到输出空间之间建立的函数 $f(x) = \text{sign}(\boldsymbol{wx} + b)$ 称为感知器，这里的 $f(x)$ 也可以看成从输入空间到输出空间的映射关系，如图 3-15 所示。

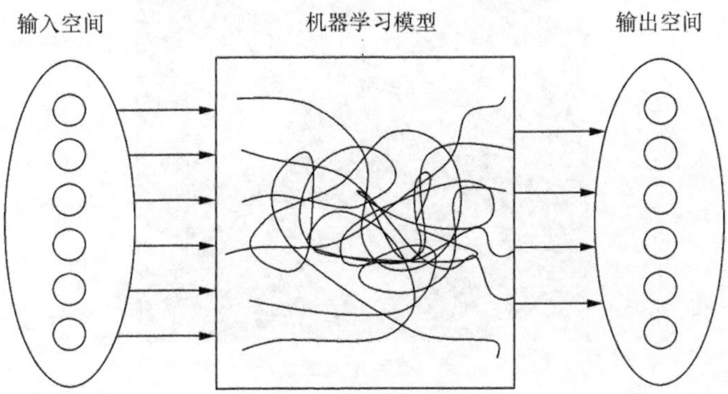

图 3-15　机器学习模型

结合前面章节的知识，我们可以将中间这个黑箱打开，在本质上这表现为一个逻辑门方程组问题，通过寻找正确的逻辑门方程组，得到一个良好的线性分类器。

3.3.2　经验 E——Iris 鸢尾花数据集

感知器的经验 E 对应机器学习的经验 E，即原本属于两个类但杂糅在一起的数据集。感知器从经验 E（已经预先知道它们所属的类）中学习规律，从而训练一个二分类器，将一个未知的数据进行合理分类。这里使用鸢尾花数据集来测试。

鸢尾花数据集（Iris Dataset）是 20 世纪 30 年代的经典数据集。它是用统计进行分类的鼻祖。鸢尾花数据集包含 3 种鸢尾花的 4 个特征，分别是花萼长度（cm）、花萼宽度（cm）、花瓣长度（cm）、花瓣宽度（cm），这些形态特征在过去用来识别物种。因此，每个鸢尾花的样本都拥有 4 个特征，而所有的鸢尾花都可以分为 3 个不同类别的鸢尾花，分别是山鸢尾花（Iris Setosa）、变色鸢尾花（Iris Versicolor）和维吉尼亚鸢尾花（Iris Virgnica），如图 3-16（a）～（c）所示。

（a）山鸢尾花　　（b）变色鸢尾花

（c）维吉尼亚鸢尾花

图 3-16　三个不同类别的鸢尾花

我们将使用两种鸢尾花来测试，它的数据结构如表 3-6 所示。

表 3-6　测试数据的数据结构

条 目 数	特 征 1	特 征 2	特 征 3	特 征 4	花 卉 分 类
整数	实数	实数	实数	实数	字符

可以使用 Python 的类库 pandas 下载并查看这个数据集。

首先在命令行中输入 Python，打开 python 运行界面（会跳出一个>>>符号）。

```
>>> import pandas as pd
>>>   iris_dataset   =   pd.read_csv('https://archive.ics.uci.edu/ml/machine-learning-databases/iris/iris.data', header=None)
>>> iris_dataset
```

这样可以显示出 Iris 的数据。

可以用 iris_dataset[x:y]显示从 x~y 的样本，例如

```
>>>iris_dataset[1:5] # 显示第 1 条到第 4 条样本
```

在脚本中，可以像下面这样写。运行脚本相当于在 Python 环境中一行一行地执行这些代码。

```
import pandas as pd
iris_dataset = pd.read_csv('https://archive.ics.uci.edu/ml/machine-learning-databases/iris/iris.data', header=None)
```

3.3.3　感知器的表示 R

感知器的学习算法也就是机器学习算法中的一种，它存在于假设空间中。感知器的学习算法旨在将一个随机确定的映射关系调优，使映射关系尽可能符合经验 E 所展现的规律，并且得到一个良好的性能 P，如图 3-17 所示。

感知器的表示 R 就是机器学习中表示 R 的一种。这里，$f(x)=\text{sign}(wx+b)$就是整个假设空间。这个表示实质上是将来自输入空间的数据集映射到输出空间（+1 和–1）的映射关系，如果假设空间是二维的（也就是一个 x_1、x_2 正交坐标轴上的点集），那么感知器表示 R 就是用于分割点集的线，并将它们映射到+1 和–1 两个值上。

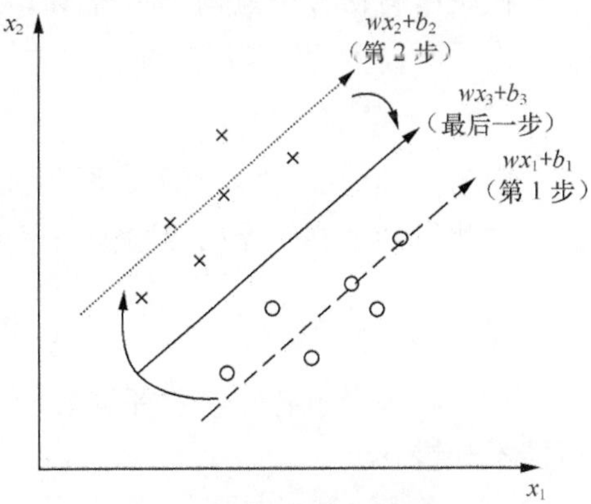

图 3-17　感知器的学习算法

注意，由于假设空间只是这样一条线，因此这就意味着机器学习只能学习到这样一个分割线，不会有其他形式。

3.3.4　感知器的评价 E

感知器的评价 E 对应机器学习的评价 E。这里，要定义一个用于优化感知器评价 E 的方法。

我们的目标是尽可能地在假设空间中找到一个感知器的表示 R（也就是一个分类器），这个分类器可以将所有输入空间中的点映射到正确的输出空间中。

一个简单的想法是统计误分类点的总数，如果误分类点的总数达到最小（完美的结果是完全没有误分类点），那么就认为已经建立了对训练数据的二分类模型。

但这不是一个计算机能够理解的表达。可以用另一个想法：在一个二维空间里，选择所有误分类点到直线的总距离。为此，先定义点 x 到直线的距离：

$$\frac{1}{||w||}|w \cdot x_0 + b|$$

式中，分母$||w||$是 w 的 L_2 范数。所谓 L_2 范数，指的是首先求向量各元素的平方和然后求平方根，实质上是求点到线的距离公式：

$$d(x_i, y_i) = \frac{|ax_i + by_i + c|}{\sqrt{a^2 + b^2}}$$

这里 $d(x_i, y_i)$ 指点 (x_i, y_i) 到直线 $ax + by + c = 0$ 的距离。

如果一个点被误分类，会有：

$$-y_i(w \cdot x_i + b) > 0$$

因此可以得到：

$$-\frac{1}{||w||} y_i(w \cdot x_0 + b)$$

假设所有误分类点构成集合 M，那么所有误分类点到超平面的总距离为

$$-\frac{1}{||w||} \sum_{x_i \in M} y_i(w \cdot x_0 + b)$$

因为 $||w|| > 0$，所以不影响经验损失最小化，将之略去。

由此得到了感知器的经验损失函数：

$$-\sum_{x_i \in M} y_i(w \cdot x_0 + b)$$

这样就确定了感知器的评价 E。我们的目标是让这个损失函数达到最小，也就是分割线尽可能不分错。

3.3.5　感知器的优化 O

感知器的优化 O 与机器学习的优化 O 对应，目标是确定一个优化方法，使评价 E 达到最优。

这里使用上一章提到的随机梯度下降法（Stochastic Gradient Descent）。

这里所谓的梯度，是一个向量（Vector），指向标量场增长最快的方向。所谓标量场，是

空间中任意一个点的属性都可以用一个标量表示的场。对于一个损失函数 $L\big(x;(w,b)\big)$，梯度就是在两个参数 w、b 上的偏导数。

而优化 O 就是损失函数在两个偏导数上的梯度下降，直到损失函数达到全局最小值（global minimum），如图 3-18 所示。

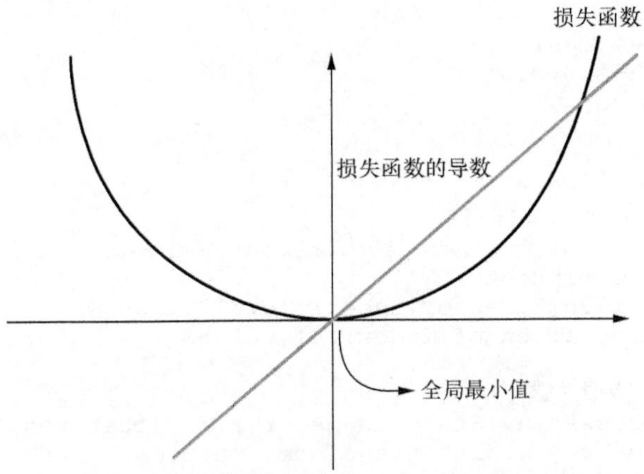

图 3-18 损失函数及其导数（斜线仅记录数值）

感知器学习算法是解决以下最优问题的算法：

$$\begin{aligned}\min_{w,b} G\big(x;(w,b)\big) &= \min_{w,b} \sum_{x_i \in M} L\big(x;(w,b)\big) \\ &= \min_{w,b} \sum_{x_i \in M} y_i\left(w \cdot x_i + b\right)\end{aligned}$$

感知器学习算法是误分类驱动的。首先，随机选取一个超平面。然后，用梯度下降法不断极小化上述损失函数，损失函数的梯度为：

$$\nabla_w L(w,b) = -\sum_{x_i \in M} y_i x_i$$

$$\nabla_b L(w,b) = -\sum_{x_i \in M} y_i$$

接着，随机选取一个误分类点，对参数 w、b 进行更新：

$$w \leftarrow w + \lambda y_i x_i$$

$$b \leftarrow b + \lambda y_i$$

3.3.6 实践感知器

下面是在 TensorFlow 中通过感知器实现鸢尾花数据集分类的代码。

```
import tensorflow as tf
import numpy as np
```

```
import pandas as pd
import matplotlib.pyplot as plt
from sklearn.model_selection import train_test_split
from sklearn import preprocessing

def init_weights(shape):
    return tf.Variable(tf.random_normal(shape,stddev=0.01))

# 创建分割线
def plotLine(slope,bias):
    x = np.arange(-3,3,0.5)
    y = x*slope+bias
    plt.plot(x,y)

if __name__ == "__main__":
    # 导入数据，这里用了 pandas 库
    df = pd.read_csv('https://archive.ics.uci.edu/ml/machine-learning-databases/
iris/iris.data', header=None)
    features = df.iloc[1:len(df.index),[0,2]].values
    labels = df.iloc[1:len(df.index),4].values

    # 调节数据，这一步很关键
    scaler = preprocessing.StandardScaler().fit(features)
    features_standard = scaler.transform(features)

    # 选取了两种花的两类特征
    for index,label in enumerate(labels):
        if label == "Iris-setosa":
            plt.scatter(features[index,0],features[index,1],color='red',mar-
            ker='o',label='setosa')
        else:
            plt.scatter(features[index,0],features[index,1],color='blue',ma-
            rker='x',label='versicolor')
            plt.xlabel('petal len')
            plt.ylabel('sepal len')
            plt.show()

    # 转换一下标签
    labels = np.where(labels=="Iris-setosa",1,-1)

    # 使用 sklearn 类库快速分割数据集
    features_train,features_test,labels_train,labels_test =
    train_test_split(features_standard,labels,test_size=0.33)

    # 定义 placeholder 容器，第 9 章将会描述
    X = tf.placeholder(tf.float32)
    Y = tf.placeholder(tf.float32)

    # 初始化模型参数
    w = init_weights([2,1])
    b = tf.Variable(tf.zeros([1,1]))

    # 创建感知器模型
    predict_Y = tf.sign(tf.matmul(X,w)+b)
```

```
# 定义损失函数
loss = tf.reduce_mean(tf.square(predict_Y-labels_train))

# 定义优化方法
optimizer = tf.train.GradientDescentOptimizer(0.01)
train_step = optimizer.minimize(loss)

# 初始化变量，运行模型，具体内容下面章节将会阐述
init = tf.global_variables_initializer()
sess = tf.Session()
sess.run(init)

# 开始训练
for i in range(300):
    sess.run(train_step,feed_dict={X:features_train,Y:labels_train})

# 提取训练好的模型参数
w1 = sess.run(w).flatten()[0]
w2 = sess.run(w).flatten()[1]
b = sess.run(b).flatten()

# 将测试数据集和感知器分割线显示出来
for index,label in enumerate(labels_test):
    if label == 1:
        plt.scatter(features_test[index,0],features_test[index,1],color
        ='red',marker='o',label='setosa')
    else:
        plt.scatter(features_test[index,0],features_test[index,1],color
        ='blue',marker='x',label='versicolor')
plt.xlabel('petal len')
plt.ylabel('sepal len')
plotLine(-w1/w2,-b/w2)
plt.show()
```

3.4 本章小结

本章的主题是感知器。感知器是我们引入的第二个概念（第一个概念是线性回归）。感知器是机器学习的一种学习算法，也是神经网络实现的基础。我们通过引入感知器，为引入神经网络和深度学习提供预备知识。

- 感知器的思想来源于对生物神经元的认识。
- MCP 神经元是对生物神经元工作机理的抽象，它的本质是实现逻辑门运算。
- MCP 神经元是感知器的基础，通过理解 MCP 神经元，我们可以更好地理解感知器的本质。
- 我们以前一章所述的机器学习框架来解释感知器，并通过 TensorFlow 和感知器解决 Iris 数据集的二分类问题。

第 4 章　人工神经网络

4.1 从感知器到多层感知器

4.1.1　再次回到 MCP 神经元

在第 3 章中我们通过引入布尔逻辑门和 MCP 神经元，了解了感知器的内涵，并将其定义成一种从输入空间到输出空间线性分类的方法。

对于一个从二维输入空间到二值输出空间的映射：$\{0,1\}^2 \to \{0,1\}$，输入空间总共有 $2^2=4$ 种分布—— {0,0}、{0,1}、{1,0}、{1,1}，对应的输出结果有 $2^4=16$ 种（见表 4-1）。

表 4-1　二维输入空间映射到二值输出空间的所有可能结果

x_1	x_2	f_0	f_1	f_2	f_3	f_4	f_5	f_6	f_7	f_8	f_9	f_{10}	f_{11}	f_{12}	f_{13}	f_{14}	f_{15}
0	0	0	0	1	1	1	1	0	0	0	1	1	0	0	1	0	1
0	1	0	1	1	0	1	0	0	1	1	1	0	0	0	1	1	0
1	0	0	1	0	1	1	0	1	0	0	0	1	1	0	1	1	0
1	1	1	1	0	0	0	0	1	1	0	1	1	0	0	1	0	1

第 3 章已经证明了可以使用一个感知器表示除 f_6 和 f_{11} 之外的所有映射关系。

1. 使用 MCP 神经元表示“与”门、“或”门、“非”门

- “与”门：$x_1 \cap x_2$（其输入输出关系见表 4-2）

MCP：AND（其 MCP 神经元表示见图 4-1）

表 4-2　“与”门的输入输出关系

x_1	x_2	输出
0	0	0
0	1	0
1	0	0
1	1	1

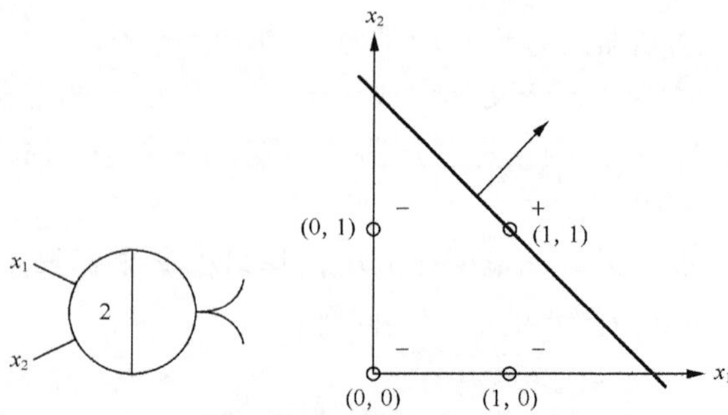

图 4-1　“与”门的 MCP 神经元表示

它对应表 4-1 中的 f_0。

- “或”门：$x_1 \cup x_2$（其输入输出关系见表 4-3）

MCP：OR（其 MCP 神经元表示见图 4-2）

表 4-3 “或”门的输入输出关系

x_1	x_2	输出
0	0	0
0	1	1
1	0	1
1	1	1

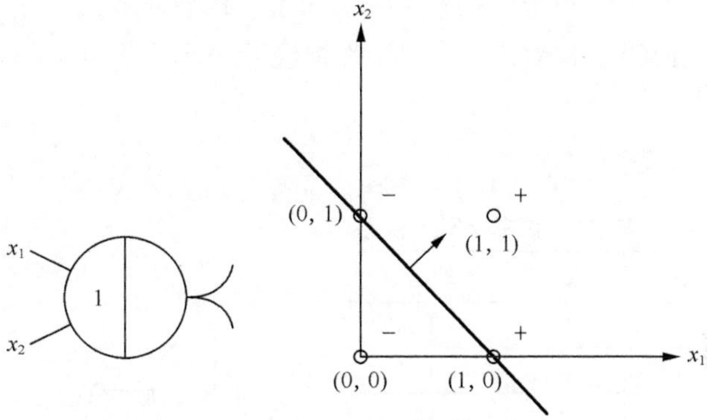

图 4-2 “或”门的 MCP 神经元表示

它对应表 4-1 中的 f_1。

- “非”门：$\neg x_1$（其输入输出关系见表 4-4）

它对应表 4-1 中的 f_2。

- “非”门：$\neg x_2$（其输入输出关系见表 4-5）

它对应表 4-1 中的 f_3。

表 4-4 “非”门（$\neg x_1$）的输入输出关系

x_1	输出
0	1
0	1
1	0
1	0

表 4-5 “非”门（$\neg x_2$）的输入输出关系

x_2	输出
0	1
1	0
0	1
1	0

MCP：NONE（其中，“非”门（$\neg x_1$）的 MCP 神经元表示见图 4-3a，“非”门（$\neg x_2$）的 MCP 神经元表示见图 4-3（b）

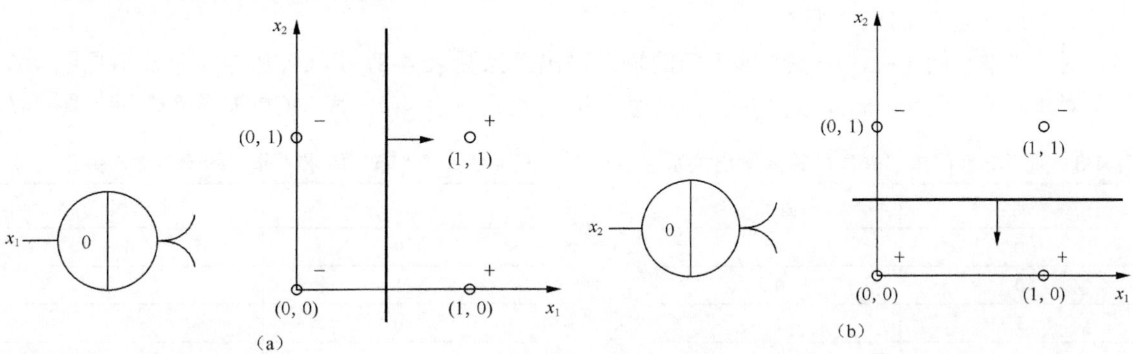

图 4-3 “非”门的 MCP 神经元表示

“与”门、“或”门和“非”门实现了 f_0、f_1 和 f_2、f_3 所描述的映射关系。

2. 将“与”门、“或”门和“非”门组合起来实现其他几种关系

- “与非”门：$\neg(x_1 \cap x_2)$（其输入输出关系见表 4-6）

MCP：NAND（其 MCP 神经元表示见图 4-4）

表 4-6　“与非”门的输入输出关系

x_1	x_2	输出
0	0	1
0	1	1
1	0	1
1	1	0

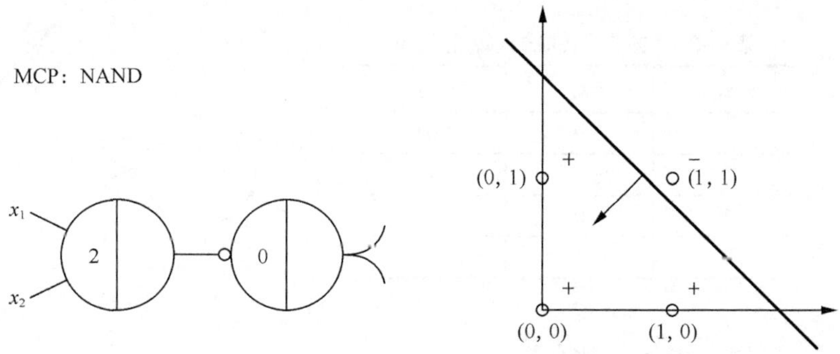

图 4-4　“与非”门的 MCP 神经元表示

- “或非”门：$\neg(x_1 \cup x_2)$（其输入输出关系见表 4-7）

MCP：NOR（其 MCP 神经元表示见图 4-5）

表 4-7　“或非”门的输入输出关系

x_1	x_2	输出
0	0	1
0	1	0
1	0	0
1	1	0

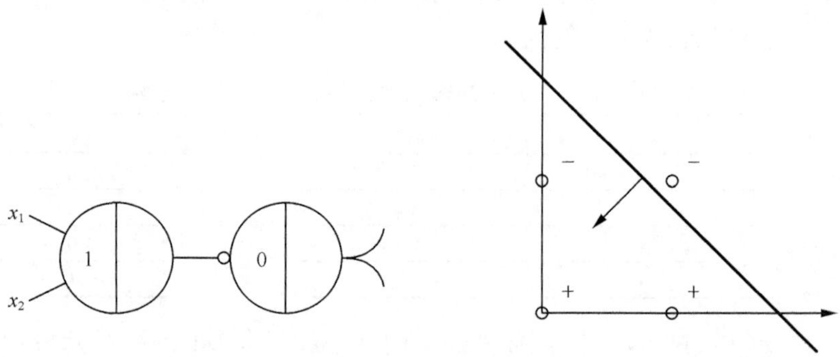

图 4-5　“或非”门的 MCP 神经元表示

- 对“非”门求“非”

对于“非”门（$\neg x_1$），其“非”门的输入输出关系见表 4-8，其 MCP 神经元表示见图 4-6。

对于“非”门（$\neg x_2$），其“非”门的输入输出关系见表 4-9，其 MCP 神经元表示见图 4-7。

表 4-8　对“非”门求“非”的输入输出关系

x_1	输出
0	0
0	0
1	1
1	1

表 4-9　对“非”门求“非”的输入输出关系

x_2	输出
0	0
1	1
0	0
1	1

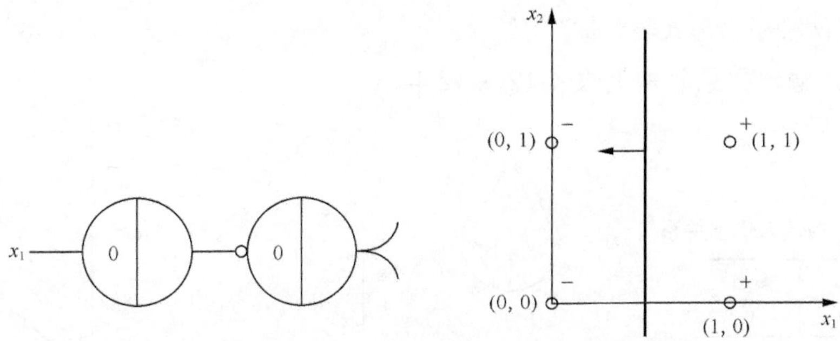

图 4-6　对 x_1 的“非”门求“非”的 MCP 神经元表示

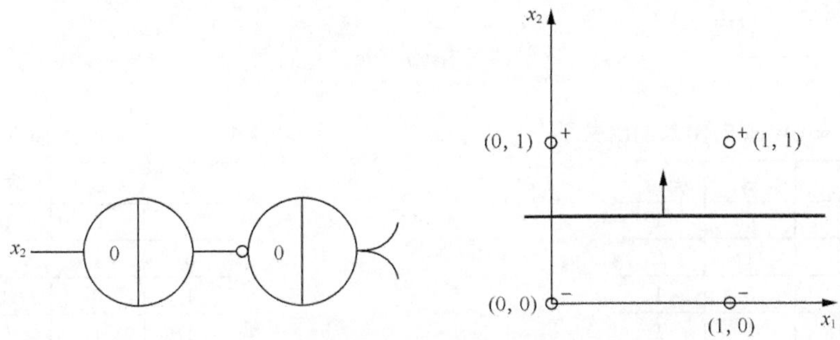

图 4-7　对 x_2 的“非”门求“非”的 MCP 神经元表示

可以发现，“与非”和“或非”是将“与”门和“或”门的映射反转得到的，这样就实现了 f_4、f_5。对于“非”门求“非”门可以实现 f_6、f_7。

3. 将任意一个 x_1、x_2 与“非”门结合，并和“与”门、“或”门组合，得到其他组合形式

- $\neg x_1 \cap x_2$（其输入输出关系见表 4-10）

MCP：$\neg x_1 \cap x_2$（其 MCP 神经元表示见图 4-8）

表 4-10　$\neg x_1 \cap x_2$ 的输入输出关系

x_1	x_2	输出
0	0	0
0	1	1
1	0	0
1	1	0

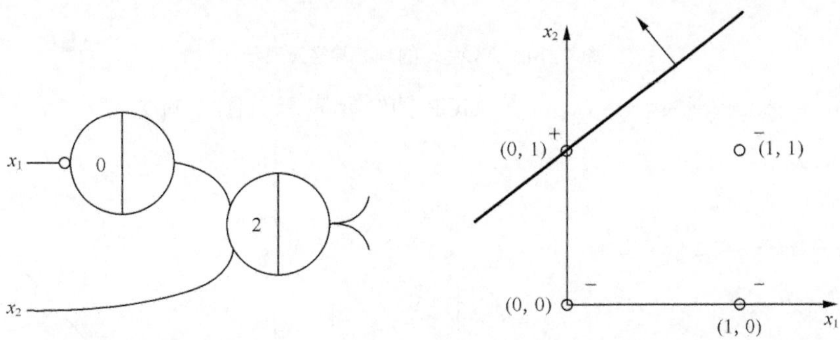

图 4-8　$\neg x_1 \cap x_2$ 的 MCP 神经元表示

- $\neg x_1 \cup x_2$（其输入输出关系见表 4-11）

MCP：$\neg x_1 \cup x_2$（其 MCP 神经元表示见图 4-9）

- 将上述两种组合形式与“非”门结合：$\neg(\neg x_1 \cap x_2) = x_1 \cup \neg x_2$、$\neg(\neg x_1 \cup x_2) = x_1 \cap \neg x_2$（其输入输出关系分别见表 4-12 和表 4-13）

表 4-11　$\neg x_1 \cup x_2$ 的输入输出关系

x_1	x_2	输出
0	0	1
0	1	1
1	0	0
1	1	1

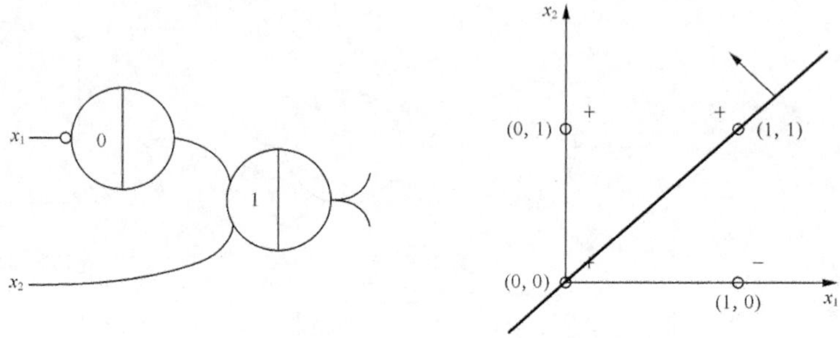

图 4-9　$\neg x_1 \cup x_2$ 的 MCP 神经元表示

表 4-12　$x_1 \cup \neg x_2$ 的输入输出关系

x_1	x_2	输出
0	0	1
0	1	0
1	0	1
1	1	1

表 4-13　$x_1 \cap \neg x_2$ 的输入输出关系

x_1	x_2	输出
0	0	0
0	1	0
1	0	1
1	1	0

MCP：$\neg(\neg x_1 \cap x_2) = x_1 \cup \neg x_2$（其 MCP 神经元表示见图 4-10）

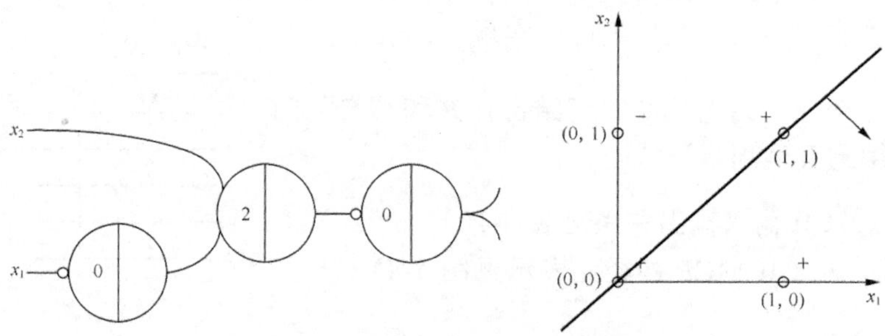

图 4-10　$x_1 \cup \neg x_2$ 的 MCP 神经元表示

MCP：$\neg(\neg x_1 \cup x_2) = x_1 \cap \neg x_2$（其 MCP 神经元表示见图 4-11）

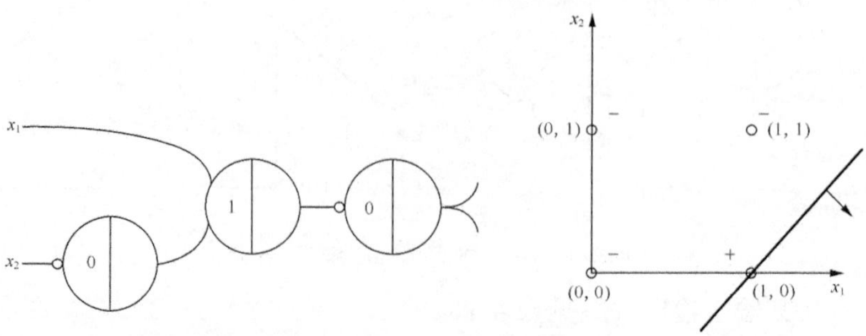

图 4-11　$x_1 \cap \neg x_2$ 的 MCP 神经元表示

可以发现，上述 4 种组合形式也是映射的反转，这样就实现了 f_8、f_9、f_{10}、f_{11}。

4. 将所有映射都确定为 0 或 1（其输入输出关系分别见表 4-14 和表 4-15）

表 4-14　映射均确定为 0 时的输入输出关系

x_1	x_2	输出
0	0	0
0	1	0
1	0	0
1	1	0

表 4-15　映射均确定为 1 时的输入输出关系

x_1	x_2	输出
0	0	1
0	1	1
1	0	1
1	1	1

这样就得到了 f_{12}、f_{13}。

总结以上规律，发现用两层 MCP 神经元可以实现以上的映射关系。

5. 两种特殊的情况

- “异或”门：$(\neg x_1 \cap x_2) \cup (x_1 \cap \neg x_2)$（其输入输出关系见表 4-16）

表 4-16 “异或”门的输入输出关系

x_1	x_2	输出
0	0	0
0	1	1
1	0	1
1	1	0

MCP：$(\neg x_1 \cap x_2) \cup (x_1 \cap \neg x_2)$（其 MCP 神经元表示见图 4-12）

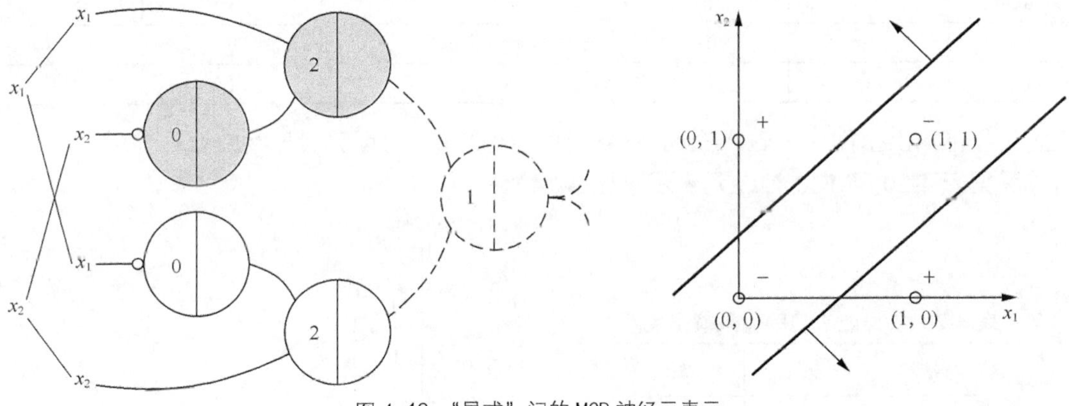

图 4-12 “异或”门的 MCP 神经元表示

- “同或”门：$(x_1 \cup \neg x_2) \cap (\neg x_1 \cap x_2)$（其输入输出关系见表 4-17）

MCP：$(x_1 \cup \neg x_2) \cap (\neg x_1 \cup x_2)$（其 MCP 神经元表示见图 4-13）

表 4-17 “同或”门的输入输出关系

x_1	x_2	输出
0	0	1
0	1	0
1	0	0
1	1	1

这样就得到了 f_{14}、f_{15}。

这是两个非常特殊的形式，请特别注意。

对于这两个问题，结合逻辑映射可以得到两个结论。

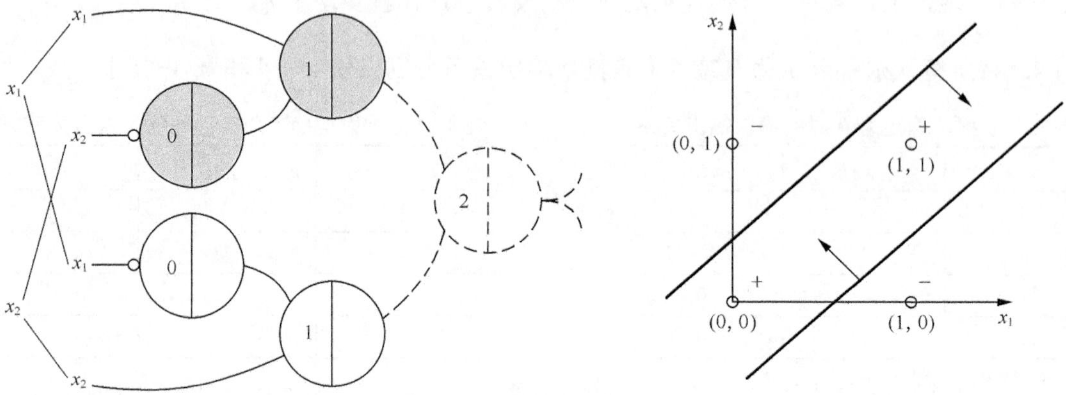

图 4-13　“同或”门的 MCP 神经元表示

1）使用 3 层 MCP 神经元，可以实现任意$\{0,1\}^2 \to \{0,1\}$的映射关系。

2）如果要实现逻辑“异或”门，实际上，首先映射两个逻辑门$x_1 \cap \neg x_2$和$\neg x_1 \cap x_2$，输出得到两个映射关系（见表 4-18 和表 4-19）。

表 4-18　$x_1 \cap \neg x_2$ 的输入输出关系

x_1	x_2	输出
0	0	0
0	1	0
1	0	1
1	1	0

表 4-19　$\neg x_1 \cap x_2$ 的输入输出关系

x_1	x_2	输出
0	0	0
0	1	1
1	0	0
1	1	0

然后，将输出空间作为输入空间，再进行一次“或”门运算（最终组合“异或”门的输入输出关系见表 4-20，MCP 神经元表示见图 4-14）。

表 4-20　“异或”门的输入输出关系

y_1	y_2	输出
0	0	0
0	1	1
1	0	1
1	1	0

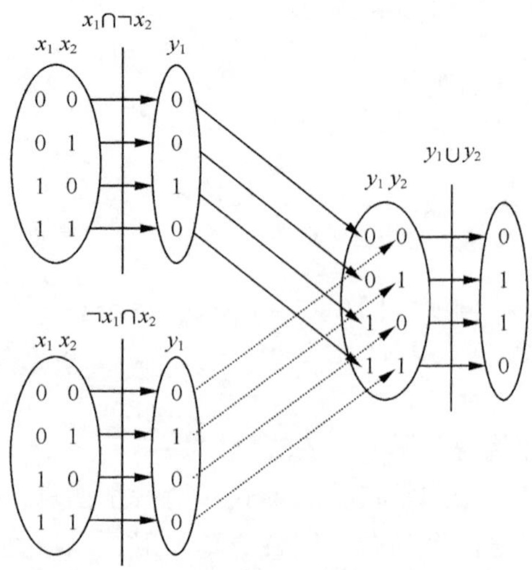

图 4-14　组合“异或”门的 MCP 神经元表示

两个逻辑门的输出空间组合成一个二维空间 $\{y_1,y_2\}$ 并以此为输入空间，从而得到新的输出空间$\{0,1\}$。

对于“同或”门的运算，也是采用类似的方式，可以自行推导。

4.1.2 带有权值的 MCP 神经元——感知器

第 3 章证明了，带有权值的 MCP 神经元等同于一个感知器。

因此，可以将前一节所述的逻辑关系映射转化成感知器的运算，见图 4-15～图 4-24。

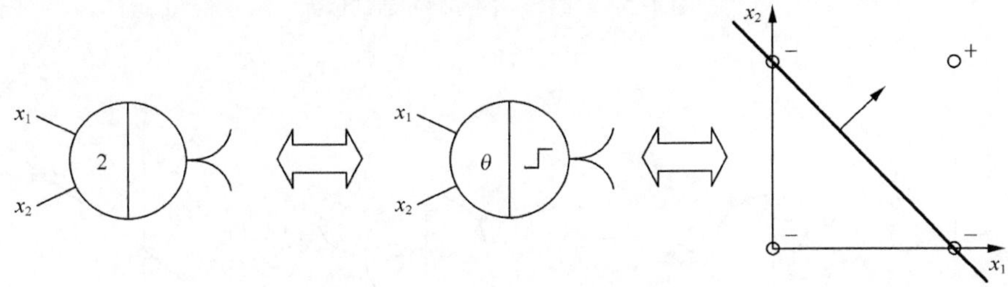

图 4-15 “与门”和感知器的运算

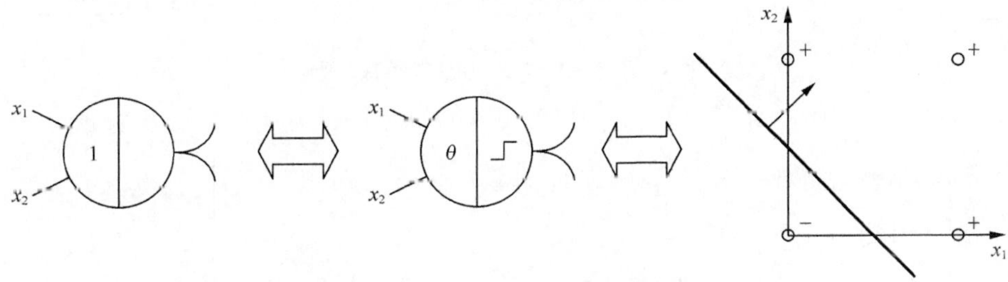

图 4-16 “或门”和感知器的运算

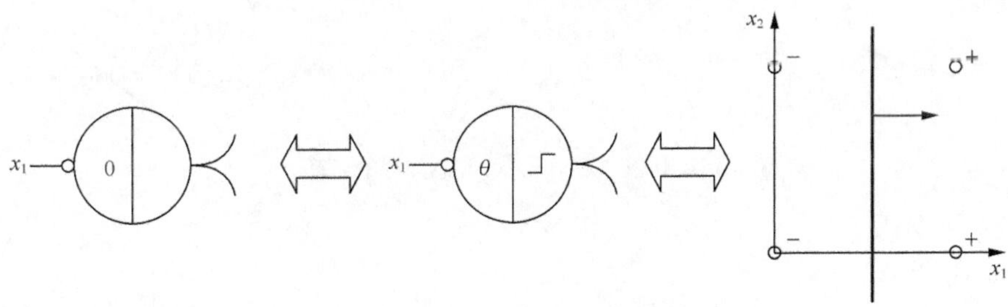

图 4-17 “非门”和感知器的运算

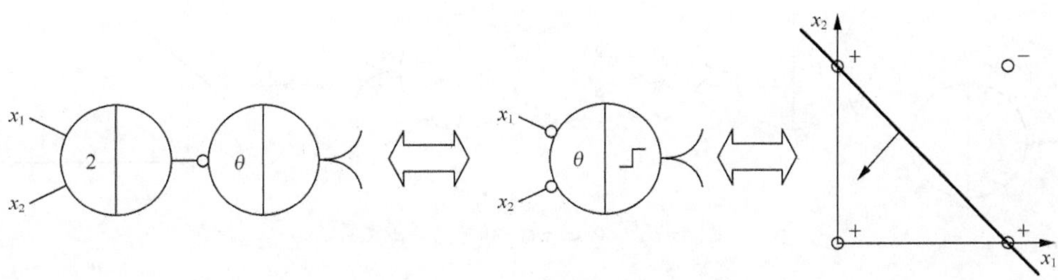

图 4-18 “与非”门和感知器的运算

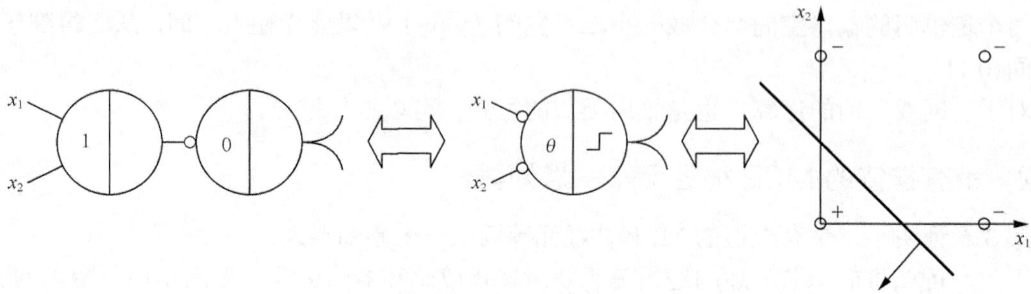

图 4-19　“或非”门和感知器的运算

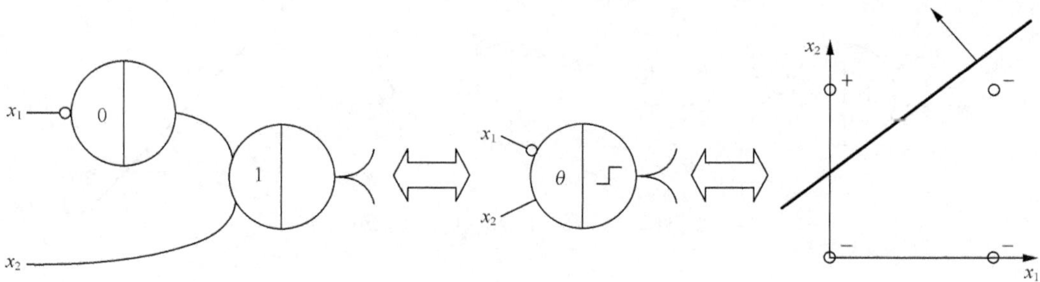

图 4-20　$\neg x_1 \cap x_2$ 和感知器的运算

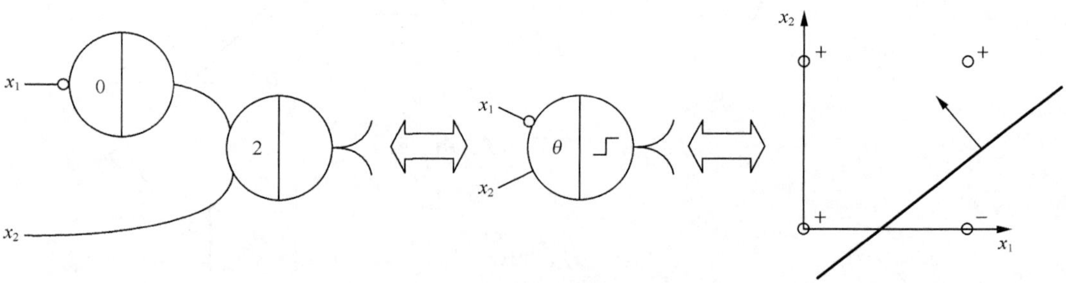

图 4-21　$\neg x_1 \cup x_2$ 和感知器的运算

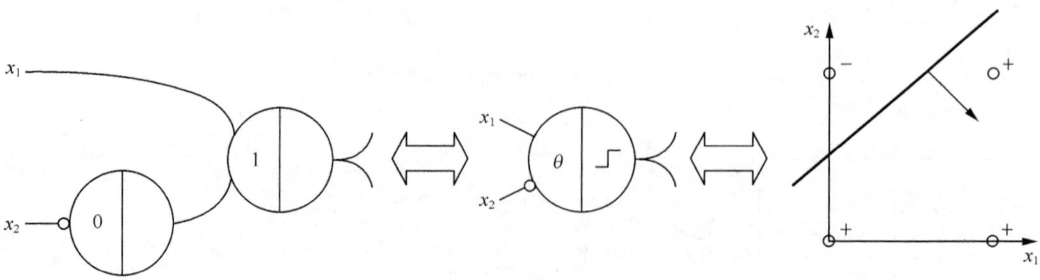

图 4-22　$x_1 \cup \neg x_2$ 和感知器的运算

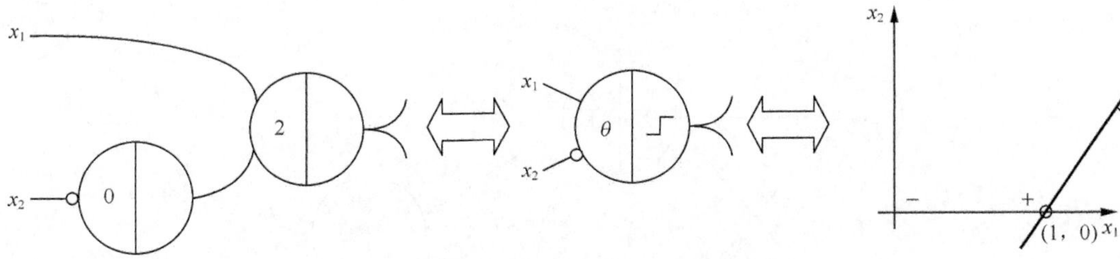

图 4-23 $x_1 \cap \neg x_2$ 和感知器的运算

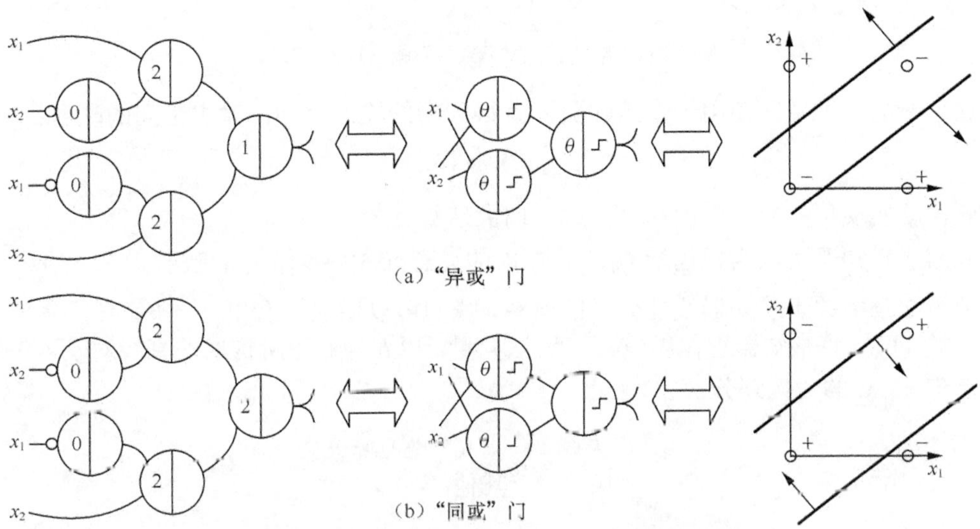

(a)“异或”门

(b)“同或”门

图 4-24 “异或”门、“同或”门和感知器的运算

可以发现：

（1）由于带有权值的 MCP 神经元与感知器的等效关系，可以用一层神经元表达 f_0～f_{13} 的映射关系，因此一层感知器可以表达除“异或”和“同或”以外的所有问题。

下面讨论“异或”和“同或”问题。上一节末尾提到“异或”和“同或”问题实际上由两个 MCP 神经元映射再进行一次“或”门、“与”门运算得到。结合感知器的原理，可以得到图 4-25。

由于感知器可以通过激活函数：

$$\operatorname{sign}(\boldsymbol{w}^{\mathrm{T}}\boldsymbol{x}+b)=\begin{cases}1 & \boldsymbol{w}^{\mathrm{T}}\boldsymbol{x}+b\geqslant 0\\0 & 其他\end{cases}$$

将输入空间 $\{0,1\}^2$ 映射到输出空间 $\{0,1\}$，因此两个神经元可以组成一个新的二维空间：

$$\{y_1,y_2\}=\{0,1\}^2$$

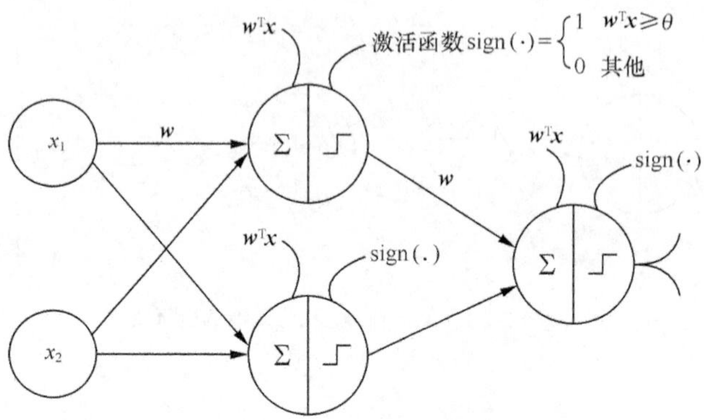

图 4-25 “异或”门、“同或”门的感知器示意图

对这个新的二维空间使用一个感知器，就得到新的输入空间向输出空间的映射：

$$\{y_1, y_2\} \to \{0,1\}$$

因此也就实现了“异或”门和“同或”门的运算。

（2）两层感知器可以实现包括 f_{14}、f_{15} 在内的任意 $\{0,1\}^2 \to \{0,1\}$ 的映射。

基于第 2 章中关于感知器线性分类的解释，我们可以明显地看出，一条直线不能够区分两个点的分类，可以将感知器看作以 w_1、w_2 为法向量，以 b 为截距所构成的直线对输入空间组成的二维点阵 x_1、x_2 的线性划分：

$$Y = \begin{cases} 1 & w_1x_1 + w_2x_2 \geqslant b \\ 0 & 其他 \end{cases}$$

那么，

$$x_1 = 0, x_2 = 0, w_1x_1 + w_2x_2 = 0 \Rightarrow 0 < b, x_1 = 1,$$
$$x_2 = 0, w_1x_1 + w_2x_2 = w_1 \Rightarrow w_1 \geqslant bx_1 = 0, x_2 = 1$$

由于 $b > 0, w_1 > 0, w_2 > 0$，可知 $w_1 + w_2 < b$ 不成立，因此可以证明一个单层的感知器不能解决“异或”（XOR）问题。

但我们如果借鉴 MCP 神经元的两层逻辑门，就可以发现：可以将感知器看作以 w_1、w_2 为法向量，以 b 为截距所构成的直线对输入空间组成的二维点阵 x_1、x_2 的线性划分。

其中，法向量左侧点的投影映射为 1，右侧点的投影映射为 0，从而得到一个新的点阵（见表 4-21）。

表 4-21 映射后新的点阵

y_1	y_2
1	0
1	1
1	1
0	1

实质上，这将一个线性不可分问题转变成线性可分问题，它将需要分类的点(0, 1)与(1, 0)“聚拢”到一起。因此，再用一条直线就可以对两类点进行划分，如图 4-26 所示。

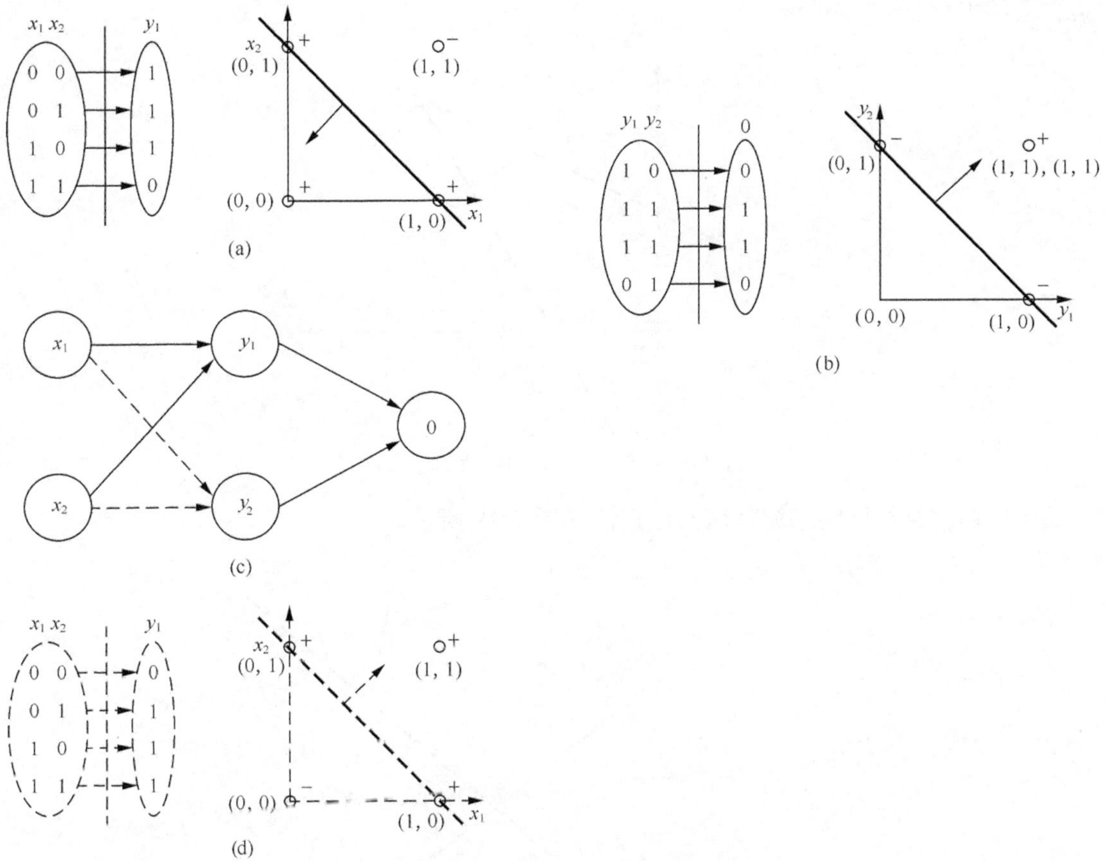

图 4-26 对两类点进行划分

从图 4-26 中我们可以发现，第一个隐层中第一个神经元将 $(0,0)$、$(0,1)$、$(1,1)$ 和 $(1,0)$ 划分到两个空间，可以通过这些点在法向量上的投影确定其映射结果。第一隐层的第二个神经元将 $(0,0)$、$(1,0)$、$(1,1)$ 和 $(0,1)$ 划分到两个空间。在第二个隐层中，x=(0, 1)和 x=(1, 0)被压缩到 $y=(1,1)$ 空间上，从而可以用一个逻辑“或”运算将 $x=(0,0), x=(1,1)$ 和 $x=(1,0), x=(0,1)$ 区分开。因此可以得到以下结论：

两层感知器可以解决一个简单的线性不可分问题。

4.1.3 两层感知器形成“凸域”问题

基于第 3 章的知识，我们了解到多层感知器可以看成对输入空间 $\{x_1, x_2\}$ 向输出空间 $\{y_1, y_2\}$ 的线性划分。对于一个“异或”问题，我们需要两个隐层的 3 个感知器，如图 4-27 所示。

图 4-27 中，l_1 和 l_2 两条曲线将点线性划分，并将输出空间作为第二个隐层的输入空间，做了逻辑“与”运算（也就是交集），从而得到一个类似“凸形”的空间。我们可以发现，只要 l_1 和 l_2 不是平行的（因为平行的情况很少见，所以我们可以基本上认为两条直线总会在某一点相交），那么这种

并集的运算将产生一个“凸域”。

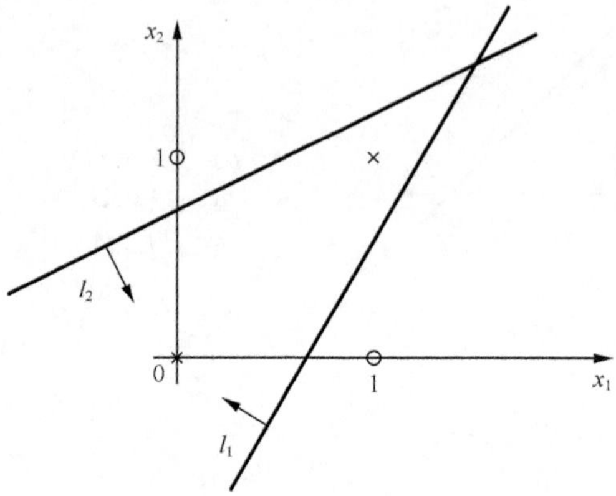

图 4-27　通过感知器求解“异或”问题

还可以通过神经网络来解释这一过程，如图 4-28 所示。

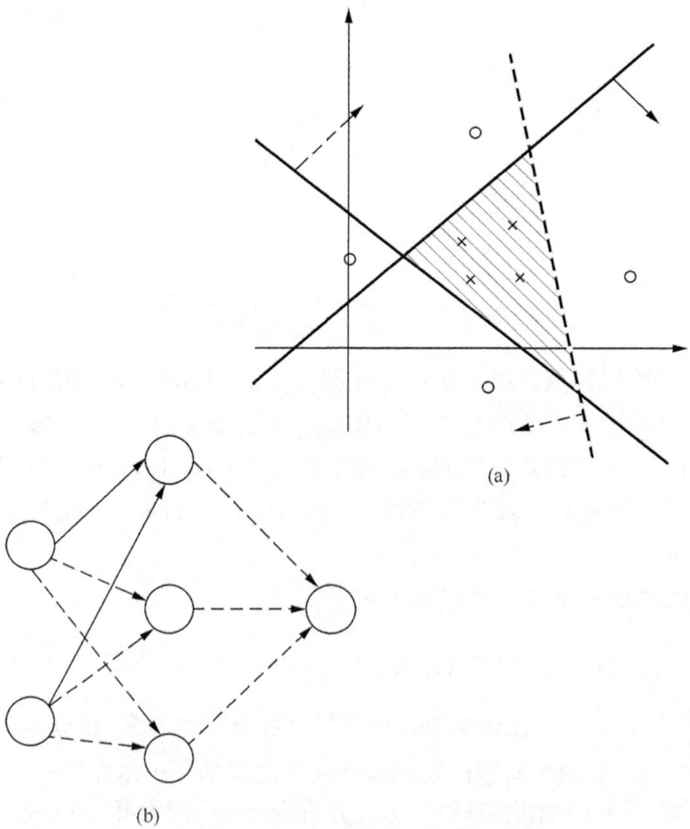

图 4-28　通过神经网络解决“异或”问题的示意图

我们通过第二隐层的第一个神经元对前一个隐层的输出空间做一个并集，得到一个由两条曲线的交集组合而成的“凸域”（见图 4-28a 中的阴影部分）。显然，通过这种方法可以解决线性分类不能处理“异或域”的问题，如图 4-29 所示。

带有一个隐层的多层感知器表达能力非常强，通过多次并集，还可以得到如图 4-30 所示的凸域。

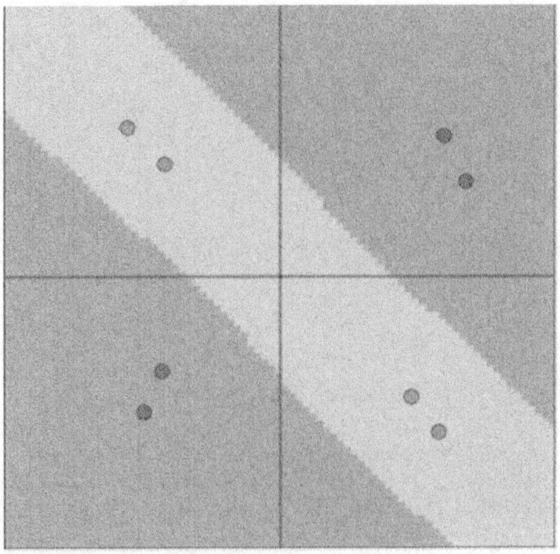

图 4-29　神经网络通过并集得到的“凸域”

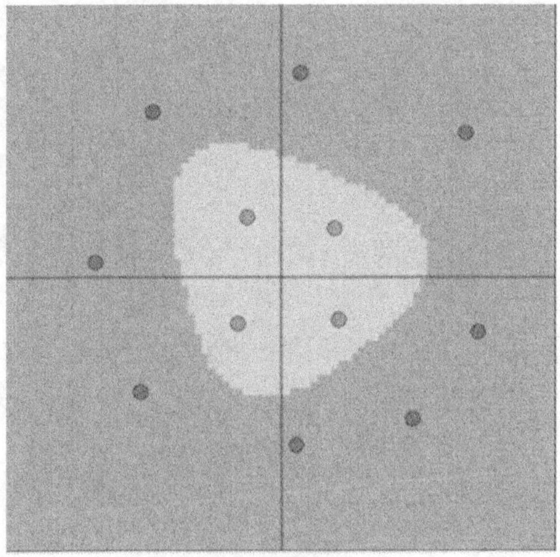

图 4-30　多次并集得到的“凸域”

但这种方法有一定的局限性：两条直线无论如何分割，都只能形成一个“凸域”，对于这个问题（见图 4-31），则很难用一个“凸域”来进行划分。实际上，我们需要形成一个“凹域”（也就是一个“非凸域”）来实现划分。

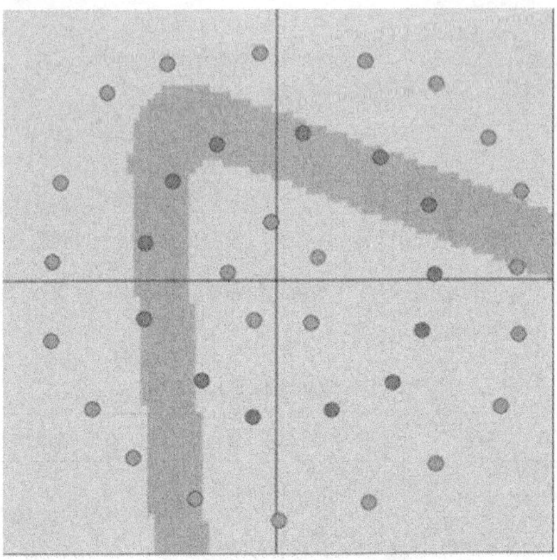

图 4-31　“凸域”无法解决的问题的示意图

4.1.4　非凸域优化

单独一个凸域的表现能力不是很强，无法构造一些非凸域的复杂形状。于是我们考虑可以把多个“凸域”合并在一起，这样就可以形成我们想要的形状了，如图 4-32 所示。

图 4-32　“非凸域”的复杂形状示意图

在一个隐层后再增加一个隐层，并将前一个隐层的输出空间作为下一个隐层的输入空间，再做一个逻辑“或”（即并集）。

这样，就可以得到一个“非凸域”，如图 4-33 所示。

如果使用两个隐层，每层 10 个感知器，甚至可以实现如图 4-34 所示的“非凸域”。

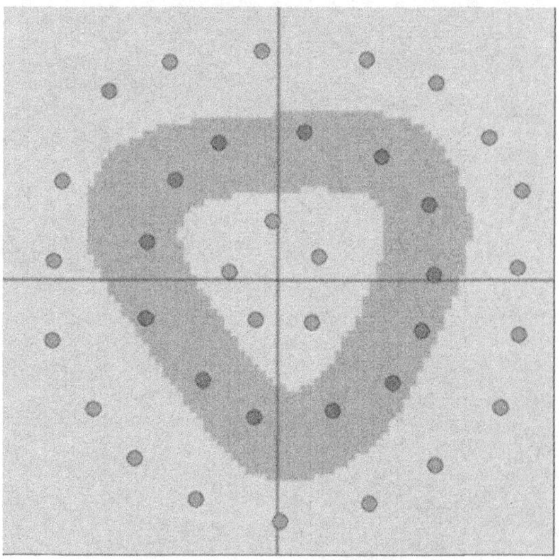

图 4-33　可实现的复杂的“非凸域”示意图之一

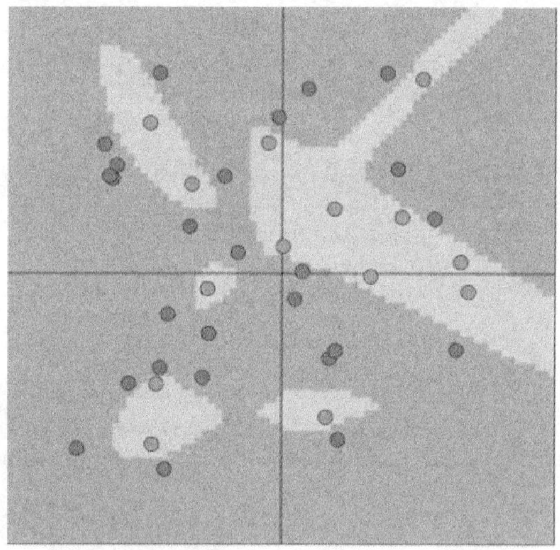

图 4-34　可实现的复杂的“非凸域”示意图之二

这个结果基本上可以充分体现出多层感知器强大的表示能力。

不同感知器结构对应的不同情况见表 4-22。

表 4-22　不同感知器结构对应的不同情况

感知器结构	“异或”问题	复杂问题	判决域形状	判决域
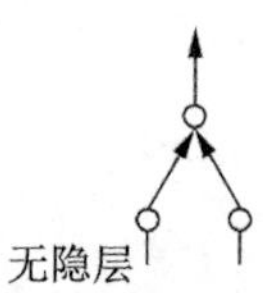	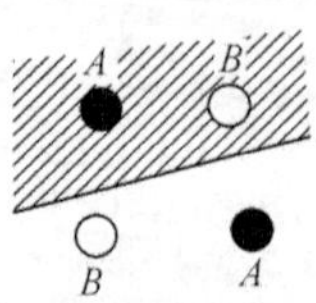	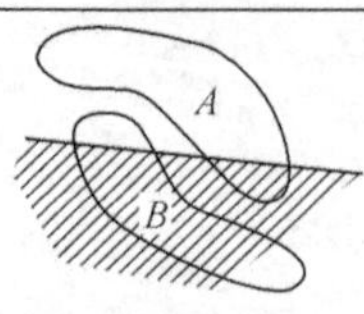	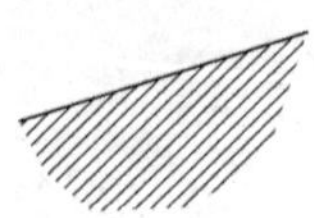	半平面

续表

感知器结构	“异或”问题	复杂问题	判决域形状	判决域
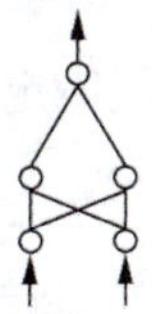 单隐层	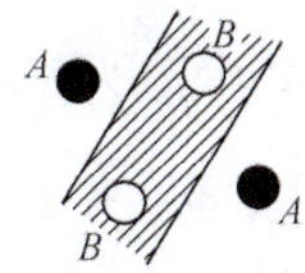	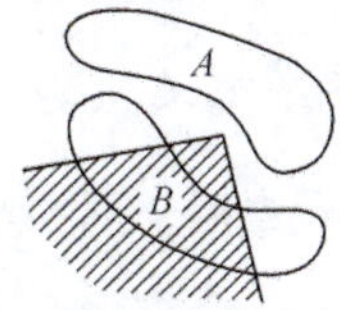	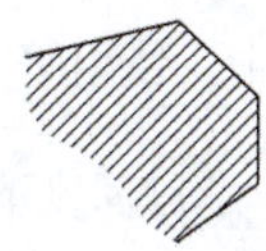	凸域
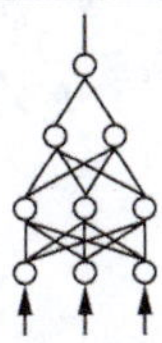 双隐层	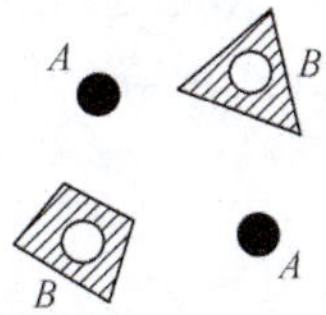	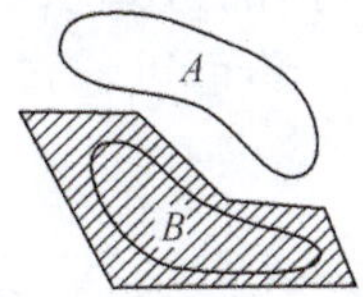	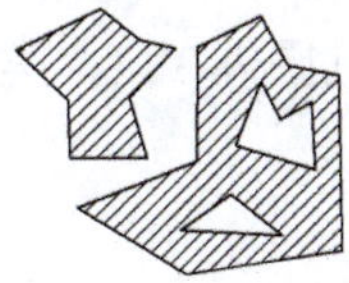	任意复杂形状域

4.2 反向传播神经网络

反向传播神经网络是训练人工神经网络中参数的一种方法，也就是对应的优化 O。

4.2.1　一个生动的比喻

首先用形象的方式来详述整个人工神经网络的预测和训练过程。

前向传播神经网络接收来自输入空间 x_1、x_2 的数据，通过和模型参数 w、b 结合，将输入空间映射到输出空间。它输出的是一个预测值 $\hat{y}$。

在人工神经网络模型训练之初，模型参数 w、b 是随机确定的，这导致 x_1、x_2 向前传播时，产生了错误的预测。可以将错误的参数 w、b 视为魔鬼，如图 4-35 所示。

因为每层参数都存在一定错误，所以会导致 x_1、x_2 在向前传递时产生了误差，最终在输出预测值时偏离正确值（积累成一个大魔鬼），如图 4-36 所示。

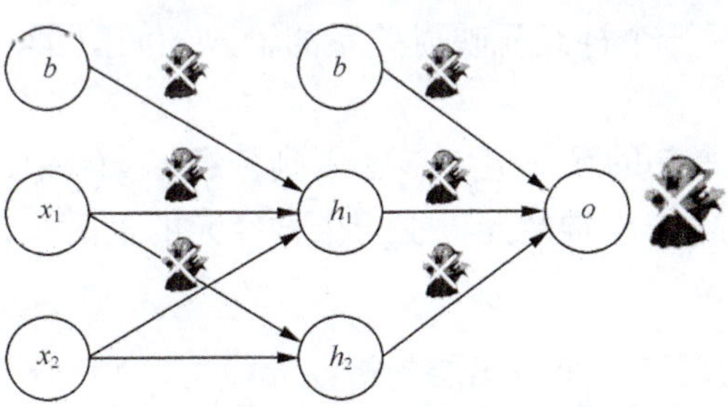

图 4-35　错误的参数 w、b 产生错误的预测

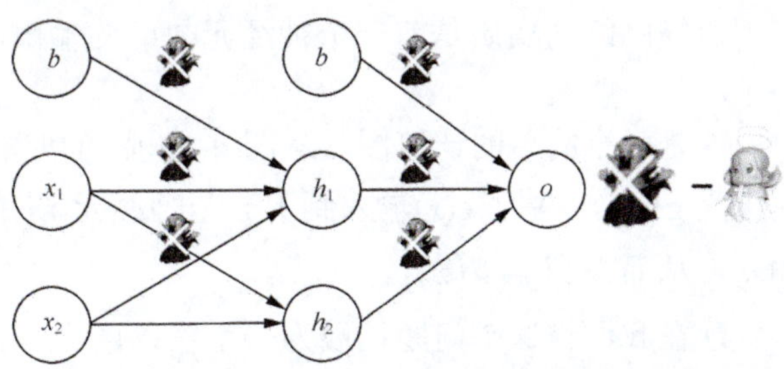

图 4-36　错误的预测偏离正确值

用天使比喻训练样本的真实值，通过真实值与预测值的比较，可以估计出总的误差。

当一个训练样本 $x=\{x_1,x_2\}$ 产生一个预测时，用损失函数 $R(\theta)=L\left(y^{(i)},f\left(x^{(i)},\theta\right)\right)$ 来定义预

测值和真实值之间的差别程度。这里，$f\left(x^{(i)},\theta\right)$代表模型的预测输出，也就是$f\left(x_1,x_2;w,b\right)$，$L\left(y^{(i)},f(\cdot)\right)$值是第 i 个训练样本的真实值和输出值的差别。

例如，在线性回归中，使用平方损失函数定义$R(\theta)$。在 Logistic 回归中，用交叉熵定义$R(\theta)$。为了使损失函数最小化，通过梯度下降法修正最后一层的参数（见图 4-37），即$\frac{\partial R(w,b)}{\partial w}$与$\frac{\partial R(w,b)}{\partial b}$。

修正完第一层后，可以通过反向传播的链式求导法则，并通过 h_1 神经元来修正与 h_1 连接的所有参数（见图 4-38）。类似地，还可以通过 h_2 的链式求导法则求得与 h_2 连接的所有参数。

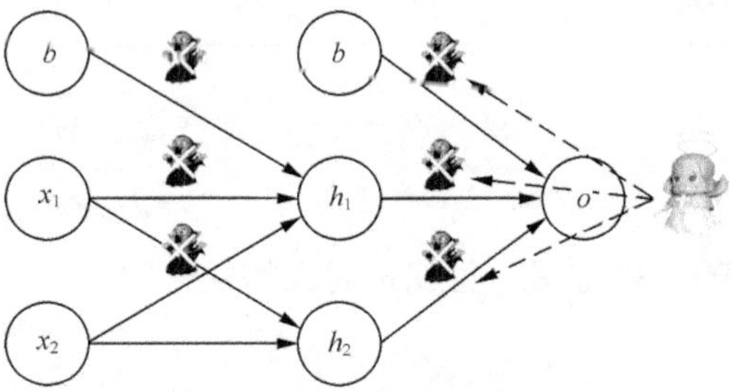

图 4-37　通过梯度下降法修正参数

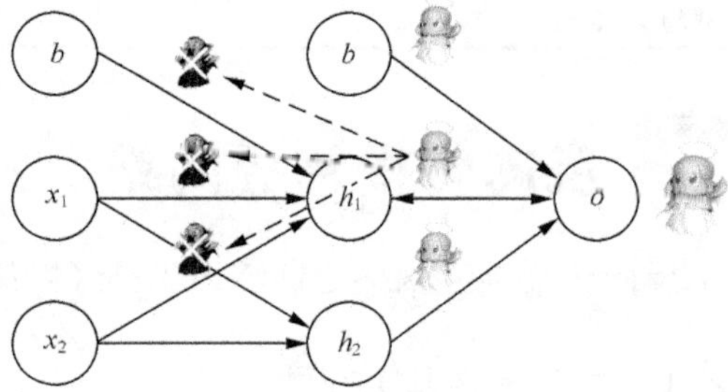

图 4-38　通过反向传播的链式求导法则修正参数

因此，反向传播神经网络传递的是参数 w、b 对总误差的影响，参数来源是通过比较预测值与真实值差别的损失函数产生。

这样，我们就了解到反向传播神经网络的整个训练过程。

4.2.2　计算图基础——前向传播

接下来，细致地探索一下神经网络参数调节的过程。

要了解反向传播神经网络，必须深入了解前馈神经网络（也就是正向的神经网络）。

前馈网络的实质是前一个神经元映射的输出向后一个神经元映射关系的输入，如图 4-39 所示。

这是一个简单的计算图，从图 4-39 中可以看出最初的输入值 x 被输入到神经元$g(\cdot)$中，输出是$g(x)$，并把 $g(x)$输入到下一个神经元$f(\cdot)$。下一个神经元以上一个神经元的输出作为输入，从而得到$f\left(g(x)\right)$。

现在我们将这个问题扩展为一个输入层、一个隐层和一个输出层的神经元模型，并用计算图的方式表现出来，如图 4-40 所示。

用 x 表示输入，用 h 表示隐层，用 o 表示输出层。从图 4-40 中可以看出，输入层为$\{x_1,x_2\}\in\mathbf{R}^2$；隐层接受上一层的值，隐层参数中$h_1=x_1+x_2$，$h_2=x_1+x_2$；输出层接受隐层值的输出，得到$o=h_1+h_2$，或者$o=x_1+x_2+x_1+x_2$。

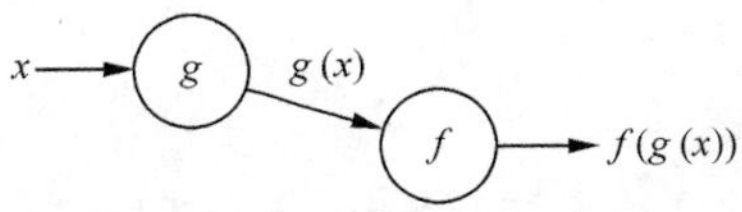

图 4-39 前馈网络计算图

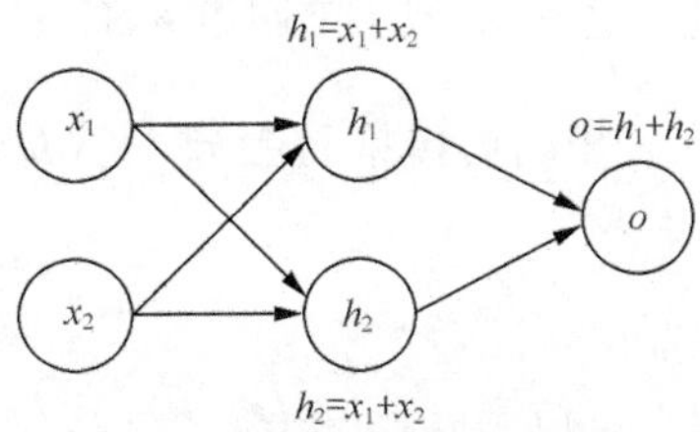

图 4-40 扩展的前馈网络计算图

因为 h_1、h_2 是关于 x_1、x_2 的二元函数，所以如果想知道 h_1、h_2 关于 x_1、x_2 的变化率，首先要了解偏导这个数学工具。从计算的角度讲，求偏导和求导数并没有什么本质区别，都是根据常用的求导法则来计算。只是求偏导时要注意，除了目前在求偏导的那个变量之外，其他变量都可以看作常数。比如，求 $\frac{\partial h_1}{\partial x_1}$ 时，x_2 就可以看作一个常数，然后再关于 x_1 求偏导。

现在来看看 x_1 会如何影响下一层的 h_1、h_2。显然，对于一个 x_1 而言，其对 h_1 的变化率为 $\frac{\partial h_1}{\partial x_1}$，对 h_2 的变化率为 $\frac{\partial h_2}{\partial x_1}$，如图 4-41 所示。

我们再来看 h_1、h_2 如何影响下一层的 o。h_1、h_2 对 o 的变化率分别为 $\frac{\partial o}{\partial h_1}$ 和 $\frac{\partial o}{\partial h_2}$，如图 4-42 所示。

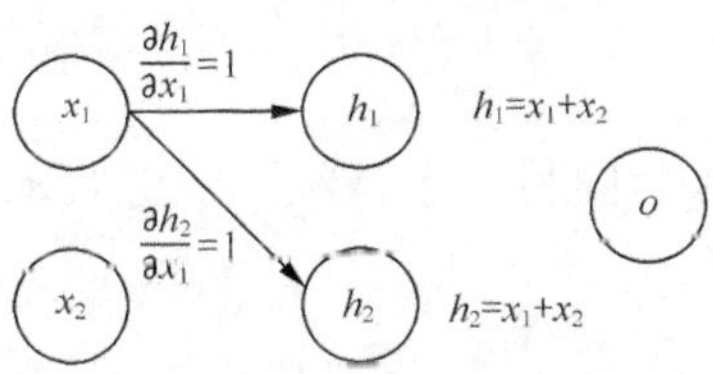

图 4-41 x_1 对下一层中 h_1、h_2 的影响

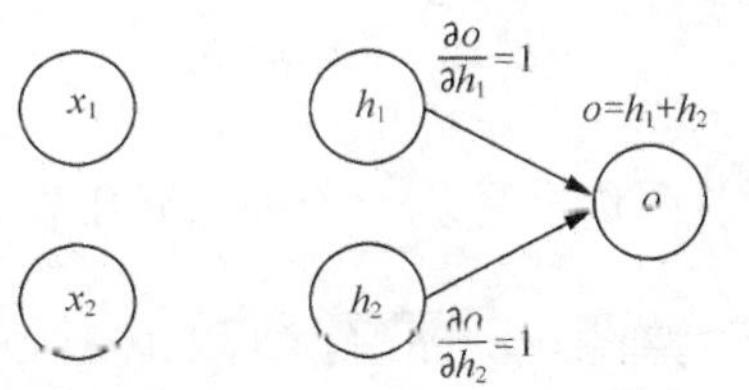

图 4-42 h_1、h_2 对下一层中 o 的影响

下面来看 x_1 是如何影响 o 的，即 x 对 o 的变化率 $\frac{\partial o}{\partial x}$。

很显然，x 要影响 o，必须通过 h_1、h_2，其本质是两部分。一部分是先计算 $\frac{\partial h_1}{\partial x}=\frac{\partial\left(x_1+x_2\right)}{\partial x_1}$，再计算 $\frac{\partial o}{\partial h_1}=\frac{\partial\left(h_1+h_2\right)}{\partial h_1}$。另一部分是先计算 $\frac{\partial h_2}{\partial x}$，后计算 $\frac{\partial o}{\partial h_2}$。

由于前一层的输出就是后一层的输入，即 $f\left(g\left(x\right)\right)$，因此根据求导的链式法则，可以得到 $\frac{\partial\left(f\left(g\left(x\right)\right)\right)}{\partial x}=\frac{\partial\left(f\left(g\left(x\right)\right)\right)}{\partial\left(g\left(x\right)\right)}\frac{\partial\left(g\left(x\right)\right)}{\partial x}$。

因此，也就得到了 x 通过 h_1 对 o 的变化率 $\frac{\partial o}{\partial x}=\frac{\partial o}{\partial h_1}\frac{\partial h_1}{\partial x_1}$ 。

由于 x_1 在向前传播时会分别从 h_1 和 h_2 两条路径传播（见图 4-43），因此最终得到

$$\frac{\partial o}{\partial x}=\frac{\partial o}{\partial h_1}\frac{\partial h_1}{\partial x_1}+\frac{\partial o}{\partial h_2}\frac{\partial h_2}{\partial x_1}$$

显然，可以用同样的方法得到 x_2 对 o 的影响。并通过这种方法将输出层 o 视为：x_1、x_2 分别通过 h_1、h_2 对 o 的影响，公式如下。

$$\begin{aligned}\frac{\partial o}{\partial x}&=\frac{\partial o}{\partial x_1}+\frac{\partial o}{\partial x_2}\\&=\left(\frac{\partial o}{\partial h_1}\frac{\partial h_1}{\partial x_1}+\frac{\partial o}{\partial h_2}\frac{\partial h_2}{\partial x_1}\right)+\left(\frac{\partial o}{\partial h_1}\frac{\partial h_1}{\partial x_2}+\frac{\partial o}{\partial h_2}\frac{\partial h_2}{\partial x_2}\right)\end{aligned}$$

假设 $x_1=1,x_2=2$ ，那么可以得到 $h_1=2,h_2=2,o=4$ ，如图 4-44 所示。

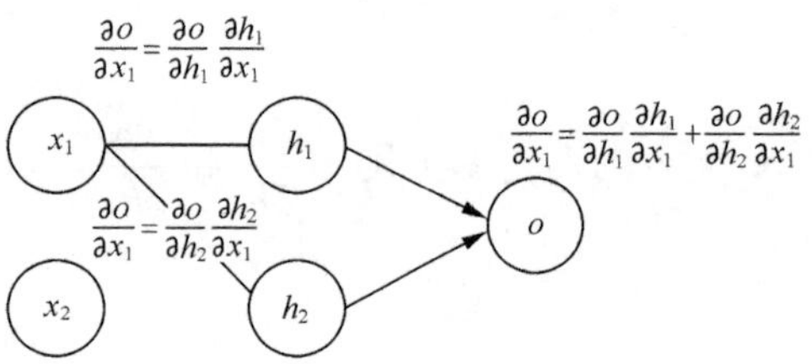

图 4-43　x_1 对 o 的影响

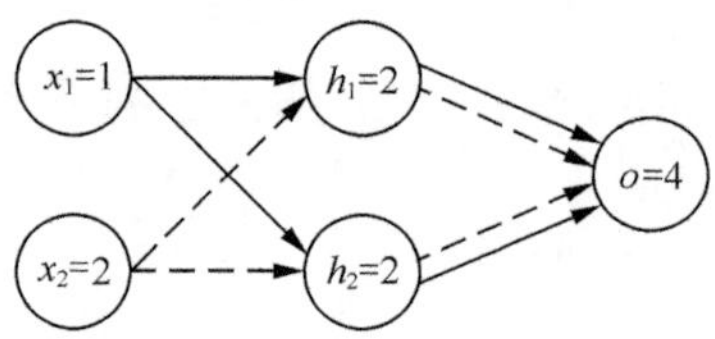

图 4-44　x_1、x_2 对 o 的影响

因此前向传播是从一个神经元出发，经过中间节点后向另一个神经元的链式求导。

4.2.3　计算图——带有参数 w、b 的前向传播

上一节我们得到了 x 对 o 的正向传播关系。现在在神经元的连接上加入参数 w 和 b。

为了便于表示，将第一层到第二层的参数用上标标注为 $w^{(1)},b^{(1)}$，第二层到第三层的参数标为 $w^{(2)},b^{(2)}$ 。将前一层到下一层中从 i 到 j 个神经元用下标标注为 w_{ij}，将参数 b 设成第 0 个神经元，将 x_1 和 x_2 设为第 1 个与第 2 个神经元，将 h_1 和 h_2 设成第 1 个与第 2 个神经元，得到图 4-45。

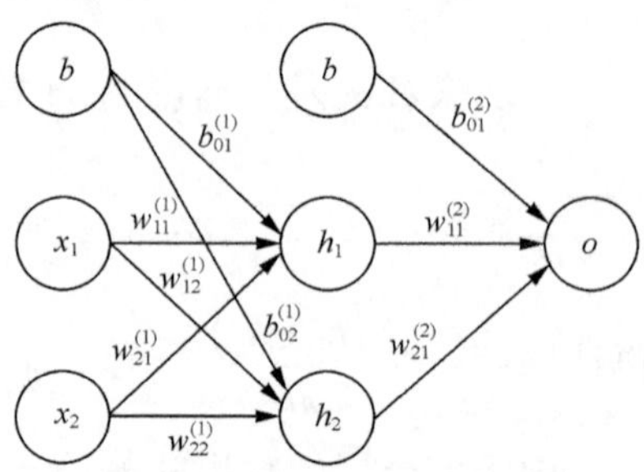

图 4-45　神经网络参数表示

于是可以得到新的前向传播（见图 4-46）。

首先看 x_1 的前向传播。此时 x_1 向前传播的变化率因参数 w 的加入而不同，如图 4-47 所示。

我们可以分别得到第一层 x 向 h 的传播 $\frac{\partial h_1}{\partial x_1}=w_{11}^{(1)}$，$\frac{\partial h_2}{\partial x_1}=w_{12}^{(1)}$，以及第二层 h 向 o 的传播

$\frac{\partial h_1}{\partial o}=w_{11}^{(2)}$， $\frac{\partial h_2}{\partial o}=w_{21}^{(2)}$。

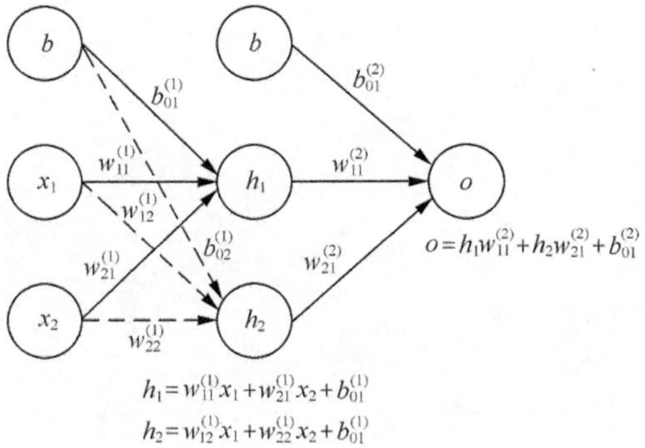

图 4-46 参数化的前向传播

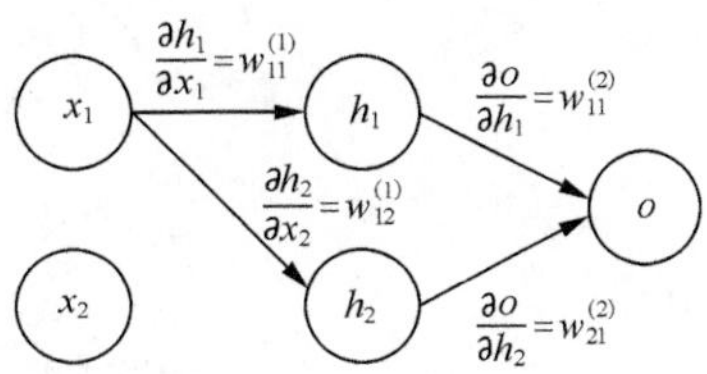

图 4-47 x_1的前向传播

根据链式求导法则，可以得到 x 对 o 的前向传播率：

$$\begin{aligned}\frac{\partial o}{\partial x_1} &= \frac{\partial o}{\partial h_1}\frac{\partial h_1}{\partial x_1}+\frac{\partial o}{\partial h_2}\frac{\partial h_2}{\partial x_1} \\ &= w_{11}^{(2)}w_{11}^{(1)}+w_{21}^{(2)}w_{12}^{(1)}\end{aligned}$$

可以发现，x 对 o 的影响是由各层参数 w 决定的。

我们还可以写出 x_2 对 o 的影响，并最终得到 x_1、x_2 向 o 传播的影响，限于篇幅，这里不再给出。

4.2.4 计算图——带有参数 w、b 的反向传播

下面来看从 o 到 h_1、h_2、b_2（即从第三层到第二层）的反向传播，如图 4-48 所示。

$$o=h_1w_{11}^{(2)}+h_2w_{21}^{(2)}+b_{01}^{(2)}$$

本质上来说，我们还是想通过偏导来修正权重。根据偏导的特点可知，当 o 向 $b_{01}^{(2)}$ 传播时，将 $b_{01}^{(2)}$ 当成变量，将 $w_{11}^{(2)}$、$w_{21}^{(2)}$ 当成常量，即可得到 o 对 $b_{01}^{(2)}$ 的变化率 $\frac{\partial o}{\partial b_{01}^{(2)}}=1$；当 o 向 h_1 传播时，将 $w_{11}^{(2)}$ 当成变量，其余的 $w_{21}^{(2)}$、$b_{01}^{(2)}$ 当成常量，所以 $\frac{\partial o}{\partial w_{11}^{(2)}}=h_1$；当 o 向 h_2 传播时，同理可得 $\frac{\partial o}{\partial w_{21}^{(2)}}=h_2$。

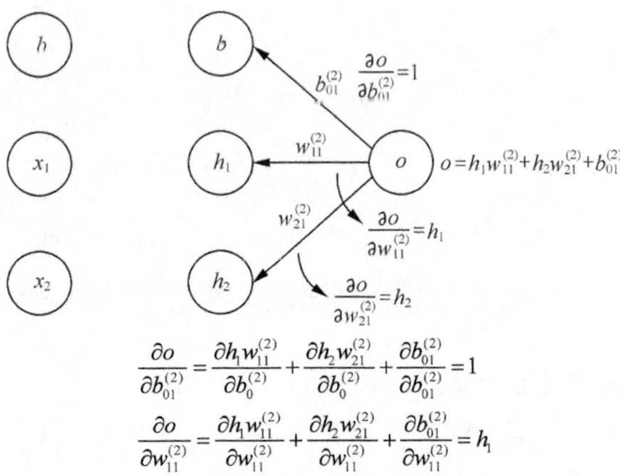

图 4-48 o 对前一层的反向传播

现在来看 o 是如何传播到第一层的（见图 4-49）。

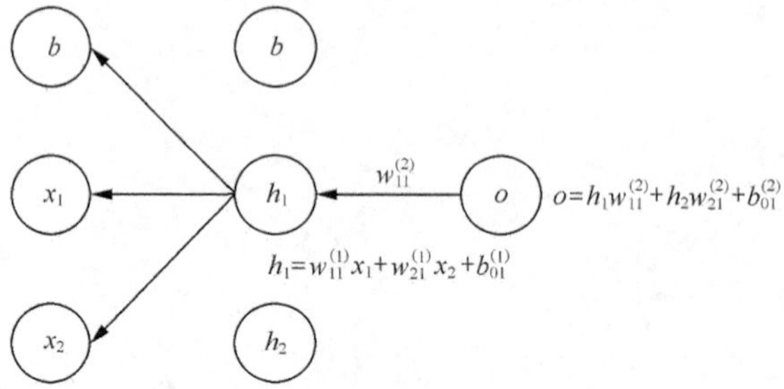

$$\frac{\partial o}{\partial b_{01}^{(1)}}=\frac{\partial o}{\partial h_1}\frac{\partial h_1}{\partial b_{01}^{(1)}}=\frac{\partial o}{\partial h_1}\left(\frac{\partial x_1w_{11}^{(1)}}{\partial h_{01}^{(1)}}+\frac{\partial x_2w_{21}^{(1)}}{\partial b_{01}^{(1)}}+\frac{\partial b_{01}^{(1)}}{\partial b_{01}^{(1)}}\right)=w_{11}^{(2)}$$

$$\frac{\partial o}{\partial w_{11}^{(1)}}=\frac{\partial o}{\partial h_1}\frac{\partial h_1}{\partial w_{11}^{(1)}}=\frac{\partial o}{\partial h_1}\left(\frac{\partial x_1w_{11}^{(1)}}{\partial w_{11}^{(1)}}+\frac{\partial x_2w_{21}^{(1)}}{\partial w_{11}^{(1)}}+\frac{\partial b_{01}^{(1)}}{\partial w_{11}^{(1)}}\right)=w_{11}^{(2)}\ x_1$$

$$\frac{\partial o}{\partial w_{21}^{(1)}}=\frac{\partial o}{\partial h_1}\frac{\partial h_1}{\partial w_{21}^{(1)}}=\frac{\partial o}{\partial h_1}\left(\frac{\partial x_1w_{11}^{(1)}}{\partial w_{21}^{(1)}}+\frac{\partial x_2w_{21}^{(1)}}{\partial w_{21}^{(1)}}+\frac{\partial b_{01}^{(1)}}{\partial w_{21}^{(1)}}\right)=w_{11}^{(2)}\ x_1$$

图 4-49　*o* 反向传播到第一层

本质上说，这个传播也就是一个多元复合函数求偏导的过程，o 是关于 x_1、x_2 和 b_1 的多元复合函数，h_1、h_2 和 b_2 是中间变量。有基础的读者可以试着自己证明一下，若碰到困难，可以参考本书下文的详解。

首先，o 想要传播到第一层的参数 w、b 必须通过隐层神经元 h。根据链式求导法则，可以得到：

$$\frac{\partial o}{\partial b_{01}^{(1)}}=\frac{\partial o}{\partial h_1}\frac{\partial h_1}{\partial b_{01}^{(1)}}$$

$$\frac{\partial o}{\partial w_{11}^{(1)}}=\frac{\partial o}{\partial h_1}\frac{\partial h_1}{\partial w_{11}^{(1)}}$$

$$\frac{\partial o}{\partial w_{21}^{(1)}}=\frac{\partial o}{\partial h_1}\frac{\partial h_1}{\partial w_{21}^{(1)}}$$

先关注等式的后半部分。根据同样的思路，求取 $\frac{\partial o}{\partial b_{01}^{(1)}}$、$\frac{\partial o}{\partial w_{11}^{(1)}}$、$\frac{\partial o}{\partial w_{21}^{(1)}}$ 时，可以将其他参数视为变量，这是求偏导的一般方法。

于是，可以得到：

$$\frac{\partial o}{\partial b_{01}^{(1)}}=\frac{\partial o}{\partial h_1}$$

$$\frac{\partial o}{\partial w_{11}^{(1)}}=\frac{\partial o}{\partial h_1}x_1$$

$$\frac{\partial o}{\partial w_{21}^{(1)}}=\frac{\partial o}{\partial h_1}x_2$$

再关注等式的前半部分 $\frac{\partial o}{\partial h_1}$，由于 $h_1=w_{11}^{(1)}x_1+w_{21}^{(1)}x_2+b_{01}^{(1)}$，$h_1$ 是带有参数变量的函数 $h_1\left(w_{11}^{(1)},w_{21}^{(1)},b_{01}^{(1)}\right)$，因此根据链式求导得到：

$$\frac{\partial o}{\partial b_{01}^{(1)}}=\frac{\partial(h_1 w_{11}{}^{(2)}+h_2 w_{21}{}^{(2)}+b_{01}{}^{(2)})}{\partial b_{01}{}^{(1)}}=w_{11}{}^{(2)}\frac{\partial h_1}{\partial b_{01}^{(1)}}$$

求其他两个偏导也是一样。

其实就等价于 $\frac{\partial o}{\partial h_1}=w_{11}^{(2)}$。

这样，就得到了 o 对前一层参数 w、b 的影响。

$$\frac{\partial o}{\partial b_{01}^{(1)}}=w_{11}^{(2)}$$

$$\frac{\partial o}{\partial w_{11}^{(1)}}=w_{11}^{(2)}x_1$$

$$\frac{\partial o}{\partial w_{21}^{(1)}}=w_{11}^{(2)}x_2$$

显然，还可以求出 o 通过 h_2 对前一层参数 w、b 的影响（见图 4-50）。

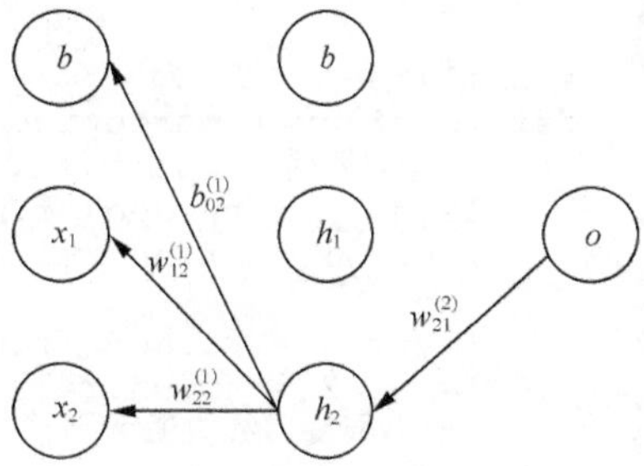

$$\frac{\partial o}{\partial b_{12}^{(1)}}=\frac{\partial o}{\partial h_2}\frac{\partial h_2}{\partial b_{12}^{(1)}}=w_{21}^{(2)}$$

$$\frac{\partial o}{\partial w_{12}^{(1)}}=\frac{\partial o}{\partial h_2}\frac{\partial h_2}{\partial w_{12}^{(1)}}=w_{21}^{(2)}x_1$$

$$\frac{\partial o}{\partial w_{22}^{(1)}}=\frac{\partial o}{\partial h_2}\frac{\partial h_2}{\partial w_{22}^{(1)}}=w_{21}^{(2)}x_2$$

图 4-50　o 通过 h_2 对前一层参数的影响

我们可以做出如下总结：反向传播网络中传播的是参数 w、b。对于隔层传播，需要先通过一个“桥梁”通过链式传递进行。

4.3 使用人工神经网络对 mnist 数据进行分类

使用人工神经网络对 mnist 数据进行分类的代码如下。

```
from __future__ import print_function

# 导入 mnist 数据
from tensorflow.examples.tutorials.mnist import input_data
mnist = input_data.read_data_sets("/tmp/data/", one_hot=True)

import tensorflow as tf

# 参数的设置
learning_rate = 0.001
training_epochs = 15
batch_size = 100
display_step = 1
```

```
# 网络参数
n_hidden_1 = 256 # 1st layer number of features
n_hidden_2 = 256 # 2nd layer number of features
n_input = 784 # MNIST data input (img shape: 28*28)
n_classes = 10 # MNIST total classes (0-9 digits)

# tf Graph 的输入
x = tf.placeholder("float", [None, n_input]) # 用 placeholder 先占地方，样本个数
不确定，表示为 None
y = tf.placeholder("float", [None, n_classes]) # 用 placeholder 先占地方，样本个
数不确定，表示为 None


# 创建模型
def multilayer_perceptron(x, weights, biases):
    # 前向传播，在 layer_1、layer_2 每一层后面加 relu 激活函数
    layer_1 = tf.add(tf.matmul(x, weights['h1']), biases['b1'])
    layer_1 = tf.nn.relu(layer_1)

    layer_2 = tf.add(tf.matmul(layer_1, weights['h2']), biases['b2'])
    layer_2 = tf.nn.relu(layer_2)
    #输出层使用线性激活函数
    out_layer = tf.matmul(layer_2, weights['out']) + biases['out']
    return out_layer

# 初始化 weight & bias
weights = {
    'h1': tf.Variable(tf.random_normal([n_input, n_hidden_1])),
    'h2': tf.Variable(tf.random_normal([n_hidden_1, n_hidden_2])),
    'out': tf.Variable(tf.random_normal([n_hidden_2, n_classes]))
}
biases = {
    'b1': tf.Variable(tf.random_normal([n_hidden_1])),
    'b2': tf.Variable(tf.random_normal([n_hidden_2])),
    'out': tf.Variable(tf.random_normal([n_classes]))
}

# 构建模型
pred = multilayer_perceptron(x, weights, biases)

# 定义损失函数和优化
cost  =  tf.reduce_mean(tf.nn.softmax_cross_entropy_with_logits(logits=pred,
labels=y))
optimizer = tf.train.AdamOptimizer(learning_rate=learning_rate).minimize(cost)

# 初始化变量
init = tf.global_variables_initializer()

# 定义一个 Session
with tf.Session() as sess:
    sess.run(init)

    # 循环训练
    for epoch in range(training_epochs):
```

```
        avg_cost = 0.
        total_batch = int(mnist.train.num_examples/batch_size)# 分批训练

        for i in range(total_batch):
            batch_x, batch_y = mnist.train.next_batch(batch_size)
            # 供给数据，并运行 optimizer 和 cost
            _, c = sess.run([optimizer, cost], feed_dict={x: batch_x,
                                                          y: batch_y})
            #计算平均损失函数
            avg_cost += c / total_batch
        # 每 epoch step 显示 log 日志
        if epoch % display_step == 0:
            print("Epoch:", '%04d' % (epoch+1), "cost=", \
                "{:.9f}".format(avg_cost))
    print("Optimization Finished!")

    # 测试模型
    correct_prediction = tf.equal(tf.argmax(pred, 1), tf.argmax(y, 1))
    # 计算精确度
    accuracy = tf.reduce_mean(tf.cast(correct_prediction, "float"))
    print("Accuracy:", accuracy.eval({x: mnist.test.images, y: mnist.test.labels}))
```

4.4 本章小结

本章着重阐述人工神经网络。人工神经网络实质上是由多个感知器组成的多层感知器神经网络。与多层感知器不同的是，它引入了不同的激活函数。另一方面，人工神经网络可以通过反向传播（反馈神经网络）的方法实现参数学习。本章要点如下。

- 从 MCP 神经元的基本概念出发，本章将多层感知器与 MCP 神经元的概念连接起来。
- 多层感知器可以简单地理解为一个“凸域”和“非凸域”分类问题，它克服了单层感知器不能实现“异或”分类的难题。
- 通过引入计算图的概念，阐述了前向传播（前馈神经网络）和反向传播（反馈神经网络）的机制，前者实现了模型的预测，后者实现了模型的参数学习。
- 用 TensorFlow 实现了人工神经网络对 mnist 数据集的多分类。

第 5 章 Logistic 回归与 Softmax 回归

5.1 信息论

5.1.1 编码

假设我想要和远方的好友李雷进行远程通信，条件是：

1）我们之间使用由 4 个字母组成的句子来进行交流，这 4 个字母分别是 A、B、C、D。

2）只能通过发类似摩尔斯电码的方式传送内容，即用 0 和 1 来传送信息，我们用单位 bit 来表示一个 0 或 1。

3）每拍一个 0 或 1，电信局都要向我们收取一笔费用，假设电信局的收费是每 bit 一元钱。

4）我们都不很富裕。

首先，为了把字母组成的句子转变成摩尔斯电码，我们之间约定了一套编码规则，可以把它们看成一组映射（见表 5-1）。

表 5-1 编码规则

字 母	编 码
A	00
B	01
C	10
D	11

在这里，使用了简单的二进制规则。对于一个两位数，每个位置上可以表示两种情况｛0，1｝，这个二位数就可以表示 2^2=4 个字母。

例如，我们可以将一句话“ABCD”编码成“00011011”，也就是“$\{00,01,10,11\}$”，总共 8bit，然后交给电信局发电报，算下来是 8 元钱。李雷只要按照这套规则，按照每 2bit 做一个间隔，就可以解码成我想说的话了。我们还可以看出，对于这套编码规则，其平均编码长度是 $\frac{1}{4}\times 2\text{bit}+\frac{1}{4}\times 2\text{bit}+\frac{1}{4}\times 2\text{bit}+\frac{1}{4}\times 2\text{bit}=2\text{bit}$，即每个字母 2bit。

5.1.2 编码效率

编码效率的定义：设对信源 S 进行编码所得到的平均码长为 L，因为 L 一定大于或等于 $H_r(S)$，则编码效率定义为对于同一信源，若码的平均码长 L 越短，越接近于极值 $H_r(S)$，则信息传输速率就越高，就越接近于无噪、无损信道容量，这时 $\frac{H_r(S)}{L}$ 也就越接近于 1。可见用编码效率来衡量各种各样编码的优劣是合适的。

因为我并不富裕，所以必须研究一下怎么发电报才能省钱。经过统计发现，我总是喜欢用

A 和 B 来组织句子，C 和 D 用得非常少，假设有这样一个统计结果（见表 5-2）。

这里所谓的出现概率，是指每个字母在一个句子的所有字母中出现的比例，我经常用 4 个 A、2 个 B、1 个 C、1 个 D 组织语言，如“AAAABBCD”、“AABBCDAA”或“ABCDAAAB”，A 的概率 $p\left(x=\text{A}\right)=\dfrac{\text{A的个数}}{\text{AAAABBCD（总字母数）}}=\dfrac{4}{8}=\dfrac{1}{2}$。

这样，就可以对编码规则做一个调整（见表 5-3）。

表 5-2 字母出现的概率

字　母	出现的概率
A	$\frac{1}{2}$
B	$\frac{1}{4}$
C	$\frac{1}{8}$
D	$\frac{1}{8}$

表 5-3 调整后的编码规则

字　母	编　码
A	0
B	10
C	110
D	111

因此，对于同样一句话“AAAABBCD”，按照原先的编码规则{00, 00, 00, 00, 01, 01, 10, 11}总共需要 16 元钱来发，现在按照编码规则{0, 0, 0, 0, 10, 10, 110, 111}只需要 14 元钱就可以发了。这套编码规则使得句子的平均编码长度发生了改变：$\frac{1}{2}\times 1\text{bit}+\frac{1}{4}\times 2\text{bit}+\frac{1}{8}\times 3\text{bit}+\frac{1}{8}\times 3\text{bit}=1.75\text{bit}$。这是省钱的根本原因。编码效率提高了，节省了 bit 数。

5.1.3 编码代价

那么，有没有更省钱的方案呢？答案是没有。对于李雷来说，电信局只管发 0 和 1，并没有帮我们做间隔。因此，李雷收到的电报是{00001010110111}，而实际上，解码时必须按照这样一个解码表（见表 5-4）来解码。

如果看到 0 就认为是 A；如果看到 1，再看第二个 bit，如果后者是 0，二者就是 B；如果看到第一个和第二个 bit 都是 1，那么由第三个 bit 来确定是 C 还是 D。如果不这么做，将会对解码产生困扰。

实际上，解码表见表 5-5。

表 5-4 解码表

bit1	bit2	bit3	字　母
0	—	—	A
1	0	—	B
1	1	0	C
1	1	1	D

表 5-5 完整版解码表

bit1	bit2	bit3	字　母
0	0	0	A
0	0	1	A
0	1	0	A
0	1	1	A
1	0	0	B
1	0	1	B
1	1	0	C
1	1	1	D

事实上，为了用“0”来唯一表示 A，产生了一个代价：它占据了 $\frac{\text{AAAA}}{\text{AAAABBCD}}=\frac{4}{8}=\frac{1}{2}$ 的编码空间。同样，为了用“10”来表示 B，它占据了 $\frac{1}{4}$ 的编码空间，这导致 C 和 D 只能用“110”和“111”来编码。

可以这样改写解码表，见表 5-6。

表 5-6 改写后的解码表

$L(x)=1\text{bit}$	$L(x)=2\text{bit}$	$L(x)=3\text{bit}$	字　母	出现的概率	代　价
0	—	—	A	$\frac{1}{2}$	$\frac{1}{2^1}=\frac{1}{2}$
1	0	—	B	$\frac{1}{4}$	$\frac{1}{2^2}=\frac{1}{4}$
1	1	0	C	$\frac{1}{8}$	$\frac{1}{2^3}=\frac{1}{8}$
1	1	1	D	$\frac{1}{8}$	$\frac{1}{2^3}=\frac{1}{8}$

其中，$L(x)$=使用的 bit 数。

这里的代价是指为了提高出现概率比较高的字母的编码效率，牺牲了出现概率比较低的字母的编码效率：对于一个二进制编码（由 0 或 1 组成），本来可以用“10”和“11”来表示 C 和 D，现在却需要用“110”和“111”来表示 C 和 D，这是导致我们不能进一步省钱的原因。

因此，也可以画出图 5-1。

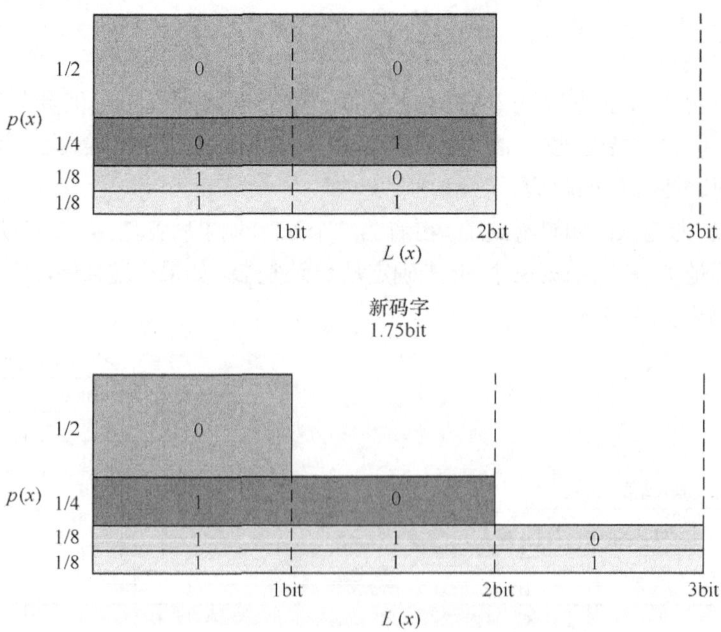

图 5-1 调整前后编码长度示意图

从图 5-1 可以直观地看出，为了降低 A 和 B 的编码长度，不得不增加了 C 和 D 的编码长度。当然，总体字母的平均编码长度还是降低了。

5.1.4 最优编码

从上面的例子中，我们可以看出为了能够顺利解码，使用一个 bit 作为编码（如“0”）的代价是$\frac{1}{2^1}=\frac{1}{2}$，一半的编码空间被占用了；使用两个 bit 作为编码（如“01”）的代价是$\frac{1}{2^2}=\frac{1}{4}$，四分之一的编码空间被占用了；使用 3 个 bit 作为编码（如“001”）的代价是$\frac{1}{2^3}=\frac{1}{8}$，八分之一的编码空间被占用了。因此产生了这样一个权衡关系：为了降低单个字母的编码 bit 数，不得不牺牲其他字母的编码 bit 数。这就产生了一个问题：如何最优地分配每个字母对应的编码 bit 数，才能让整体的平均编码 bit 数变得最小。

其一，将一个编码的 bit 数理解成它的长度$L(x)$，其代价（C_{cost}）随着长度$L(x)$的增加而呈指数级下降，如图 5-2 所示。

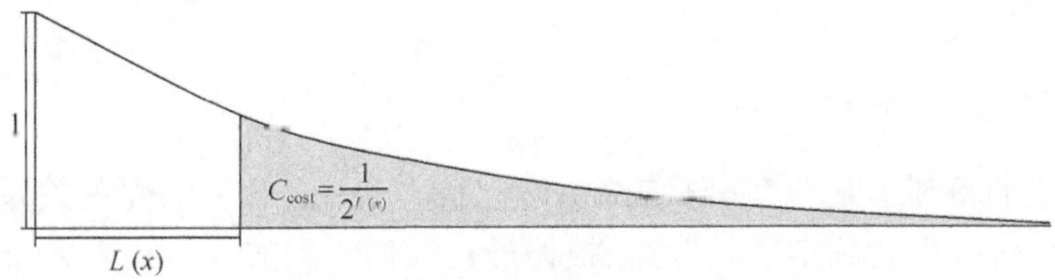

图 5-2 代价随长度变化的示意图

这里，代价可以用图中的灰色区域（阴影部分）表示。事实上，如果将底数 2 换成自然数 e，那么代价（C_{cost}）则刚好和灰色区域的面积相等。

其二，用编码长度$p(x)\times L(x)$表示某个字母所占用的 bit 数，它可以用一个方块表示，如图 5-3 所示。

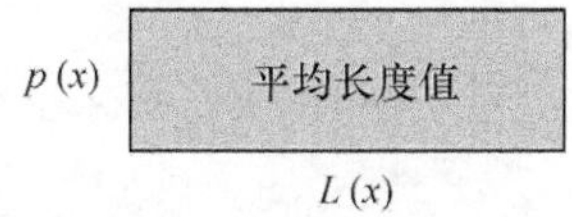

图 5-3 编码效率= $p(x)L(x)$

显然，对于“AAAABBCD”这样的句子而言，用“0”表示的字母 A（也就是上一节给出的较好的那种编码方式）的编码效率可以计算出$p(x=\text{A})\times L(x)=\frac{4}{8}\times 1=\frac{1}{2}$。我们的目标是找到一个最佳的$L(x)$，使得总体（即“AAAABBCD”类似的句子）的编码效率$\sum_{\{\text{A,B,C,D}\}} p(x)L(x)$达到最小。

其三，可以推断出，长编码的代价更小，占据更少的空间，不会干扰其他编码的长度。短编码的代价更大，占据更多的空间，让其他编码不得不更长，见图 5-4（a）与（b）。

可以将图 5-4（a）与（b）放在一个图里，如图 5-5 所示。纵轴表示字母出现的比例（概率）$p(x)$，横轴表示$L(x)$。

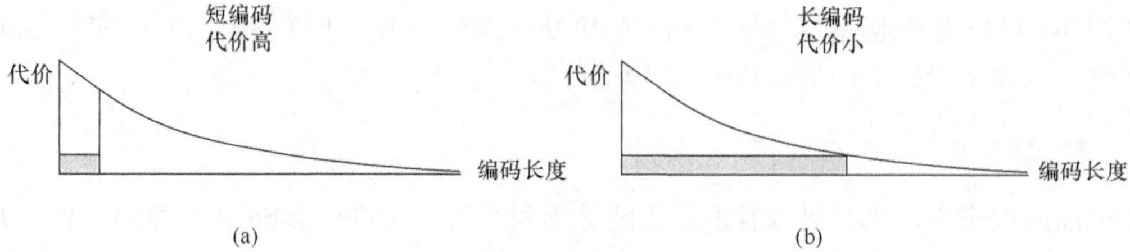

图 5-4 编码长度和代价的关系示意图

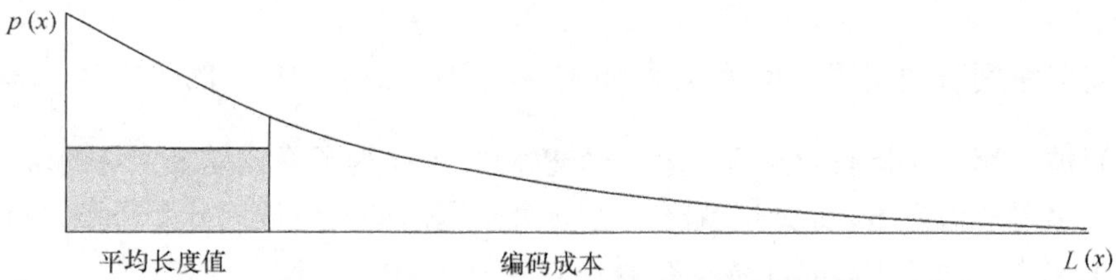

图 5-5 编码长度和代价的关系综合示意图

其四，对于每个字母如何确定最优的 $L(x)$？我们可以认为，最佳的配置方式是：代价(C_{cost})= $p(x)$［此处证明从略］。

5.1.5 信息量和熵

在上一节中我们得到了某个字母对应的最佳 $L(x)$（即 bit 数）的配置关系，即根据字母出现的概率来确定代价（也就确定了长度）。根据最初我们得到的代价指数分布函数：

$$C_{\text{cost}} = \frac{1}{2^{L(x)}}$$

通过指数变换，可以得到：

$$L(x) = \log_2\left(\frac{1}{C_{\text{cost}}}\right)$$

由于最佳的配置方式为

$$p(x) = C_{\text{cost}}$$

因此，最小的长度 $L(x)$为

$$L(x) = \log_2\left(\frac{1}{p(x)}\right)$$

或

$$L(x) = -\log_2 p(x)$$

这就是信息量的定义。我们将信息量理解为：对于一个以概率 $p(x)$发生的事件，信息量表示为该事件包含完整信息所需要的最小编码长度。换言之，对于“AAAABBCD”这样的用词习惯，$p(x=\mathrm{A})=\frac{4}{8}=\frac{1}{2}$，因此，对于 A 字母来说，其最佳的编码长度为 $L(x)=-\log_2\left(p(x)\right)=-\log_2\left(\frac{1}{2}\right)=1\mathrm{bit}$，可以做到最少的信息量。

那么，对于一个概率分布 $P=p\left(X=x_i\right)$ 的随机变量 $X=\left\{x_1,x_2,\cdots,x_n\right\}$，对其总体的信息量进行求和：

$$H(X)=\sum_{x\in X}p(x)\log_2\left(\frac{1}{p(x)}\right)$$

或者

$$H(X)=-\sum_{x\in X}p(x)\log_2\left(p(x)\right)$$

这是信息熵的定义。

例如，对于整句“AAAABBCD”这样的用词习惯，它的熵：

$$\begin{aligned}H(X)&=-\sum_{x}p(x)\log_2(p(x))\\&=-(p(A)\log_2(p(A))+p(B)\log_2(p(B))+p(C)\log_2(p(c))+p(D)\log_2(p(D)))\\&=-\left(\frac{1}{2}\log_2\frac{1}{2}+\frac{1}{4}\log_2\frac{1}{4}+\frac{1}{8}\log_2\frac{1}{8}+\frac{1}{8}\log_2\frac{1}{8}\right)\\&=1.75\mathrm{bit}\end{aligned}$$

这代表了这句话的最佳平均编码长度，也是最省钱的编码方式。

也可以将熵理解为信息量的期望值，它是一个随机变量的确定性度量。熵越大，变量的取值越不确定，反之就越确定。信息量的期望值：

$$\begin{aligned}E\left(I(x)\right)&=E_p\log_2\frac{1}{p(x)}\\&=\sum_{x\in X}\log_2\frac{1}{p(x)}\end{aligned}$$

因此，熵也是信息混乱度的定义。这里，$E(\cdot)$指期望；$I(\cdot)$指信息量。结合之前给出的例子可以这样理解：如果我的用词习惯并不是经常出现 A 和 B，而是 A、B、C、D 均匀出现（不确定性增加），例如我经常说“AABBCCDD”或者“ABCDABCD”，那么每个字母的信息量经过计算为 2bit，信息熵也为 2bit，不仅 A 字母携带的信息量增加了，句子的平均编码长度也增加了，这么高的“混乱度”也导致没法在编码上省钱。

事实上，当 X 服从 0–1 分布时（也就是简化到两种字母的情况），熵与概率 p 的关系如图 5-6 所示。

我们可以看出，如果两个字母出现的概率相等，那么熵最大，也就是信息毫无确定性可言。

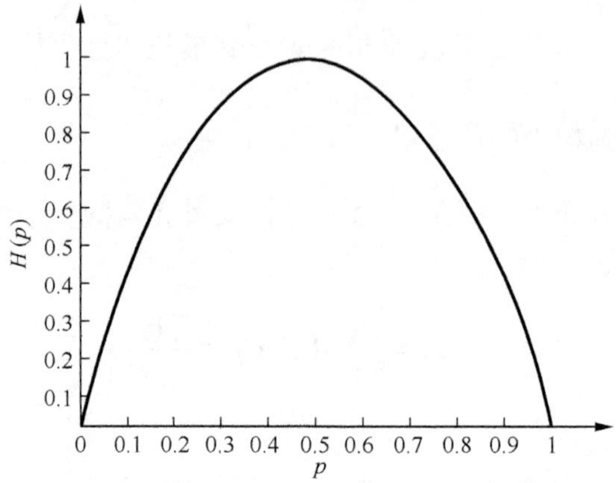

图 5-6　当 X 服从 0-1 分布时，熵与概率的关系示意图

5.1.6　交叉熵

现在该韩梅梅出场了。韩梅梅是李雷的青梅竹马，最近想让我帮忙联络一下李雷，于是我满口答应，但回去一想我就后悔了：韩梅梅的说话方式似乎和我很不一样，假设韩梅梅使用字母的概率统计见表 5-7。

再回顾一下我习惯使用的字母的概率统计（见表 5-8）。

表 5-7　韩梅梅使用的字母的概率

字　母	出现的概率 $p(x)$
A	$\frac{1}{8}$
B	$\frac{1}{8}$
C	$\frac{1}{4}$
D	$\frac{1}{2}$

表 5-8　我使用的字母的概率

字　母	出现的概率 $p(x)$
A	$\frac{1}{2}$
B	$\frac{1}{4}$
C	$\frac{1}{8}$
D	$\frac{1}{8}$

可以发现，韩梅梅更喜欢用 C 和 D 来组成句子，这本身是没有什么问题的。但我和李雷商量好的编码规则是难以更改的（见表 5-3）。

之前我们计算了基于我说话方式的信息熵：

$$H(X)\ =-\sum_{x}p(x)\log_2\left(p(x)\right)=1.75\text{bit}$$

而基于这套编码规则，计算一下韩梅梅说话方式的信息熵：

$$\begin{aligned}H(X)&=-\sum_{x}p(x)\log_2\left(p(x)\right)\\&=-[p(A)\log_2(p(A))+p(B)\log_2(p(B))+p(C)\log_2(p(C))+p(D)\log_2(p(D))]\end{aligned}$$

$$= -\left(\frac{1}{8}\log_2\frac{1}{2} + \frac{1}{8}\log_2\frac{1}{4} + \frac{1}{4}\log_2\frac{1}{8} + \frac{1}{2}\log_2\frac{1}{8}\right)$$
$$= 2.625\text{bit}$$

这就意味着韩梅梅说一句话需要的平均编码长度增加了许多。例如，对于韩梅梅的一句话"DDDDCCBA"，我需要用$\{111,111,111,111,110,110,10,0\}$进行编码，这总共有 21bit，即要花费 21 元钱来拍电报，要是长篇大论发电报，费用可能非常高。

注意，这里熵的形式发生了改变。之前提到，熵可以理解为对于每个字母所携带信息量的期望值。由于我们并没有改变编码规则，因此对于每个字母而言，其信息量$-\log\left(p(x)\right)$并没有发生改变。然而，韩梅梅的用词统计概率发生了改变，即我们面对一个新的概率分布$Q = q\left(Y = y_i\right)$，它在基于概率分布$P = p\left(X = x_i\right)$所确定的最优编码规则上的信息熵为

$$H(X) = \sum_{y \in Y} p(x)\log_2\left(\frac{1}{p(x)}\right)$$

或者

$$H(X) = -\sum_{y \in Y} p(x)\log_2 p(x)$$

这就是交叉熵的定义。

也可以用另一种方式来理解交叉熵。

对于一个已知样本的概率分布$P = p\left(X = x_i\right)$（我的说话习惯）和一个未知样本的概率分布$Q = q\left(Y = y_i\right)$（韩梅梅的说话习惯），前者与后者所构成的交叉熵体现了两个概率分布的差异性（也就是说话习惯上的差异性）。如果交叉熵越大，说明两个概率分布的差异性越大；反之亦然。这有利于理解我们后面将要引述的概念。

5.2 Logistic 回归

5.2.1 线性回归回顾

在第 2 章，我们了解了线性回归这个基础的模型。什么是回归分析？回归分析是解决预测建模任务时的一种方法，它用于研究自变量与因变量之间的关系。该方法主要用于预测建模以及寻找变量之间的因果关系。

在统计学中，线性回归（Linear Regression）是利用称为线性回归方程的最小平方函数对一个或多个自变量和因变量之间的关系进行建模的一种回归分析。这种函数是一个或多个称为回归系数的模型参数的线性组合。只有一个自变量的情况称为简单回归，大于一个自变量情况的叫作多元回归。总之，就是给定一组数，用一个类似$y = wx + b$或者$w_1x_1 + w_2x_2 + b = 0$的方程式尽可能接近地表达出来。

例如，我们手里有一个关于房间数和对应房价的数据集，希望通过回归分析建立一个房价的预测模型，如图 5-7 所示。

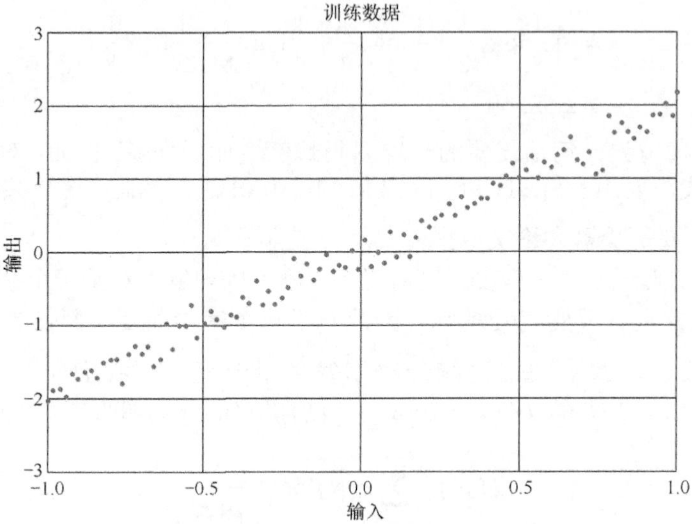

图 5-7　房间数与对应房价的统计

可以发现，这个数据分布比较接近于一条直线。可以用一个方程式来拟合这段数据：$y = wx + b$。其中，x 代表了房间数，w 代表了拟合曲线的斜率，而 b 代表了曲线的截距，如图 5-8 所示。

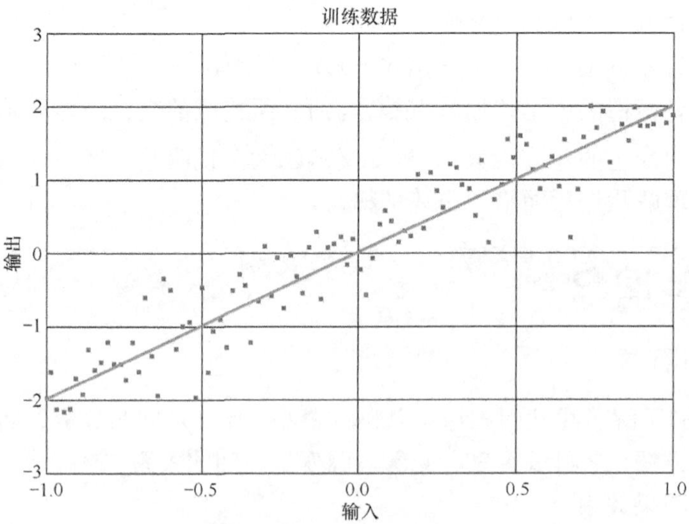

图 5-8　拟合数据的线性关系

这就是一元线性回归用于回归分析的例子。

分类也是我们经常需要解决的问题。最简单的情况为是与否的二分类，如医生需要判断病人是否生病；银行要判断一个人的信用程度是否达到可以发放贷款的程度；垃圾邮件分类器要判定一封邮件是否为垃圾邮件等。

但是，当我们想用线性回归来做二分类的时候，就碰到了一个很大的问题。我们想要的结果是 0 或者 1 的离散值，但是线性回归的结果只能是（−∞，+∞）。一个很朴素的想法就是，引入一个阈值，当离散的结果大于该阈值时，输出 1，反之输出 0。

在第 3 章中，我们选取了 Iris 数据集中的一部分数据。这部分数据采用了两个维度，分别代表花的两种特征，每个数据点对应一种特征，如图 5-9 所示。

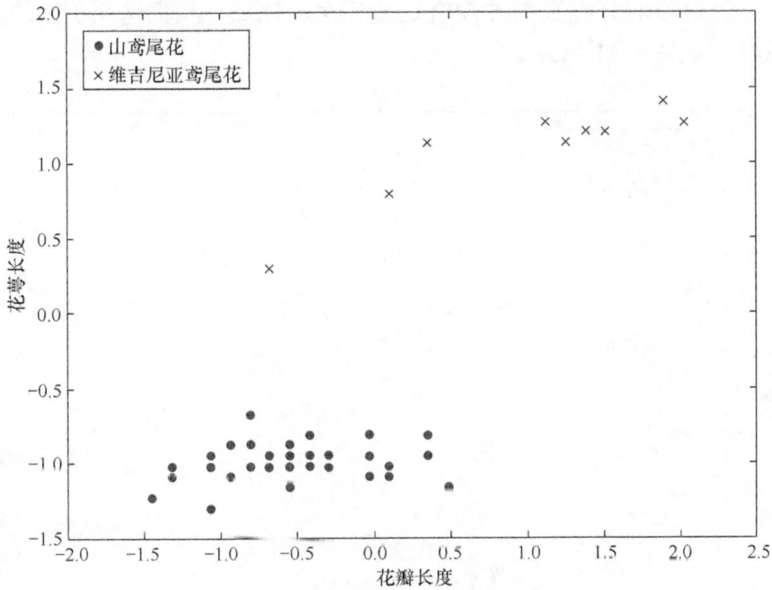

图 5-9　Iris 数据集部分数据的特征统计

我们使用感知器对数据集做了线性回归二分类，如图 5-10 所示。

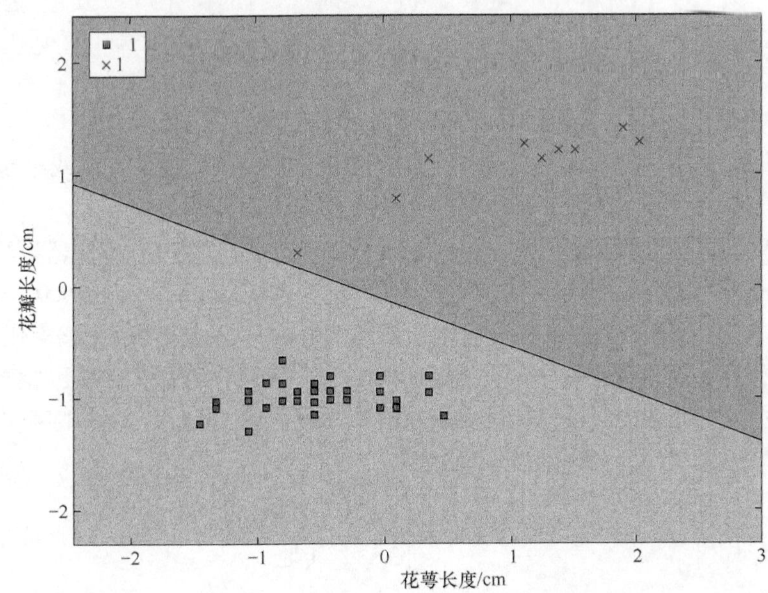

图 5-10　线性回归二分类结果的示意图

事实上，感知器就是一个线性回归二分类的实现。

5.2.2　Logistic 回归回顾

一般情况下，通过感知器建立的线性回归模型可以很好地对数据进行二分类，但在许多实际情况下，我们需要学习的分类数据并没有这么完美。比如，我们选用 Iris 的其他数据，有些数据分布比较怪异，如图 5-11 所示。

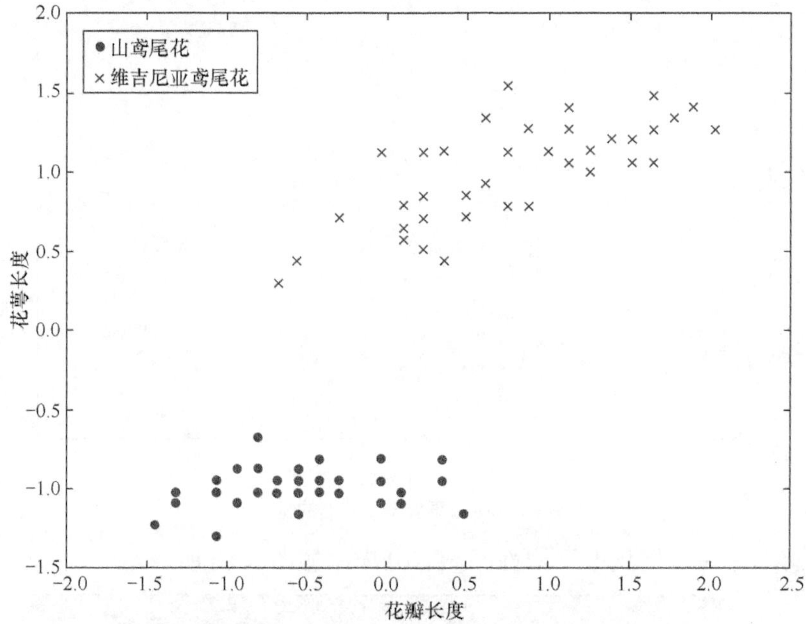

图 5-11　Iris 数据集另一部分数据的特征统计

用同样的方法进行分类，如图 5-12 所示。

图 5-12 就没有那么好的效果了，因为感知器的模型 $wx+b$ 只要大于或小于设定的阈值 0，就可以进行分类了。这是一个非黑即白的结果，非常粗糙。

在这样的场景下，我们就需要使用 Logistic 回归了。它的核心思想是：感知器将线性分割 $w^{\mathrm{T}}x+b$ 与一个固定的阈值 0 做比较，如果 $w^{\mathrm{T}}x+b \geqslant 0$，就分为一类，如果 $w^{\mathrm{T}}x+b<0$，就分为另一类，这样的分类太粗糙了。那么，现在不用这种固定阈值的办法，而是采用一个概率值作为判断依据，把输出 $wx+b$ 的计算结果映射到每个分类的概率判断上，分类的判断就变得更加精确有效了。这个概率映射的必要性，将在下文通过优化最大熵来证明。现在先了解一下这个概率映射的具体流程。

Logistic 回归实质上是将感知器的激活函数

$$\operatorname{sign}(\boldsymbol{w}^{\mathrm{T}}\boldsymbol{x}+b)=\begin{cases}1 & 若\ \boldsymbol{w}^{\mathrm{T}}\boldsymbol{x}+b\geqslant 0\\ 2 & 其他\end{cases}$$

替换成：

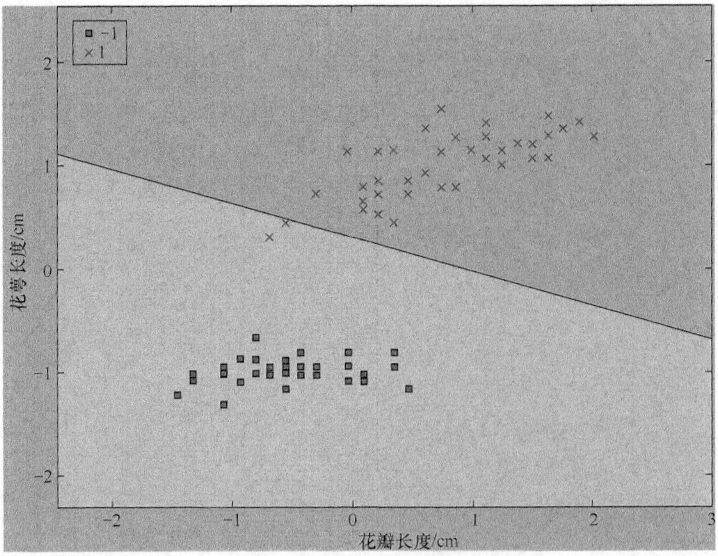

图 5-12　线性回归二分类结果示意图

$$\text{sigmoid}(\boldsymbol{w}^{\mathrm{T}}\boldsymbol{x}+b)=\begin{cases}\dfrac{\mathrm{e}^{x}}{1+\mathrm{e}^{x}} & 若\ k=0\\[2ex]\dfrac{1}{1+\mathrm{e}^{x}} & 若\ k=1\end{cases}$$

式中，k 代表二分类。

而 $\text{sigmoid}(\cdot)$ 是将输入空间 $\boldsymbol{w}^{\mathrm{T}}\boldsymbol{x}+b$ 的值向一个 0-1 的概率空间映射，然后再在这个转化后的阈值上设置阈值来分类，如图 5-13 所示。

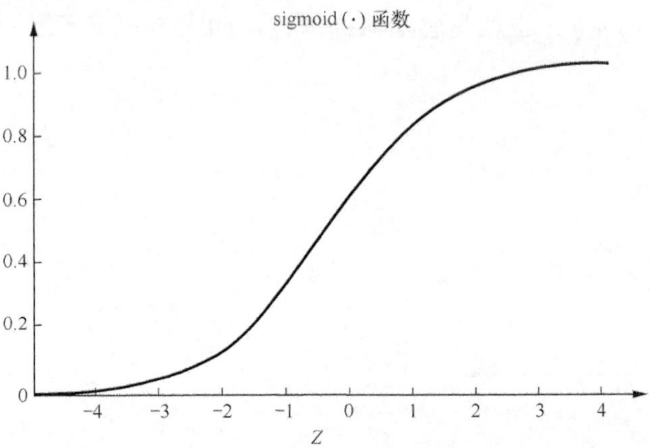

图 5-13　$\text{sigmoid}(\cdot)$ 函数的示意图

首先，第一个隐层的一个神经元是用一条直线 $\boldsymbol{w}^{\mathrm{T}}\boldsymbol{x}+b$ 对两类点进行分割，其法向量为$[w_1, w_2]$。由于必须将前一层的值输入到 sigmoid 函数中，因此就不能像感知器一样只判断二值了，而是要精确地投影到一个坐标轴 z 上。因此，我们的目标是求得各点(x_1, x_2)在线性划分直线的法向量上的一个投影常量。

如果要计算一个点到法向量的投影，需要先知道法向量的具体大小，而这个法向量是不确定的，因此也就难以求得。可以将这个法向量平移到原点处，从原点出发即可得到法向量 $\boldsymbol{w}=[w_1,w_2]$。相应地，每个点也需要经过相同的位移 θ，如图 5-14 所示。

我们可以将各点视为一个向量 $\boldsymbol{x}=(x_1,x_2)$，而将法向量视为 $\boldsymbol{w}=[w_1,w_2]$。通过 $\boldsymbol{w}\cdot\boldsymbol{x}$（点乘）得到 $\boldsymbol{x}$ 在 $\boldsymbol{w}$ 上的投影长度和 $\boldsymbol{w}$ 的乘积，这是一个张量，如图 5-15 所示。

$$\boldsymbol{w}\cdot\boldsymbol{x}=|\boldsymbol{w}|\cdot|\boldsymbol{x}|\cdot\cos\theta=|\boldsymbol{x}|\cdot\cos\theta\cdot|\boldsymbol{w}|$$

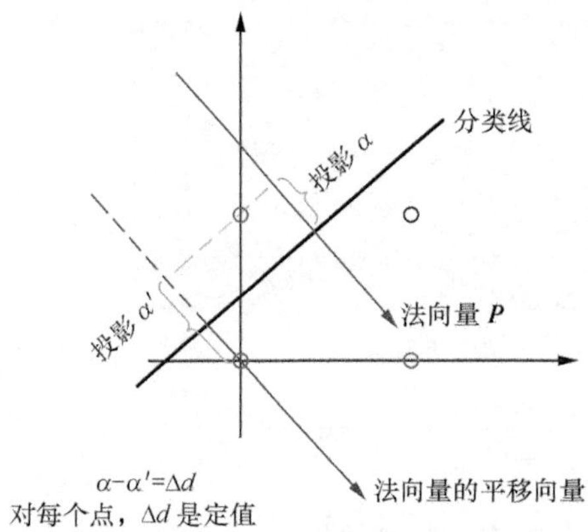

图 5-14　平移得到投影常量

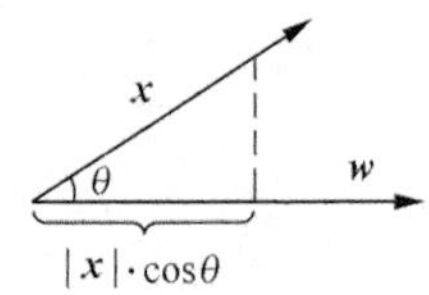

图 5-15　投影常量计算方法的示意图

这样，就得到了各个点在线性分割直线的法向量上的精确投影值（常量）：$\boldsymbol{w}^{\mathrm{T}}\cdot\boldsymbol{x}+\theta=w_1x_1+w_2x_2+\theta$。注意，由于是求 $\boldsymbol{x}$ 在 $\boldsymbol{w}$ 上的投影常量，因此 $\boldsymbol{w}$ 和 $\boldsymbol{x}$ 的点乘顺序也不能搞错。

这样，我们就通过精确的投影变换，得到了可以进行线性分类的映射关系——$\boldsymbol{w}^{\mathrm{T}}\cdot\boldsymbol{x}+\theta$，也可以近似地看成 $\boldsymbol{w}^{\mathrm{T}}\cdot\boldsymbol{x}+b$，也就是感知器的形式，如图 5-16 所示。

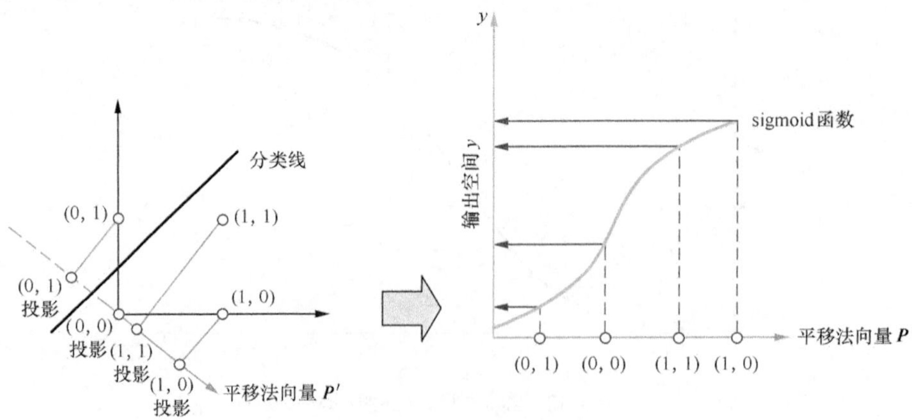

图 5-16　通过投影变换得到感知器形式 $\boldsymbol{w}^{\mathrm{T}}\cdot\boldsymbol{x}+b$

此时，如果将所得的输出空间代入 Logistic sigmoid 激活函数，就可以实现线性分类映射向 0-1 概率分布的输出，也可以得到如图 5-17 所示的结论。

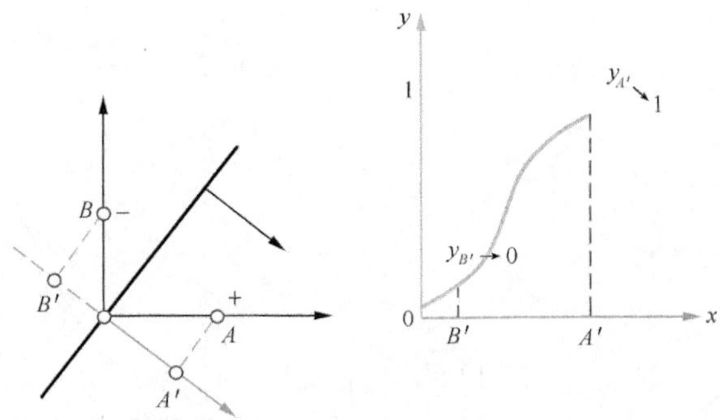

图 5-17　代入 sigmoid 激活函数得到 0-1 分布的输出

多层 Logistic 神经元组成的神经网络是将输入空间 $\{x_1, x_2\}$ 向输出空间[0,1]的概率分布映射。通过将前一层的概率输出当作下一层的概率输入，进行多次的线性映射，得到最终的二分类概率分布结果。

5.2.3 Logistic 人工神经网络稀疏化表征

下面接着上一节继续分析 Logistic 多层神经网络。首先关注 Logistic 的线性分类部分 $\boldsymbol{w}^{\mathrm{T}}\boldsymbol{x}+b$，我们对其几何意义做了解释，它本质上是将各输入空间的点在线性分类直线 $\boldsymbol{w}^{\mathrm{T}}\boldsymbol{x}$ 的法向量 $\boldsymbol{P}$ 平移得到的 $\boldsymbol{P}'$ 上的投影，而其中的 b 可以解释为各点投影因法向量平移而发生一致的位移值，可以视为一个常量。

如果将 b 视为一个变量，可以发现，b 可以将所有输入空间的点投影在法向量 $\boldsymbol{P}$ 上向左或向右位移，如图 5-18 所示。

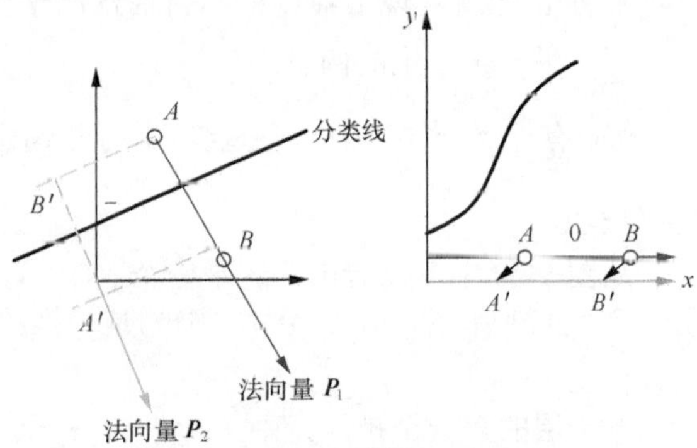

图 5-18　若 b 为变量可引起平移

现在分析一下 sigmoid 函数。sigmoid 本身是非线性的，它的左侧和右侧都非常接近于 0 和 1，而中间 $\left[-\frac{1}{2},\frac{1}{2}\right]$ 的部分则非常敏感。我们创建 sigmoid 函数的目的是尽可能将两类不同的点映射到一个高概率空间和一个低概率空间（也就是将它们尽可能地投向两极），这样就可以实现非常明显的分类。

因此，b 的平移就可以发挥作用了。可以将我们想要分类的点放在两极区域，而将难以抉择的点放在敏感区域，如图 5-19 所示。

现在看 $\boldsymbol{w}^{\mathrm{T}}\boldsymbol{x}$。上一节我们将 $\boldsymbol{w}^{\mathrm{T}}\boldsymbol{x}$ 视为输入空间的点向量 $\boldsymbol{x}=[x_1, x_2]$ 和分类直线法向量过原点的平移向量 $\boldsymbol{w}=[w_1, w_2]$ 的点乘 $\boldsymbol{w}\cdot\boldsymbol{x}$。点乘的几何意义是向量 $\boldsymbol{x}$ 在向量 $\boldsymbol{w}$ 上的投影乘以向量 $\boldsymbol{w}$ 的直线长度。

$$\begin{aligned}\boldsymbol{w}\cdot\boldsymbol{x} &= w_1x_1 + w_2x_2 \\ &= |\boldsymbol{w}||\boldsymbol{x}|\cos\theta \\ &= |\boldsymbol{x}|\cos\theta|\boldsymbol{w}|\end{aligned}$$

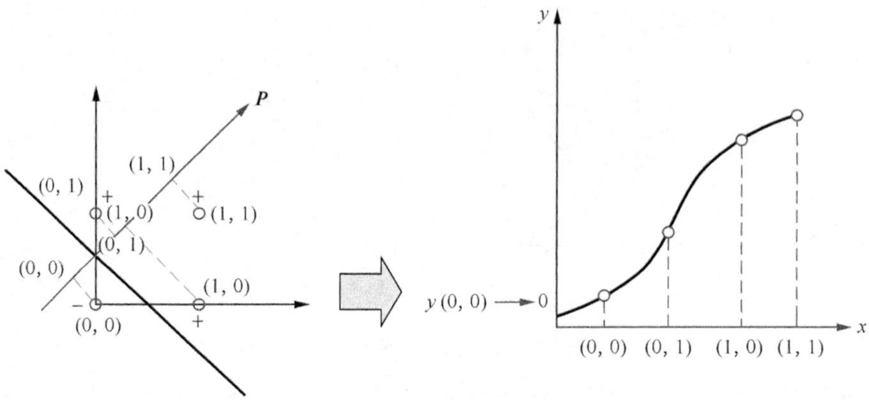

图 5-19　变量 b 可以帮助分类

其中，θ 是两个向量的夹角。

$$\boldsymbol{w}^{\mathrm{T}}\boldsymbol{x}=|\boldsymbol{w}||\boldsymbol{x}|\cos\theta=|\boldsymbol{x}|\cos\theta|\boldsymbol{w}|$$
$$=|\boldsymbol{x}|\cos\theta\sqrt{\boldsymbol{w}_1^2+\boldsymbol{w}_2^2}$$

因此，法向量的取值 w_1、w_2 就可以改变各点在法向量上投影值的大小：$\boldsymbol{w}\cdot\boldsymbol{x}=|x|\cos\theta\sqrt{w_1^2+w_2^2}$，也就实现了各点 (x_1,x_2) 在法向量上投影的“伸缩”情况。

下面举一个一维的例子。

假设有一个一维空间（一条直线）由两类不同的点集组成：$x_1=\left[-1,-\frac{3}{4}\right]\cup\left[\frac{3}{4},1\right]$，$x_2=\left[-\frac{1}{4},\frac{1}{4}\right]$（见图 5-20）。

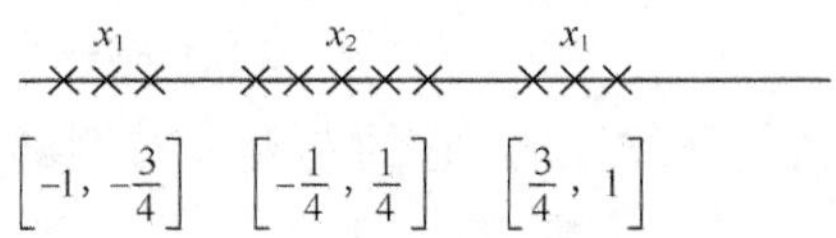

图 5-20　两类点集

从图 5-20 中可以看出，这是一个 XOR 问题，即不能用一个“分割点”将 x_1、x_2 分类。因为是一维的，所以 w 作为权值也是一维的。

第一层的第一个神经元中，b 将 x_1、x_2 全部向左平移，使左半边的 $\mathrm{sigmoid}(x_1)\to 0$。在第二个神经元中，通过 b 将 x_1、x_2 全部向右平移，使右半边的 $\mathrm{sigmoid}(x_1)\to 1$。将这层神经元的输出合并，得到一个“扭曲”的一维空间。

显然，可以用一条直线来线性划分了。于是，通过一条直线将两半边的 x_1 映射到法向量的负区间，将 x_2 映射到法向量的正区间。在第二层神经元中，使用 w 将 x_1、x_2 的范围“扩张”，使 $\mathrm{sigmoid}(x_1)\to 0,\mathrm{sigmoid}(x_2)\to 1$。这样，在输出空间中，$x_1$ 的概率就接近 0，x_2 的概率就接近 1，我们很好地将一个一维线性不可分问题解决了，如图 5-21 所示。

下面再举一个二维空间稀疏化的例子。

在这个例子中，用 4 个点组成的矩形来表示一个二维空间。目标是将矩形的两个相对的顶点区分开，显然这是一个 XOR 问题（见图 5-22）。

现在以两层神经元作为实例（见图 5-23）。

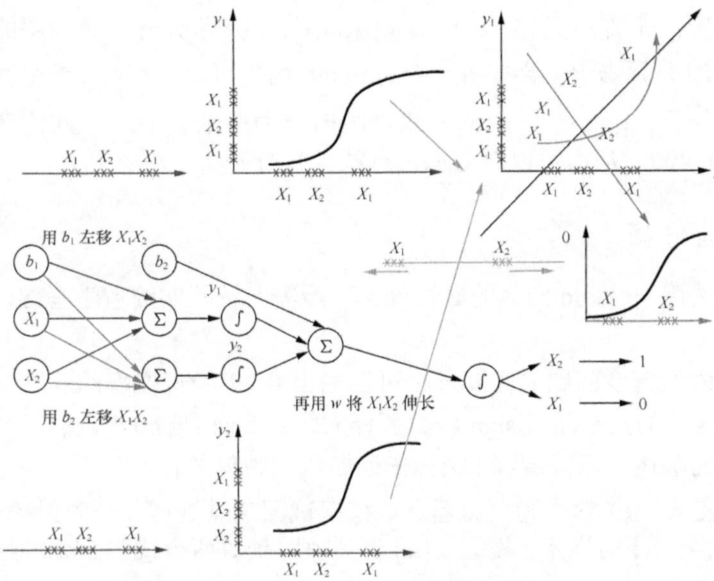

图 5-21　两层神经网络划分 XOR 问题的示意图

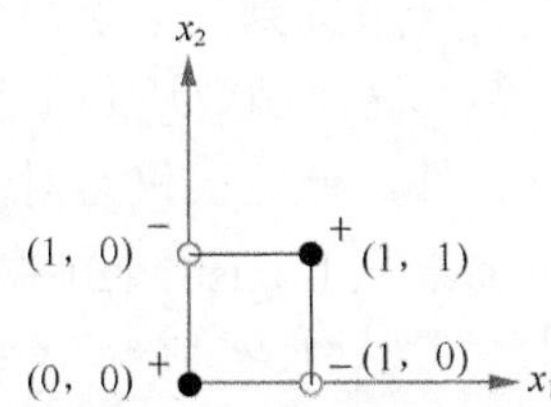

图 5-22　二维空间的示意图

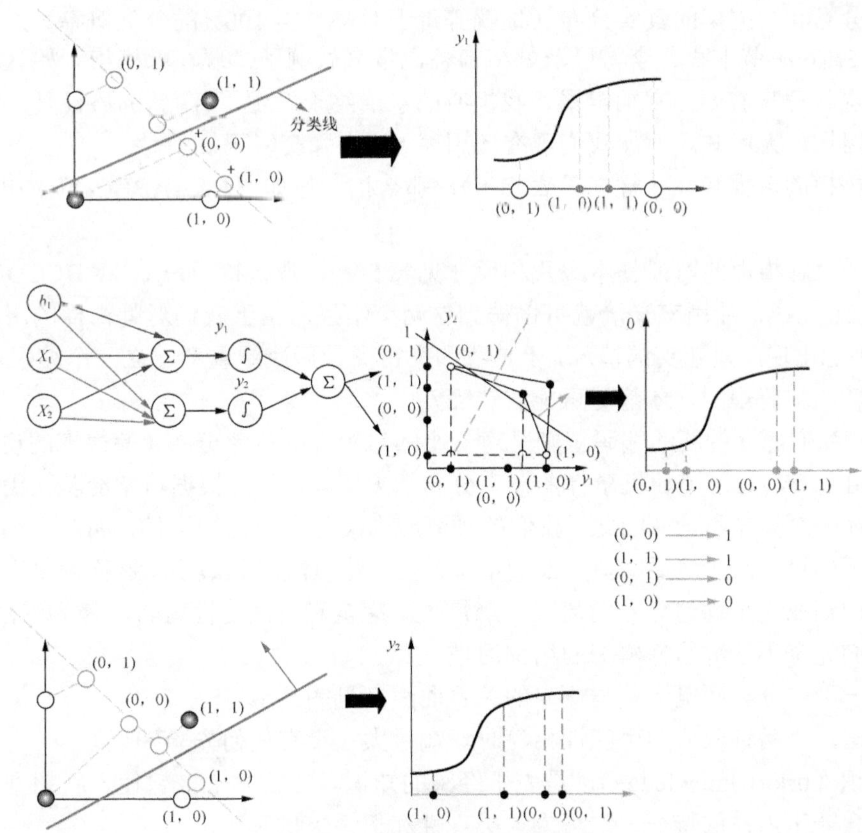

图 5-23　以两层神经元作为实例

从图中可以看出，第一层的第一个神经元将 $(0,1)$ 和 $(0,0),(1,1),(1,0)$ 区分开。第一层的第二个神经元将 $(1,0)$ 和 $(0,0),(1,1),(0,1)$ 区分开。合并第一个 sigmoid 函数可以发现，二维空间被“扭曲”成了一个四边形，这是由于 sigmoid 函数的非线性映射能力所致。而这个四边形将 $(0,0),(1,1)$ 扭向了 $(0,1),(1,0)$ 的另一侧，从而可以对它们进行线性划分。

5.2.4 sigmoid 激活函数与信息熵

下面两小节将从原理上证明选用 sigmoid 函数的必要性，可能需要较扎实的数学基础，读者可以根据自己的情况选择性阅读。

前一节提到为了解决分类映射的精度问题，需要一个可以输出 0～1 类似概率的非线性激活函数，这个函数还必须是平滑连续的，不能像 sign 函数那样太跳跃，而 sigmoid 显然符合了所有条件。但这仅仅是对于结果的陈述，不能解释 Logistic 回归概率映射的核心。

如果从 Logistic 回归模型的表示（R）这个角度来看，该模型试图建立这样一个映射关系：对于一个具有多个特征 $x=\{x_1,x_2,\cdots,x_n\}$ 的样本，模型 $f(x)$ 将其映射到对两个或多个分类结果的概率判断上（输出空间）。如果从回归（Regression）的角度上看，它试图将模型的预测分类结果的概率分布和数据集的真实分布（也就等价于对某个类 100%的分类概率）进行拟合。

如果用 5.1.6 小节中我、李雷以及韩梅梅拍电报来做例子：现在韩梅梅开始认真地和李雷谈恋爱了（也就意味着要经常拍电报，我担心的事情终于发生了）。新的假设是：我们都对韩梅梅的用词习惯一无所知。假如我们现在还用表 5-3 中那套编码规则。

如果韩梅梅的习惯和我一样（见表 5-8），那么拍一份如“AAAABBCD”的电报要花 14 元钱。

然而，如果韩梅梅的习惯基本跟我相反（见表 5-7），那么拍一份如“ABCCDDDD”的电报就需要花 21 元钱，使用交叉熵就可以得到这两个结果。由于我们对韩梅梅的用词习惯一无所知，但又不想出现严重超支的情况，于是我和李雷商量后决定重新建立一个编码规则。那么，应怎样建立新的编码规则，才能尽可能省钱呢？

实际上，我们建立的新的编码规则是对一个随机事件的概率分布（韩梅梅的说话习惯）进行的预测。由于我们对这个随机事件的概率分布一无所知，因此根据日常经验，我们是不能把所有鸡蛋放在一个篮子里的。因此，我们的预测应当满足全部已知条件，而对未知的情况，不要做任何主观假设。也就是要保留全部的不确定性，将风险降到最小，这称为最大熵原理。换言之，编码规则在完全均匀分布的情况下熵最大（完全没有确定性可言，最为混乱），也最有利于描述我们完全不了解的韩梅梅的用词习惯。

再回顾一下二分类情况下熵与概率的关系曲线（见图 5-6）。

可以看出，当两种取值的可能性相等时，熵最大（没有任何先验知识）。

先验知识（priori knowledge），是先于经验的知识。在哲学上，它使人联想到下述思想：人类头脑包含若干内在的特征，它可为人类理性和悟性提供基础。

而根据这一原理，我们则将编码规则完全均匀分布（见表 5-9）。

如果韩梅梅说了“AAAABBCD”这样一句话，对于先前的编码规则（见表 5-8），我将花费 14 元钱。如果按照新的编码规则，我将花费 16 元钱。然而，如果韩梅梅说了“ABCCDDDD”这样一句话，先前的编码规则将花费 21 元钱，而新的编码规则还是花费 16 元钱，算下来我还省了 5 元，说明我多花钱的风险变小了。

表 5-9
均匀分布的编码规则

字　母	编　码
A	00
B	01
C	10
D	11

5.2.5　最大熵模型

结合上一节中韩梅梅和李雷拍电报的例子可以发现，对于一个未知的说话习惯，应该尽可能地让编码规则均匀分布，这样做的好处是可以让信息熵最大化，并使多花钱的风险变得最小。在 Logistic 二分类或多分类的问题中，需要一个合适的激活函数，对一个未知的分类概率结果进行非线性映射。可以将一个均匀分布的编码表比作这个非线性映射方程：$f(\cdot)=f\left(g\left(\boldsymbol{w}^{\mathrm{T}}\boldsymbol{x}+b\right)\right)$。

这里，$g(\cdot)$表示对于输入空间$\{x_1,x_2,\cdots,x_n\}$向线性划分超空间的求和$\sum_{i=1}^{n}(w_i^{\mathrm{T}}x_i+b)$。这可以用图 5-24 来表达。

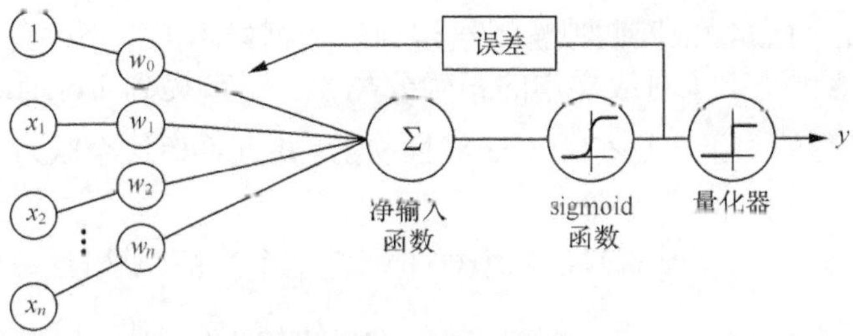

图 5-24　Logistic 表示空间

由于条件是$f(x)$尽可能均匀，也就意味着使其熵最大化。

$$\max P(H)=\max\left(f(g(\boldsymbol{w}^{\mathrm{T}}\boldsymbol{x}+b))\bullet\frac{1}{\log_2 f(g(\boldsymbol{w}^{\mathrm{T}}\boldsymbol{x}+b))}\right)$$

我们要通过熵最大化来反向推导出$f(x)$。

因此我们需要从以下几方面反过来思考这个问题。

- 现在给定一个训练数据集$\left\{x^{(1)},x^{(2)},\cdots,x^{(m)}\right\}$，上标代表第 m 个数据集样本。每个数据集样本$x^{(i)}$都拥有一个 n 维向量组成的 n 个特征的向量：$\left[x_1^{(i)},x_2^{(i)},\cdots,x_n^{(i)}\right]$，用$x_j^{(i)}$表示第 i 个样本的第 j 个维度特征。
- 对应每个数据集中的样本，都给出了正确分类的标定（我们暂时称为标签）：$\{y(1),y(2),\cdots,y(m)\}$。例如，如果这个数据集只有两类，那么对于某个标签$y(m)$的标签可能是$[0,1]$或$[1,0]$，即在第二个分类上的概率为 100%，或者在第一个分类上的概率为 100%（尽量用概率分布的方式来表达一个分类，而不仅仅是将其标定为一个整数，这有利于理解 Logistic 分类的本质）。

- 建立一个非线性映射函数 $f(x)$，它将来自对输入空间 $\{x_1,x_2,\cdots,x_n\}$ 的线性分类空间加权求和 $\sum_{i=1}^{n}(w_i^{\mathrm{T}}x_i+b)$ 的结果映射到 k 个分类的概率输出空间中（请不要将之前的数据集样本和输入空间搞混，对于每个样本都有 n 个特征值），即 $f(x):\mathbf{R}^n\to\mathbf{R}^k$。它必须满足如下条件：① $f(x)\geqslant 0$，即概率不能是负值；② $\sum_{v=1}^{k}f(x)_v=1$，即对于 k 个分类的概率和必须是 1，也就是将分类概率归一化。v 是指某个分类的概率分布；③ $f(x(i))_{y(i)}$ 即对于某个已知分类结果的概率映射必须非常大，也就是概率判断的信心非常高。
- 建立一个判别函数 $A(u,v)$，其中 u、v 分别代表两个分类的概率分布。它满足：

$$A(u,v)=\begin{cases}1 & 若 u=v\\ 0 & 若 u\neq v\end{cases}$$

这实际上可以看成：我们对 u 的预测分类是否等于正确分类 v 的判断方程，例如，$A(u,y(i))$ 是否为 1。

假设我们已经通过 Logistic 回归拟合了给定训练数据样本的概率映射关系，即对于所有样本，$f(x)$ 已经很好地预测出了对应样本的正确分类。上一节提到 Logistic 回归实质上是将输入空间的线性映射投影的结果再进行一次非线性映射，并且希望这个映射关系能够很好地将样本分离。

对于数据集 $\{x^{(1)},x^{(2)},\cdots,x^{(m)}\}$，假定每个样本拥有一个特征 $[x^{(i)}]$，每个样本都拥有了二分类的标签。对于其中的一个分类 u，非线性映射方程将输入空间 $[x^{(i)}]$ 映射到对该分类的判断概率 $p(x^{(i)})_u$。我们希望这个非线性映射函数能够给出对两种分类差异非常大的概率判断。如果遍历整个数据集，必然会有一部分样本属于分类 u，另一部分样本属于另一分类 v。如果非线性映射函数很好地将其分类到 u 并且该样本的真实分类也是 u，那么其对 u 的概率判断 $f(x^{(i)})_u$ 会非常高，而对另一个分类 v 的概率判断 $f(x^{(i)})_v$ 会非常低。

$$\sum_{y(i)=u}f\left(x^{(i)}\right)_u x^{(i)}+\sum_{y(i)=v}f\left(x^{(i)}\right)_u x^{(i)}=\sum_{i=1,y(i)=u}^{m}x^{(i)}$$

即

$$\sum_{i=1}^{m}f\left(x^{(i)}\right)_u x^{(i)}=\sum_{i=1}^{m}A\left(u,y(i)\right)x^{(i)}$$

下面梳理一下目前已经掌握的条件：

1） $f(x)\geqslant 0$。

2） $\sum_{v=1}^{k} f(x)_v = 1$ 。

3） $f(x^{(i)})_{y(i)}$ 要很大。

4） $\sum_{i=1}^{m} f\left(x^{(i)}\right)x^{(i)} = \sum_{i=1}^{m} A\left(u, y\left(i\right)\right)x^{(i)}$ 。

可以发现，条件 3）和条件 4）实质上是等价的。

我们的目标是最大化下式：

$$\sum_{v=1}^{k}\sum_{i=1}^{m} f(x^{(i)})_v \log_2\left(\frac{1}{f\left(x^{(i)}\right)}\right)$$

即对于所有给定的训练集样本及其对应的分类概率的熵最大化。

现在我们要基于上述的条件（也称约束条件），通过使所有样本所对应分类的熵最大化，来反向推出 $f\left(x\right)$，即非线性映射函数。但是，应该如何将条件和目标同时联系起来呢？

这里引入一个数学方法：拉格朗日乘数。下面简单介绍一下拉格朗日乘数的概念。

假设存在一个三维空间的凸函数分布 $f\left(x,y\right)$，需要求其最大值。但这个最大值必须满足一个等式约束条件 $g\left(x,y\right)=0$ 。

三维空间凸函数 $f\left(x,y\right)$ 在三维空间中是一个曲面 $D\left(x,y,f\left(x,y\right)\right)=0$，等式约束条件 $g\left(x,y\right)=0$ 是一条曲线，在二维空间的曲线向三维空间中的曲面 $D(x,y\left(f\left(x,y\right)\right)=0$ 的投影，可以用图 5-25 表示。

或者可以将三维空间曲面向二维空间做投影，并用等高线表示它的高度，如图 5-26 所示。

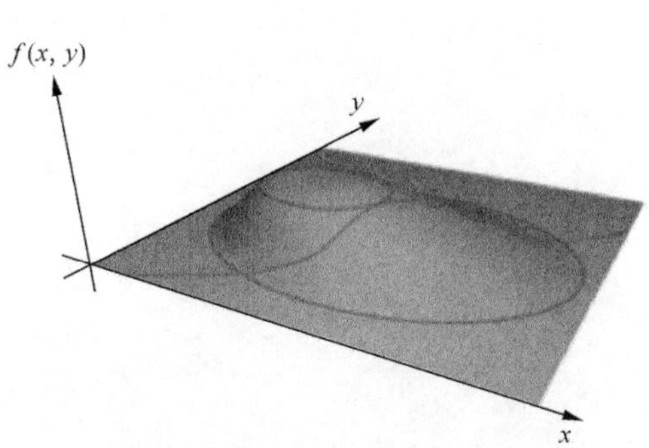

图 5-25　二维空间曲线向三维空间做投影

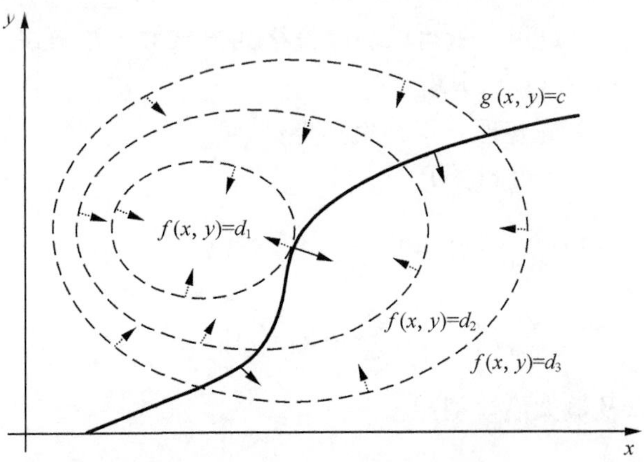

图 5-26　把三维空间曲线向二维空间做投影

现在我们沿着二维曲线 $g\left(x,y\right)=0$ 走，每个点 $\left(x_0,y_0\right)$ 都可以对应地找到 $f\left(x,y\right)$ 对应的等高线（或等高线的高度值 d），并且等高线的大小是在增加的。如果我们走到某点，发现等高线的值不再增加了，这有两种可能：一是我们刚好走到等高线上去了，也就是说，在此处 $g(x,y)=0$ 的切线方向和等高线的切线方向平行了；二是我们可能走到三维平面的一个驻点上了。

对于前一种情况，可以认为此时二者的梯度（或斜率）的大小是可成比例的。

$$\nabla_{x,y}f(\cdot)=\lambda\nabla_{x,y}g(\cdot)$$

$$\nabla_{x,y}f(\cdot)=\left(\frac{\partial f}{\partial x},\frac{\partial f}{\partial y}\right)$$

$$\nabla_{x,y}g(\cdot)=\left(\frac{\partial g}{\partial x},\frac{\partial g}{\partial y}\right)$$

其中，λ 是用于拟合 $f(x,y)$ 和 $g(x,y)$ 在这个特殊点的斜率大小比例关系的度量。

对于后一种情况，由于 $\nabla_{x,y}f(\cdot)=0$，因此只要令 $\lambda=0$，等式 $\nabla_{x,y}f(\cdot)=\lambda\nabla_{x,y}g(\cdot)$ 也成立，它和 $\nabla_{x,y}g(\cdot)$ 的取值无关。

因此，可以基于以上平行关系的关于 $f(x,y)$ 和等式约束条件 $g(x,y)=0$ 建立新模型：

$$L(x,y,\lambda)=f(x,y)-\lambda g(x,y)$$

通过参数 λ 来拟合 $\nabla_{x,y}f(x,y)$ 和 $g(x,y)=0$ 两个条件。注意，这个模型是用于求梯度的等价形式，并不代表这个模型在整个（x,y）分布域上有效。

如果求其梯度，就可以同时满足：

$$\nabla_{x,y,\lambda}L(x,y,\lambda)=0\leftrightarrow\begin{cases}\nabla_{x,y}f(x,y)=\lambda\nabla_{x,y}g(x,y)\\g(x,y)=0\end{cases}$$

也就等价于在满足 $g(x,y)=0$ 的条件下，对 $f(x,y)$ 进行求导，并得到其最大值的问题了。

到这里，就可以利用拉格朗日乘数方法解决上一节提出的“在约束条件下利用最大熵模型反求 $f(x)$”问题。

首先整理一下约束条件：

1）$f(x)\geqslant 0$。

2）$\sum_{v=1}^{k}f(x)_v=1$。

3）$\sum_{i=1}^{m}f\left(x^{(i)}\right)=\sum_{i=1}^{m}A\left(u,y(i)\right)$。

以及最大熵模型：

$$\max\sum_{v=1}^{k}\sum_{i=1}^{m}f(x^{(i)})_v\log_2\left(\frac{1}{f\left(x^{(i)}\right)}\right)$$

条件 1）不是一个等式约束问题，放到后面讨论。首先使用 λ_v 和 β_i 将两个约束条件与最大熵函数拟合：

$$L(f(x)^{(i)},\lambda,\beta)=\lambda_v\sum_{v=1}^{k}\left(\sum_{i=1}^{m}f(x^{(i)})x^{(i)}-\sum_{i=1}^{m}A(u,y(i))x^{(i)}\right)+\beta_i\sum_{v=1}^{k}\sum_{i=1}^{m}(f(x^{(i)})v-1)$$
$$+\sum_{v=1}^{k}\sum_{i=1}^{m}f(x^{(i)})_v\log\left(\frac{1}{f(x^{(i)})}\right)$$

对所有样本、所有分类的 $f\left(x^{(i)}\right)$ 进行求导：

$$\frac{\partial L}{\partial f(x^{(i)})_u}=0\ (\text{对所有的}i\text{和}u)$$

求导结果为

$$\frac{\partial L}{\partial f(x^{(i)})_u}=\lambda_u x^{(i)}+\beta_i-\log f(x^{(i)})-1$$

令

$$\frac{\partial L}{\partial f\left(x^{(i)}\right)_u}=0$$

整理得到

$$f(x^{(i)})_u=\mathrm{e}^{\lambda_u x^{(i)}+\beta_i-1}$$

根据条件 2）有

$$\sum_{v=1}^{k}\mathrm{e}^{\lambda_v x^{(i)}+\beta_i-1}=1$$

因此

$$\mathrm{e}^{\beta_i}=\frac{1}{\sum_{v=1}^{k}}\mathrm{e}^{\lambda_v x^{(i)}-1}$$

代入得到

$$f(x)_u=\frac{\mathrm{e}^{\lambda_u x}}{\sum_{v=1}^{k}\mathrm{e}^{\lambda_v x}}$$

当 k=2（即二分类问题）时，就得到函数：

$$f(x)_u=\frac{\mathrm{e}^{\lambda x}}{1+\mathrm{e}^{\lambda x}}$$

这就是 Logistic 回归在分类 u 上的非线性映射函数 sigmoid。

5.3 Softmax 回归

5.3.1　从 Logistic 回归到 Softmax 回归

Softmax 可看成 Logistic 回归在多分类概率映射上的推广。

回想一下，在 Logistic 回归中，训练集由 m 个已标记的样本构成：

$$\left\{\left(x^{(1)},y^{(1)}\right),\cdots,\left(x^{(m)},y^{(m)}\right)\right\}$$

其中，输入特征 $\boldsymbol{x}^{(i)}\in\mathbf{R}^{n+1}$（对符号的约定如下：特征向量 $\boldsymbol{H}$ 的维度为 $n+1$，其中 $x_0=1$ 对应截距项）。由于 Logistic 回归是针对二分类问题的，因此类标记 $y^{(i)}\in\{0,1\}$。这个样本 $\boldsymbol{x}$ 属于正类，也就是 $y=1$ 的“概率”可以通过下面的逻辑函数来表示：

$$P(y=1\,|\,\boldsymbol{x};\boldsymbol{\theta})=\frac{1}{1+\mathrm{e}^{\boldsymbol{\theta}^{\mathrm{T}}\boldsymbol{x}}}$$

这里的 $\boldsymbol{\theta}$ 是模型参数，也就是回归系数。这样，$y=0$ 的“概率”就是：

$$P(y=0\,|\,\boldsymbol{x};\boldsymbol{\theta})=\frac{\mathrm{e}^{\boldsymbol{\theta}^{\mathrm{T}}\boldsymbol{x}}}{1+\mathrm{e}^{\boldsymbol{\theta}^{\mathrm{T}}\boldsymbol{x}}}$$

在 Softmax 回归中，我们解决的是多分类问题（相对于 Logistic 回归解决的二分类问题），类标 y 可以取 k 个不同的值（而不是两个）。因此，对于训练集 $\left\{\left(x^{(1)},y^{(1)}\right),\cdots,\left(x^{(m)},y^{(m)}\right)\right\}$，有 $y^{(i)}\in\{1,2,\cdots,k\}$。（注意，此处的类别下标从 1 开始，而不是 0）。例如，在 MNIST 数字识别任务中，有 $k=10$ 个不同的类别。

这里的 softmax() 为：

$$h_\theta(x)=\begin{bmatrix}p(y=1\,|\,\boldsymbol{x};\boldsymbol{\theta})\\p(y=2\,|\,\boldsymbol{x};\boldsymbol{\theta})\\\vdots\\p(y=k\,|\,\boldsymbol{x};\boldsymbol{\theta})\end{bmatrix}=\frac{1}{\sum_{j=1}^{k}\mathrm{e}^{\theta_j^{\mathrm{T}}\boldsymbol{x}^{(i)}}}\begin{bmatrix}\mathrm{e}^{\theta_1^{\mathrm{T}}\boldsymbol{x}}\\\mathrm{e}^{\theta_2^{\mathrm{T}}\boldsymbol{x}}\\\vdots\\\mathrm{e}^{\theta_k^{\mathrm{T}}\boldsymbol{x}}\end{bmatrix}$$

其中，$\theta_1,\theta_2,\cdots,\theta_k\in\mathbf{R}^{n+1}$ 是模型的参数。注意，$\frac{1}{\sum_{j=1}^{k}\mathrm{e}^{\theta_j^{\mathrm{T}}\boldsymbol{x}^{(i)}}}$ 这一项对概率分布进行归一化，使得所有概率之和为 1。

5.3.2　Softmax 回归的参数冗余

Softmax 有一个不寻常的特点，从参数向量 $\boldsymbol{\theta}_j$ 中减去向量 $\boldsymbol{\Psi}$ 完全不影响假设函数的预测结果。对样本 x 属于 j 类的情况进行深入探讨，修改假设函数的参数，推导后发现这并不影响预测结果。

$$
\begin{aligned}
p(y=j\mid \boldsymbol{x};\theta) &= \frac{\mathrm{e}^{(\theta_j-\psi)^{\mathrm{T}}\boldsymbol{x}}}{\sum_{l=1}^{k}\mathrm{e}^{(\theta_l-\psi)^{\mathrm{T}}\boldsymbol{x}}} \\
&= \frac{\mathrm{e}^{\theta_j^{\mathrm{T}}\boldsymbol{x}}\mathrm{e}^{-\psi^{\mathrm{T}}\boldsymbol{x}}}{\sum_{l=1}^{k}\mathrm{e}^{\theta_l^{\mathrm{T}}\boldsymbol{x}}\mathrm{e}^{-\psi^{\mathrm{T}}\boldsymbol{x}}} \\
&= \frac{\mathrm{e}^{\theta_j^{\mathrm{T}}\boldsymbol{x}}}{\sum_{l=1}^{k}\mathrm{e}^{\theta_l^{\mathrm{T}}\boldsymbol{x}}}
\end{aligned}
$$

换句话说，如果参数（$\theta_1, \theta_2,\ldots, \theta_k$）是代价函数 $J(\theta)$的极小值点，那么（$\theta_1-\psi, \theta_2-\psi,\ldots, \theta_k-\psi$）同样也是它的极小值点。因此，使 $J(\theta)$最小化的解不是唯一的。

5.3.3 Softmax 回归与 Logistic 回归的关系

当类别数 $k=2$ 时，Softmax 回归退化为 Logistic 回归。这表明 Softmax 回归是 Logistic 回归的一般形式。具体地说，当 $k=2$ 时，Softmax 回归的假设函数为

$$
h_\theta(\boldsymbol{x}) = \frac{1}{\mathrm{e}^{\theta_1^{\mathrm{T}}\boldsymbol{x}}+\mathrm{e}^{\theta_2^{\mathrm{T}}\boldsymbol{x}}}\begin{bmatrix}\mathrm{e}^{\theta_1^{\mathrm{T}}\boldsymbol{x}}\\ \mathrm{e}^{\theta_2^{\mathrm{T}}\boldsymbol{x}}\end{bmatrix}
$$

利用 Softmax 回归参数冗余的特点，令 $\psi=\theta_1$，并且从两个参数向量中都减去向量 θ_1，得到：

$$
\begin{aligned}
h(x) &= \frac{1}{\mathrm{e}^{\theta^{\mathrm{T}}\boldsymbol{x}}+\mathrm{e}^{(\theta_2-\theta_1)^{\mathrm{T}}\boldsymbol{x}}}\begin{bmatrix}\mathrm{e}^{\theta^{\mathrm{T}}\boldsymbol{x}}\\ \mathrm{e}^{(\theta_2-\theta_1)^{\mathrm{T}}\boldsymbol{x}}\end{bmatrix} \\
&= \begin{bmatrix}\dfrac{1}{1+\mathrm{e}^{(\theta_2-\theta_1)^{\mathrm{T}}\boldsymbol{x}}}\\ \dfrac{\mathrm{e}^{(\theta_2-\theta_1)^{\mathrm{T}}\boldsymbol{x}}}{1+\mathrm{e}^{(\theta_2-\theta_1)^{\mathrm{T}}\boldsymbol{x}}}\end{bmatrix} \\
&= \begin{bmatrix}\dfrac{1}{1+\mathrm{e}^{(\theta_2-\theta_1)^{\mathrm{T}}\boldsymbol{x}}}\\ 1-\dfrac{1}{1+\mathrm{e}^{(\theta_2-\theta_1)^{\mathrm{T}}\boldsymbol{x}}}\end{bmatrix}
\end{aligned}
$$

因此，用 $\boldsymbol{\theta}^l$ 来表示 $\boldsymbol{\theta}_2-\boldsymbol{\theta}_1$，就会发现 Softmax 回归器预测其中一个类别的概率为$\dfrac{1}{1+\mathrm{e}^{((\theta^l)^{\mathrm{T}}\boldsymbol{x}^{(i)})}}$，另一个类别的概率为$1-\dfrac{1}{1+\mathrm{e}^{((\theta^l)^{\mathrm{T}}\boldsymbol{x}^{(i)})}}$，这与 Logistic 回归是一致的。

5.3.4　Softmax 回归与 k 个二元分类器

如果开发一个小说分类的应用，需要对 k 类小说进行识别，那么是选择使用 Softmax 分类器呢，还是使用 Logistic 回归算法建立 k 个独立的二元分类器呢？

这一选择取决于你的类别之间是否互斥。如果你有 4 种类别的小说——第一人称小说、第三人称小说、书信体小说和对话体小说，那么可以假设每个训练样本只会被打上一个标签（即一部小说只能属于这 4 种小说类型里的一种），此时应该使用类别数 k=4 的 Softmax 回归。

如果 4 个类别为科幻小说、武侠小说、推理小说、言情小说，那么这些类别之间并不是互斥的。例如，一部小说既可以包含武侠的内容，同时也包含言情的内容。这种情况下，使用 4 个二分类的 Logistic 回归分类器更合适。

这样就得到了输入数据 x 对应于 3 个标签 y_i 的可能性映射关系。若对其中的一个标签映射进行展开，如图 5-27 所示。

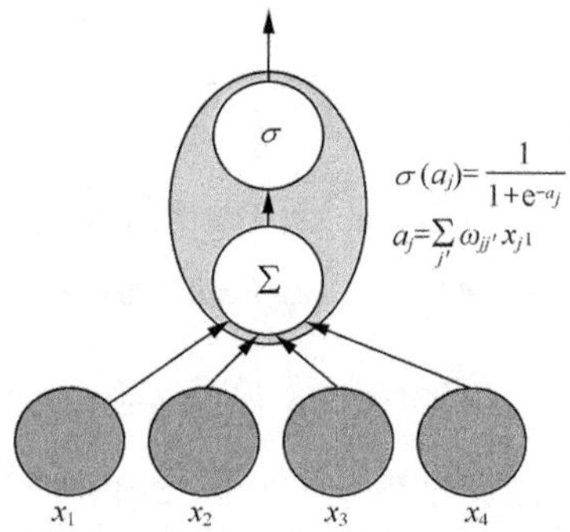

图 5-27　输入数据 x 对一个标签映射的示意图

其实质是对于输入值 $[x_1,x_2,x_3,1]$ 组成的向量，输出为 $h_{w,b}(x)=f\left(\boldsymbol{w}^{\mathrm{T}}\boldsymbol{x}\right)=f\left(\sum_{i=1}^{3}w_ix_i+b\right)$，这可以看成一个多元线性回归。参数 $\boldsymbol{w}$ 是对输入值 x 的特征提取权重。

5.4　本章小结

本章着重阐述了 Logistic 回归。Logistic 回归解决了人工神经网络的二分类和多分类问题。本章要点如下。

- 引入了信息论的概念，通过信息论，可以很好地理解交叉熵的概念，而交叉熵则是理解逻辑斯蒂的前备知识。
- 介绍了 Logistic 回归的主要内容。Logistic 回归将分类问题转化为一个非线性概率映射问题，是实现人工神经网络多分类的重要基础。
- 介绍了 Softmax 回归。Softmax 回归是 Logistic 回归的发展，Logistic 回归也是 Softmax 回归在二分类上的特殊形式。而 Softmax 分类器则是卷积神经网络、循环神经网络的一部分。

第 6 章　卷积神经网络

前面的章节详述了经典感知器（Classical Perception，即 Rosenblatt 感知器）和多层感知器（Multi-Layer Perception，MLP）的模型表示（Representation），还介绍了由多层感知器组成的人工神经网络如何实现 Logistic 分类。

本章将再次从感知器这一基本概念出发，先简单介绍什么是“模式识别”，再通过引入 Minsky 感知器（一种改良版的感知器），逐渐讨论卷积神经网络（Convolutional Neural Network）的模型表示。

6.1　感知器模式识别

6.1.1　通过感知器识别一幅简单的图像

对于一个二维输入空间 $x=\{x_1,x_2\}$，经典感知器组成的神经网络可以很好地处理所有逻辑映射，在第 4 章中已经详细论述。现在假设我们将二维输入空间扩展到 25 维输入空间 $x=\{x_1,x_2,\cdots,x_{25}\},x_i\in\{0,1\}$。

假设有一幅 5×5 像素的图像，每个像素只用 0 或 1 表示。从图 6-1 中可以看出这幅图像显示出了一个字母“T”的图像。

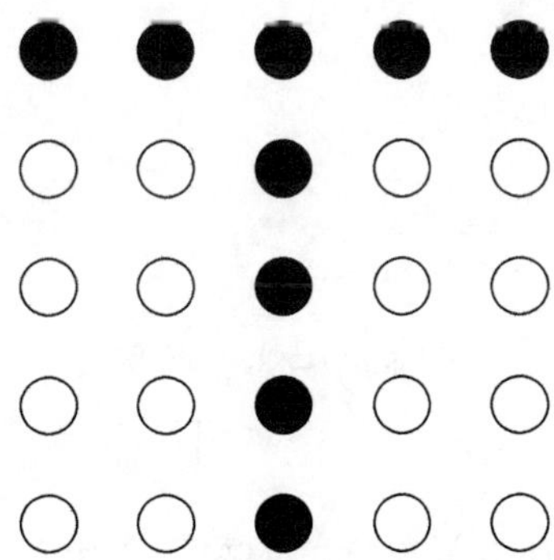

图 6-1　字母“T”的图像

显然，还可以用一个数字矩阵来表示这幅图像：

$$\boldsymbol{x}=\begin{bmatrix}1&1&1&1&1\\0&0&1&0&0\\0&0&1&0&0\\0&0&1&0&0\\0&0&1&0&0\end{bmatrix}$$

但对于计算机而言，它无法处理带有空间结构的“图像”信息，需要将这个维数为 5×5=25 的输入空间转化成一个 25 维的向量（Vector）。

$$\boldsymbol{x}=\left[x_1,x_2,\cdots,x_{25}\right]=\left[x_1=1,x_2=1,\cdots,x_{25}=0\right]$$

只要向量中的每一个元素都对应一个像素，就可以将这个图像保存下来，如图 6-2 所示。

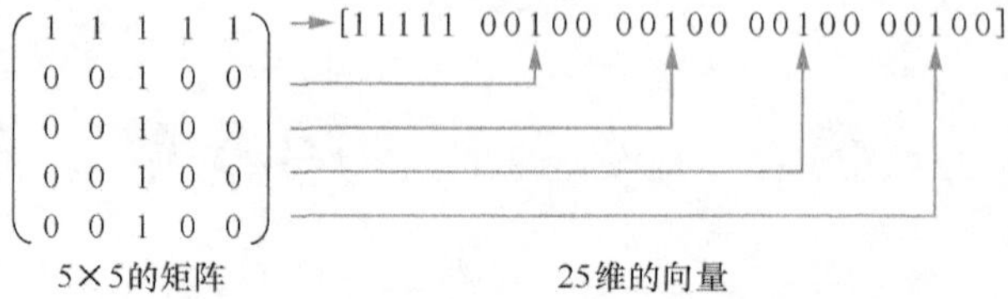

图 6-2 把 5×5 的矩阵表示为 25 维的向量

然而，这样丢失了图像的“空间结构”，即无法从向量再转回那个 5×5 的矩阵。为了保持图像的空间结构，用一个二阶矢量来保存这个图像信息。这个过程可以理解为：将这个数字矩阵中的每个行变成一个向量，产生的 5 个行向量作为一个大向量的 5 个元素，形成一个向量套向量的结构。只要按照一定规则排回去，就能恢复这个矩阵信息，图像的空间结构也得以保持。

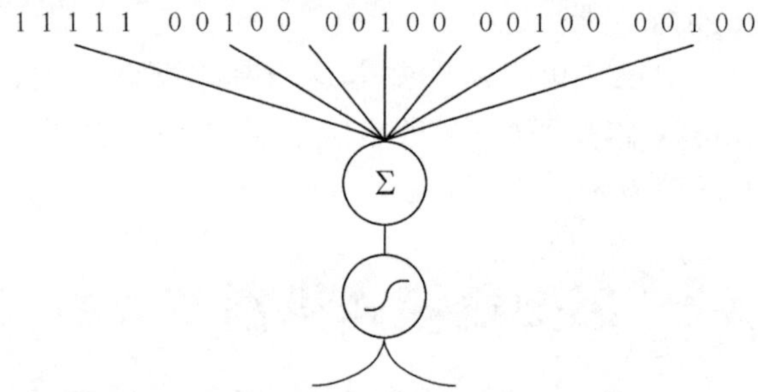

图 6-3 通过经典感知器进行模式识别

基于以上数学处理，我们就可以用经典感知器来对图像“T”这个“模式”进行识别了（见图 6-3）。

这是一个通过经典感知器识别图像“T”的简图，图中每个权值 w_i 对应输入向量空间的每个点 x_i，对它们的乘积求和，得到 $\sum_{i=1}^{25} w_i x_i$ ，并输入到激活函数中。

$$\text{sign} = \begin{cases} 1 & \text{若} \sum_{i=1}^{25} w_i x_i \geqslant t \\ 0 & \text{若} \sum_{i=1}^{25} w_i x_i < t \end{cases}$$

如果设定权值向量

$$\boldsymbol{w} = [1,1,1,1,1,-1,-1,1,-1,-1,-1,-1,1,-1,-1,-1,-1,1,-1,0,-1,-1,1,-1,-1]$$

那么只要它们的乘积之和大于阈值，即 $\sum_{i=1}^{25} w_i x_i \geqslant t$ ，感知器就可以将“T”的图像识别出来。

因为权值向量与输入空间的每个维度一一对应，所以也可以用同样的方法将权值参数 w 表示为一个二阶矢量，从而可以把它转换成一个带有空间结构的图形，如图 6-4 所示。

那么，此时输入空间表示为一个二阶矢量：

$$\boldsymbol{x} = [[1,1,1,1,1],[0,0,1,0,0],[0,0,1,0,0],[0,0,1,0,0],[0,0,1,0,0]]$$

权值参数也表示为一个二阶矢量：

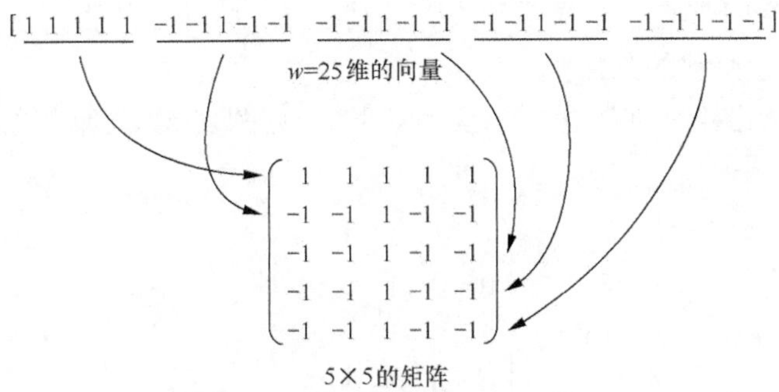

图 6-4 权值参数表示为 5×5 的矩阵

$$\boldsymbol{w}=[[1,1,1,1,1],[-1,-1,1,-1,-1],[-1,-1,1,-1,-1],[-1,-1,1,-1,-1],[-1,-1,1,-1,-1]]$$

那么，感知器的计算公式实际上变为两个矢量的点乘（dot product，也称内积）。

$$\text{sign}=\begin{cases}1 & 若\boldsymbol{w}\boldsymbol{\cdot}\boldsymbol{x}\geqslant t\\ 0 & 若\boldsymbol{w}\boldsymbol{\cdot}\boldsymbol{x}<t\end{cases}$$

其中，t 就是感知器的阈值参数。

这样，我们就用一个感知器完成了简单的 5×5 像素的图像识别。在这样的场景下，经典感知器实质上发挥了一个“特征提取器”的功能，也就是根据与权值参数矩阵的点乘得到的结果对是否为一个“T 形模式”进行判断，通过设定阈值 t 大小来决定判断的精确程度。

在上文中，将感知器中输入空间与权值参数的乘积之和 $\sum_{i=1}^{25} w_i x_i$ 视为二阶矢量 $\boldsymbol{w}$ 和 $\boldsymbol{x}$ 的点乘：$\boldsymbol{x}\boldsymbol{\cdot}\boldsymbol{w}$。这实际上表示把两个行、列相同的矩阵中每个元素相乘并求和。

因此，可以定义符号 $\odot$ 为两个矩阵（二阶向量）的点乘。

$$\boldsymbol{w}_{m\times m}\odot\boldsymbol{x}_{m\times m}=\sum_{i=1}^{m}\sum_{j=1}^{m}w_{i,j}x_{i,j}$$

例如：

$$\boldsymbol{x}\odot\boldsymbol{w}=\begin{pmatrix}1&1&1&1&1\\0&0&1&0&0\\0&0&1&0&0\\0&0&1&0&0\\0&0&1&0&0\end{pmatrix}\odot\begin{pmatrix}1&1&1&1&1\\-1&-1&1&-1&-1\\-1&-1&1&-1&-1\\-1&-1&1&-1&-1\\-1&-1&1&-1&-1\end{pmatrix}=9$$

这个矩阵的点乘定义还会在后面用到。

6.1.2 感知器的鲁棒性

鲁棒性（Robustness）又可以称为抗干扰性、稳健性。控制系统的鲁棒性是指控制系统在某种类型的扰动作用下，系统某个性能指标保持不变的能力，即抗干扰能力。感知器的鲁棒性可以理解为：在输入空间带有一定噪声和失真的情况下，感知器能否判别特定的模式？输入中含有多大的噪声分量会使它的判断失误？

举一个例子，假如图像“T”含有一些“噪声”（见图 6-5），新的输入空间矩阵 x'可以表示为：

$$\begin{pmatrix} 1 & 1 & 1 & 1 & 1 \\ 0 & 0 & 1 & 0 & 0 \\ 0 & 0 & 1 & 0 & 0 \\ 0 & 0 & 1 & 1 & 0 \\ 0 & 0 & 1 & 0 & 0 \end{pmatrix}$$

但在这种含有一定噪声的情况下，需要调整阈值以获得正确的判别结果。比如，令 $t-1=t'=8$，那么：

$$\boldsymbol{x} \odot \boldsymbol{w} = \begin{pmatrix} 1 & 1 & 1 & 1 & 1 \\ 0 & 0 & 1 & 0 & 0 \\ 0 & 0 & 1 & 0 & 0 \\ 0 & 0 & 1 & 1 & 0 \\ 0 & 0 & 1 & 0 & 0 \end{pmatrix} \odot \begin{pmatrix} 1 & 1 & 1 & 1 & 1 \\ -1 & -1 & 1 & -1 & -1 \\ -1 & -1 & 1 & -1 & -1 \\ -1 & -1 & 1 & -1 & -1 \\ -1 & -1 & 1 & -1 & -1 \end{pmatrix} = 8 \geqslant t'$$

还是可以成功地识别一幅带有“噪声”干扰的图像“T”。显然，如果不对阈值做出改变，感知器的识别将会失效。

还可以将输入空间中的“T”抹掉一个像素，使图像“失真”，变成如图 6-6 所示的图像。

1 1 1 1 1
0 0 1 0 0
0 0 1 0 0
0 0 1 1 0
0 0 1 0 0

图 6-5 含有噪声的图像“T”

1 0 1 1 1
0 0 1 0 0
0 0 1 0 0
0 0 1 0 0
0 0 1 0 0

图 6-6 失真的图像“T”

得到如下矩阵：

$$\begin{pmatrix} 1 & 0 & 1 & 1 & 1 \\ 0 & 0 & 1 & 0 & 0 \\ 0 & 0 & 1 & 0 & 0 \\ 0 & 0 & 1 & 0 & 0 \\ 0 & 0 & 1 & 0 & 0 \end{pmatrix}$$

使用同样的方法，用以下式子判别是否可以被感知器识别。

$$x \odot w = \begin{pmatrix} 1 & 0 & 1 & 1 & 1 \\ 0 & 0 & 1 & 0 & 0 \\ 0 & 0 & 1 & 0 & 0 \\ 0 & 0 & 1 & 0 & 0 \\ 0 & 0 & 1 & 0 & 0 \end{pmatrix} \odot \begin{pmatrix} 1 & 1 & 1 & 1 & 1 \\ -1 & -1 & 1 & -1 & -1 \\ -1 & -1 & 1 & -1 & -1 \\ -1 & -1 & 1 & -1 & -1 \\ -1 & -1 & 1 & -1 & -1 \end{pmatrix} = 8 \geqslant t'$$

可以看出，改变阈值可以使感知器进行识别。而不改变阈值将会使感知器的识别失效。

因此，通过调节感知器的阈值 t，感知器在识别时可以“容忍”一定程度的噪声，从而识别一个类似于“T”的图形。然而，可以发现，这种通过改变阈值进行模式识别的方法异常脆弱，如果将图像 T 进行扭曲或翻转，感知器就难以识别了。

再例如，要区别“5”与“6”的差别，“5”和“6”十分相似，只要图像中稍带失真或者噪声，都会使感知器难以区分这两幅图像。这说明单个感知器识别图像的鲁棒性实际上是很弱的。

6.1.3 生物视神经与感受野

Marvin Minsky 在他的著作《Perceptrons》中已经描述了单个感知器识别图像模式的重大缺陷，这也导致感知器的研究陷入了低谷。事情的转机来自于对“感受野”（receptive field）概念的使用。

1962 年，通过对猫视觉皮层细胞的研究，Hubel 和 Wiesel 提出了感受野的概念。1984 年，日本学者 Fukushima 基于感受野概念提出了神经认知机（neocognition），这可以看作卷积神经网络的第一次实现，也是感受野概念在人工神经网络领域的首次应用。神经认知机将一个视觉模式分解成许多子模式（特征），然后进入分层递阶式相连的特征平面进行处理，它试图将视觉系统模型化，使其能够在即使物体有位移或轻微变形时，也能完成识别。

感受野的灵感来自于对生物视觉皮层细胞的研究。我们先简单看一下生物视觉神经网络的结构。

图 6-7 是一个简单的视神经网络图。在视网膜中，光感受器细胞突触直接与双极细胞相连，双极细胞突触则与最外层的节细胞相连，节细胞将动作电位传到大脑。大量的视觉处理过程在这样的一个视网膜神经元连接结构中完成。

在视网膜中大约有 1 亿 3000 万个光感受器接受光信号，然后通过大约 120 万个节细胞轴突将信息从视网膜传送到大脑。视网膜神经网络的处理过程包括形成双极细胞（Bipolar Cell）和节细胞（Ganglion Cell）的中心-周边感受野，以及从光感受器到双极细胞的信息汇聚和发散。视网膜中的其他细胞，特别是水平细胞（Horizontal Cell）和无长突细胞（Amacrine Cell）进行侧向信息传送（从一些神经元传送到邻近的神经元）形成更加复杂的感受野。例如，某些感受野对运动敏感而对颜色不敏感，某些感受野对颜色敏感而对运动不敏感。

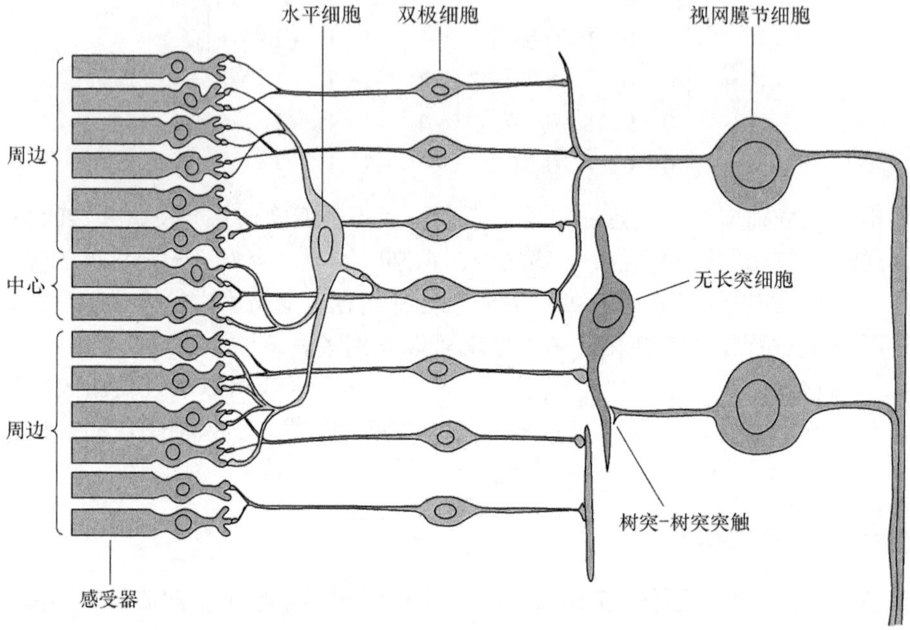

图 6-7　视神经网络图

可以将以上生物视神经简化成图 6-8 所示形式。

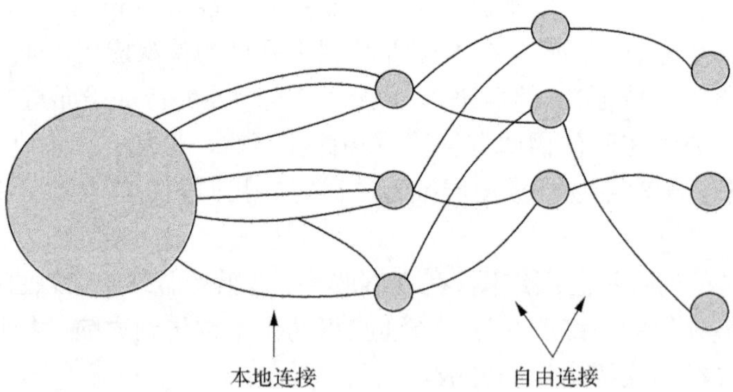

图 6-8　视神经网络简化图

对于一个感知器神经网络而言，输入空间也就是眼睛所“看”到的部分，即视网膜表面的感光细胞所感应到的光刺激。我们可以想象这样一个过程：感光细胞先将不同感受野区域感应到的刺激以二值的形式（0 或 1、抑制或激活）传递给用于“模式”“特征”处理的神经元，再将它们产生的刺激传输给用于“判断”的神经元，最终“判断”神经元产生对图像的“判断”并传给大脑皮层。整个视神经网络将视网膜感应得到的外接光学信号转换为一个模式判别问题，形成一个对图像的“认知”。

6.1.4 Minsky 感知器与局部感受野

1969 年，Marvin Minsky 和 Seymour Papert 在《Perceptrons》一书中，仔细分析了以感知器为代表的单层神经网络系统的功能及局限，证明感知器不能解决简单的“异或”（XOR）等线性不可分问题。为了解决这类问题，Rosenblatt、Marvin Minsky 及 Seymour Papert 等人提出了一种改进版的感知器，利用多层神经网络来解决线性不可分的问题。为了便于区分经典感知器，我们将之称为 Minsky 感知器。

在 6.1.1 节中，我们使用了经典感知器对图像“T”做了模式判断。如果借鉴视神经网络中“感受野”的思想，那么对于识别图像“T”的过程，实质上是首先使用多个“局部感受野”对输入空间进行“判断”，再将这些“局部感受野”的判断结果进行一个更抽象的判断，最终通过感知器产生“认知”（见图 6-9）。

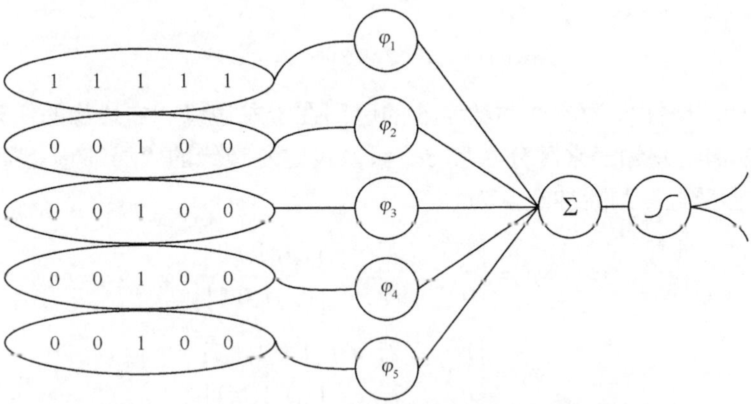

图 6-9 感知器使用“局部感受野”进行模式识别的过程

如图 6-9 所示，把整个输入空间划分为 5 个“局部感受野”，分别记为φ_1、φ_2、ψ_3、φ_4、φ_5，用ϕ来定义处理“感受野”特征的神经元的集合：

$$\phi = \{\varphi_1, \varphi_2, \varphi_3, \varphi_4, \varphi_5\}$$

从而对局部范围内的像素分别进行判断：

$$\varphi_1 = \begin{cases} 1 & \text{若 } \boldsymbol{x} = [1,1,1,1,1] \\ 0 & \text{其他} \end{cases}$$

$$\varphi_2 = \begin{cases} 1 & \text{若 } \boldsymbol{x} = [0,0,1,0,0] \\ 0 & \text{其他} \end{cases}$$

$$\varphi_3 = \begin{cases} 1 & \text{若 } \boldsymbol{x} = [0,0,1,0,0] \\ 0 & \text{其他} \end{cases}$$

$$\varphi_4 = \begin{cases} 1 & \text{若 } \boldsymbol{x} = [0,0,1,0,0] \\ 0 & \text{其他} \end{cases}$$

$$\varphi_5 = \begin{cases} 1 & 若\ \boldsymbol{x} = [0,0,1,0,0] \\ 0 & 其他 \end{cases}$$

将这 5 个“局部判断”输入到一个感知器当中进行阈值判断：$\sum_{i=1}^{5} w_i\varphi_i \geqslant t$。可以发现，通过调整 Minsky 感知器的 φ 和 t，可以实现更加广泛的模式认知。例如，要区分数字 2 和 5，其示意图如图 6-10 所示。

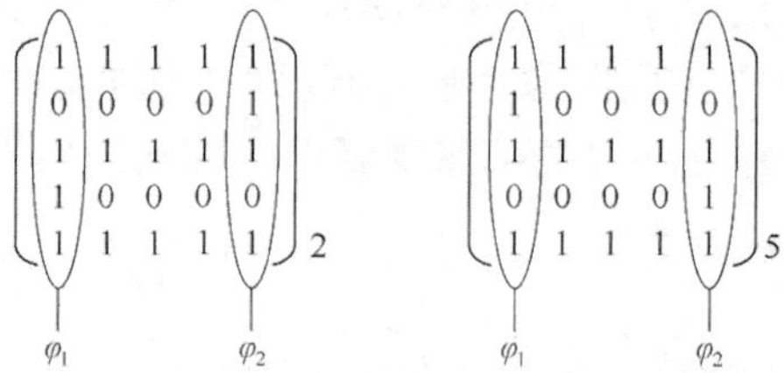

图 6-10　数字 2 和 5 的矩阵示意图

从图 6-10 中可以看出，数字 2 与数字 5 的区别在于左边缘和右边缘的像素分布是不同的，如果使用一个 Minsky 感知器来区分 2 和 5，只要设定左边缘的“局部感受野”判断神经元与右边缘的“局部感受野”判断神经元为

$$\varphi_1 = \begin{cases} 1 & 若\ \boldsymbol{x} = [1,0,1,1,1] \\ 0 & 若\ \boldsymbol{x} = [1,1,1,0,1] \end{cases}$$

$$\varphi_2 = \begin{cases} 1 & 若\ \boldsymbol{x} = [1,0,1,1,1] \\ 0 & 若\ \boldsymbol{x} = [1,1,1,0,1] \end{cases}$$

$$\psi = \mathrm{sign}(w_1\varphi_1 + w_2\varphi_2)$$

由图 6-11 可以发现分别输入模式 2 和模式 5 的图像可以得到不同的结果。

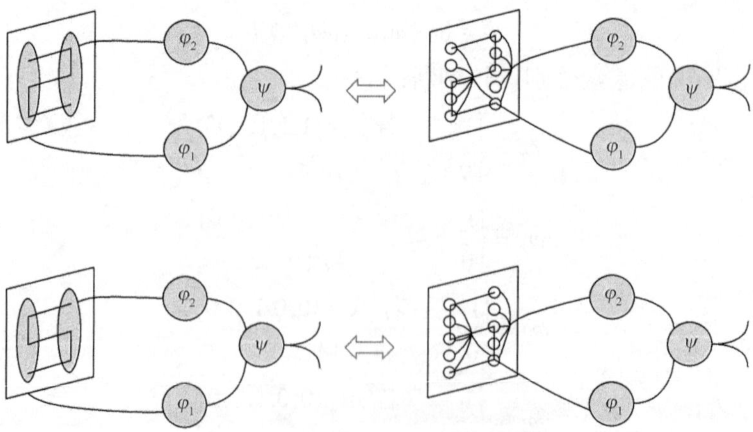

图 6-11　分别对 2 和 5 进行模式识别

并且可以发现，它们是线性可分的，如图 6-12 表示。

前面的章节已经证明，感知器可以对线性可分问题进行分类，即对 2 和 5 进行分类。因此，Minsky 感知器可以说是在经典感知器之上的发展，它通过引入“局部感受野”，更清楚地解释了图像模式识别的“认知”过程（见图 6-13）。

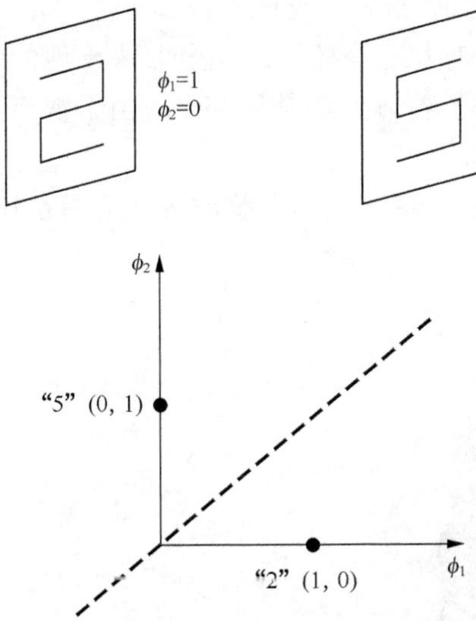

图 6-12 区分 2 和 5 是线性可分的

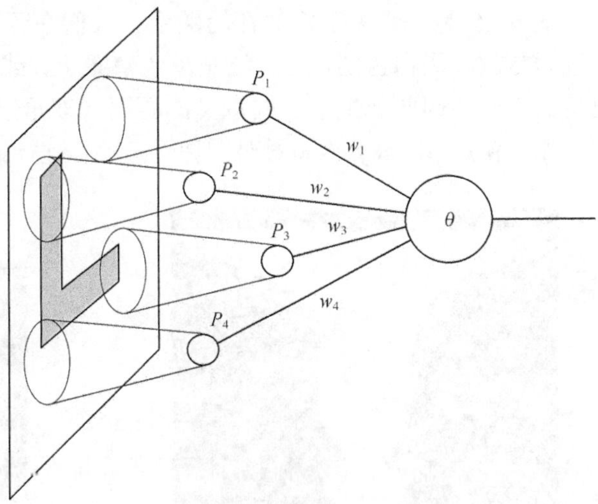

图 6-13 “局部感受野”的示意图

整体上看，Minsky 感知器将输入空间（类似于视网膜接收到的光刺激）以“局部感受野”的方式输入到感受野的“判断”神经元，并以二值信号输出到感知器模型的阈值判断中，从而实现图像识别。整个过程如图 6-14 所示。

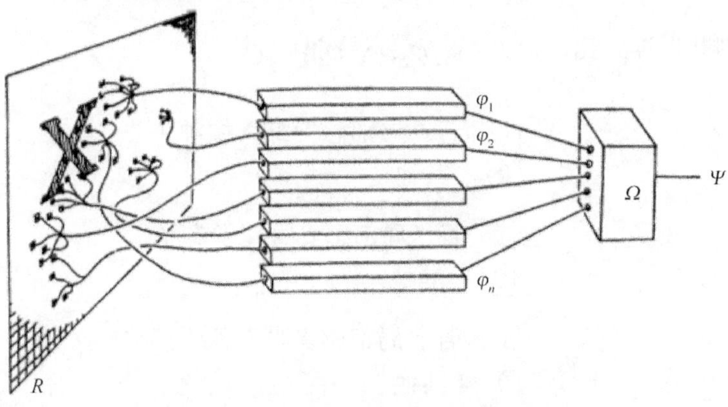

图 6-14 Minsky 感知器中模式识别过程的示意图

具体来看，预测神经元实质上将视网膜感受到的每个像素上的刺激输入到一个判断方程 φ 中，再将判断方程组 $\phi=\{\varphi_1,\varphi_2,\cdots,\ \varphi_i\}$ 作为神经元的输入信号，输入到感知器模型中。

$$\psi=\begin{cases}1 & 若\ w\varphi \geqslant \theta \\ 0 & 其他\end{cases}$$

6.1.5　从鲁宾杯角度理解局部感受野

本节通过鲁宾杯的例子进一步说明 Minsky 感知器的“认知”过程（见图 6-15）。

图 6-15 是一张关于鲁宾杯的图示。人们在画面看到的是人还是杯子，完全取决于他们的注意力是放在了白色图形上，还是黑色背景上，或者说放在了整体上还是局部上。由于观点和视角的不同，因此产生了不同意义的画面（双重意象）。

如果使用 Minsky 感知器对图像“人脸”进行识别。先来看左半边的人脸部分，见图 6-16。

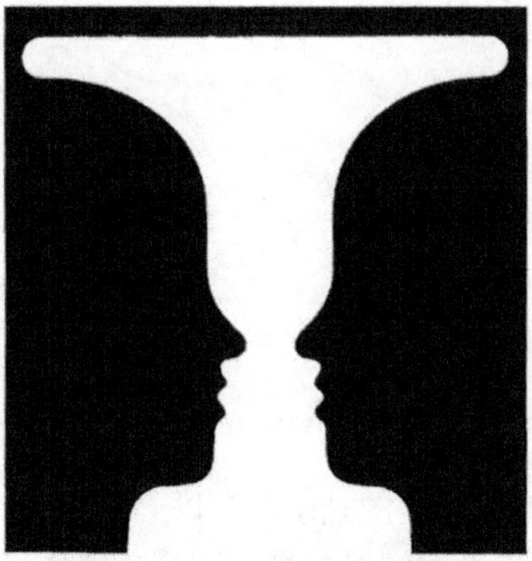

图 6-15　鲁宾杯的示意图

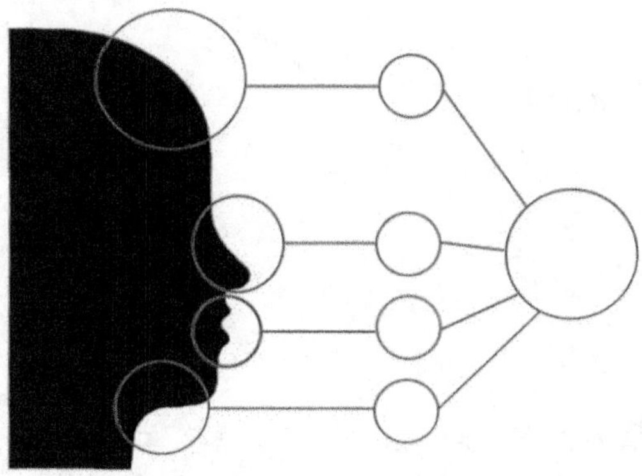

图 6-16　左边人脸部分的“局部感受野”示意图

首先假定人脸由 4 个“局部感受野”组成，分别是“额头”“鼻子”“嘴唇”和“下巴”，分别对应 4 个“判断”神经元，记为$\{\varphi_1,\varphi_2,\varphi_3,\varphi_4\}$：

$$\varphi_1=\begin{cases}1 & 若“局部感受野”像额头 \\ 0 & 其他\end{cases}$$

$$\varphi_2=\begin{cases}1 & 若“局部感受野”像鼻子 \\ 0 & 其他\end{cases}$$

$$\varphi_3=\begin{cases}1 & 若“局部感受野”像嘴唇 \\ 0 & 其他\end{cases}$$

$$\varphi_4=\begin{cases}1 & 若“局部感受野”像下巴 \\ 0 & 其他\end{cases}$$

再用一个判断神经元判别图像是否满足这 4 个条件：

$$\psi=\begin{cases}\text{人脸} & \text{若}\ \sum_{i=1}^{4}\varphi_i \geqslant 4 \\ \text{非人脸} & \text{其他}\end{cases}$$

再来看两个人脸相对而视的情形，如图 6-17 所示。

显然，当抹去原始图像的顶部和底部边缘部分，并不影响我们识别两个人脸，但不会注意到“杯子”的存在。

为了观察神经元的“局部感受野”对判别的影响，我们对“嘴唇”部分稍加修饰，消去类似“嘴唇”的特征，修改后如图 6-18 所示。

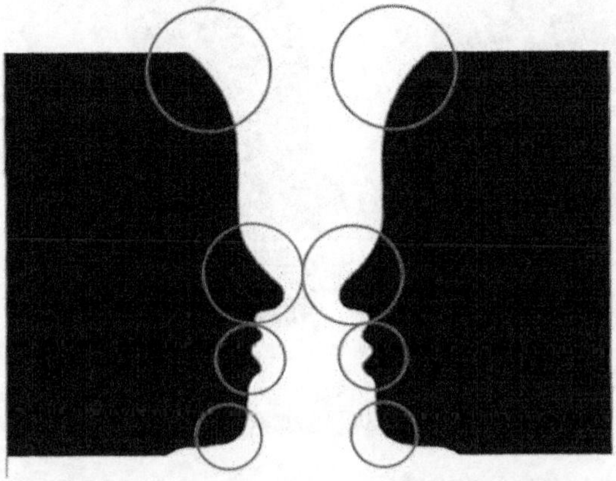

图 6-17 人脸部分“局部感受野”的示意图

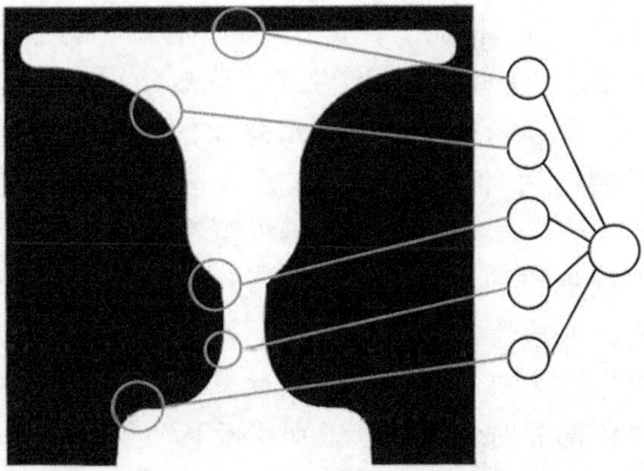

图 6-18 消除嘴唇特征后的“局部感受野”示意图

从图 6-16 中可以发现，修改后的图更像一个杯子，我们仍然使用 Minsky 感知器对模式“杯子”进行识别。可以假设杯子由 5 个“局部感受野”组成，分别是“杯口”“杯壁”“杯衬”“把手”和“底座”，分别对应 5 个“判断”神经元。

$$\varphi_1=\begin{cases}1 & \text{若“局部感受野”像杯口} \\ 0 & \text{其他}\end{cases}$$

$$\varphi_2=\begin{cases}1 & \text{若“局部感受野”像杯壁} \\ 0 & \text{其他}\end{cases}$$

$$\varphi_3=\begin{cases}1 & \text{若“局部感受野”像杯衬} \\ 0 & \text{其他}\end{cases}$$

$$\varphi_4=\begin{cases}1 & \text{若“局部感受野”像把手} \\ 0 & \text{其他}\end{cases}$$

$$\varphi_5=\begin{cases}1 & \text{若“局部感受野”像底座} \\ 0 & \text{其他}\end{cases}$$

再用一个判断神经元判别是否满足这 5 个条件：

$$\psi=\begin{cases}\text{杯子} & \text{若}\ \sum_{i=1}^{5}\varphi_i \geqslant 5\\ \text{非杯子} & \text{其他}\end{cases}$$

现在重新查看原始图像（见图 6-19）。可以发现，4 个“判断”神经元的“局部感受野”是重叠的，也就意味着这 4 个特征提取器既可以用于识别模式“人脸”，也可以用于识别“杯子”。当两个人脸相对而视时，用于组成两个人脸的“局部特征”组成了一个“杯子”的部分特征，也因此让我们产生了“认知”上的混乱。

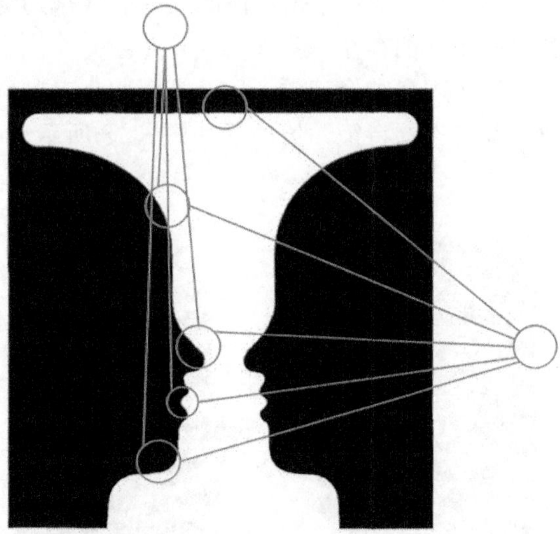

图 6-19　鲁宾杯“局部感受野”的示意图

可以猜想，造成双重意象的原因是：用于判断两种模式的感知器共享了局部感受野（注意，共享的局部感受野在不同的模式识别中扮演了不同的角色），当我们注意黑白交界边缘的黑色部分时，激活了识别“人脸”的感知器；当我们注意黑白交界边缘的白色部分时，激活了识别“杯子”的感知器。这揭示了感知器“局部感受野”的正确性，也暗示了人类视神经与 Minsky 感知器存在某种相似性。

6.1.6　单个感知器模式识别的局限性

前一节解释了基于 Minsky 感知器的模式识别。因为经典感知器无法解决“异或”问题，所以 Minsky 感知器也是如此。以判断图形是否连接为例，通过简单的论证来说明单个 Minsky 感知器无法解决“异或”问题。

如图 6-20 所示，图中的“A”“D”两个图形是不连接的，“B”“C”两个图形是连接的。Minsky 感知器由“局部感受野”神经元、“判断”神经元两部分组成。显然，此处判断图形是否“连接”，关键是通过图形最左侧和最右侧的两个“局部视野”决定。

如图 6-21 所示，可以将“局部视野”分为 3 类：group1 代表左侧的 3 个局部感受野；group2 代表右侧的 3 个局部感受野；group3 代表中间的局部感受野。对于 A、B、C、D 而言，group3 是完全一样的。

因此，Minsky 感知器的模式认知可以是这样的：

$$S=\sum_{P_i\in \text{group1}} w_{1i}P_i+\sum_{P_i\in \text{group2}} w_{1i}P_i+\sum_{P_i\in \text{group3}} w_{1i}P_i \geqslant \theta$$

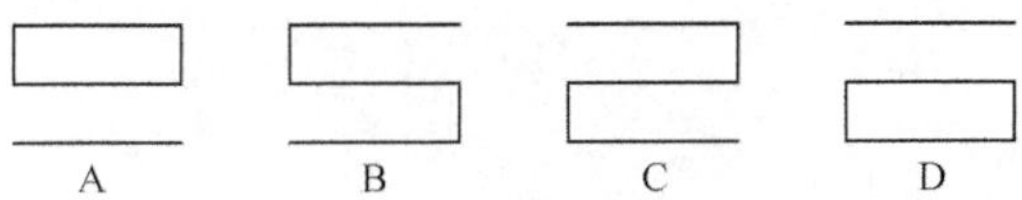

图 6-20 连接/不连接的图形

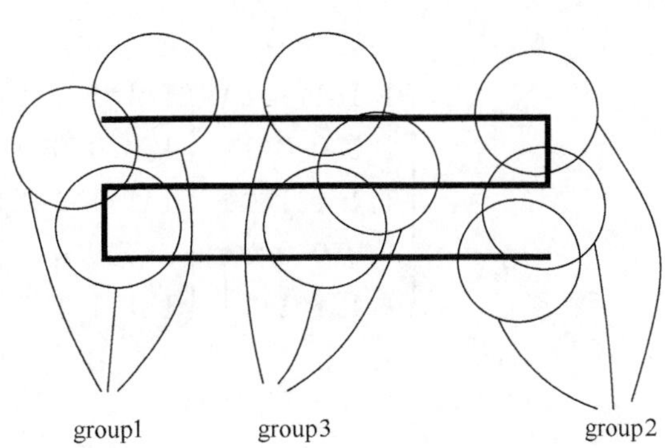

图 6-21 三类“局部感受野”

或者

$$S=\sum_{P_i\in \text{group1}} w_{1i}P_i+\sum_{P_i\in \text{group2}} w_{1i}P_i+\sum_{P_i\in \text{group3}} w_{1i}P_i-\theta\geqslant 0$$

用一个感知器判定图形是否连接：

$$\operatorname{sign}(S)=\begin{cases}\text{连接} & \text{若 } S\geqslant 0\\ \text{不连接} & \text{若 } S<0\end{cases}$$

然后做一个推理。

1）现在假设 A 判定不连接，可以得到 $S_A<0$。

2）然后将 A 转换到 B，B 是连接的。左边缘和中间是不变的，右边缘发生了改变，即 $\sum_{P_i\in \text{group2}} w_{1i}P_i$ 发生了改变，假设这个改变是 $\Delta_2 S$，因此可以得到 $S_A+\Delta_2 S\geqslant 0\Rightarrow \Delta_2 S\geqslant -S_A$。

3）然后再做一次，将 A 转换到 C，C 是连接的。右边缘和中间是不变的，左边缘发生了改变，$\sum_{P_i\in \text{group1}} w_{1i}P_i$ 发生了改变，假设这个改变的值是 $\Delta_1 S$，可以得到 $S_A+\Delta_1 S\geqslant 0\Rightarrow \Delta_1 S\geqslant -S_A$。

4）综合条件 2）、3）可以推得：$\Delta_1 S+\Delta_2 S\geqslant -2S_A$。

5）现在将 A 转换到 D，改变的是左边缘和右边缘，可以得到 $S_A+\Delta_1 S+\Delta_2 S$，根据条件 4）可以推得 $S_A+\Delta_1 S+\Delta_2 S\geqslant -2S_A$。

6）由于 $S_A<0$，因此 $S_D=S_A+\Delta_1 S+\Delta_2 S>0$。而 D 是不连接的，因此 $S_D<0$，出现了矛盾。因此，单个 Minsky 感知器不能判断图形“是否闭合”。

还可以将这个问题简化为一个“异或”问题，示意图如图 6-22 所示。

假设输入空间由一个 5×5 的视网膜空间组成，决定上述图形是否“连接”，主要依靠对左边缘和右边缘的两个像素“模式”进行判别，设定两个“局部感受野”的“判断”神经元：

$$\varphi_1=\begin{cases}1 & \text{若 } \boldsymbol{X}=[1,1,1,0,1]\\ 0 & \text{若 } \boldsymbol{X}=[1,0,1,1,1]\end{cases}$$

$$\varphi_2=\begin{cases}1 & \text{若 } \boldsymbol{X}=[1,1,1,0,1]\\ 0 & \text{若 } \boldsymbol{X}=[1,0,1,0,1]\end{cases}$$

$$
\underset{A}{\begin{pmatrix} 1&1&1&1&1\\ 1&0&0&0&1\\ 1&1&1&1&1\\ 0&0&0&0&0\\ 1&1&1&1&1 \end{pmatrix}}\quad
\underset{B}{\begin{pmatrix} 1&1&1&1&1\\ 1&0&0&0&0\\ 1&1&1&1&1\\ 0&0&0&0&1\\ 1&1&1&1&1 \end{pmatrix}}\quad
\underset{C}{\begin{pmatrix} 1&1&1&1&1\\ 0&0&0&0&1\\ 1&1&1&1&1\\ 1&0&0&0&0\\ 1&1&1&1&1 \end{pmatrix}}\quad
\underset{D}{\begin{pmatrix} 1&1&1&1&1\\ 0&0&0&0&0\\ 1&1&1&1&1\\ 1&0&0&0&1\\ 1&1&1&1&1 \end{pmatrix}}
$$

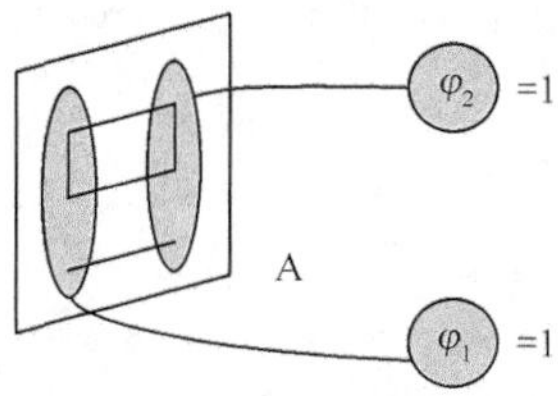

图 6-22　图形 A 的“局部感受野”判断结果

例如，对于图形 A，可以得到：

$$\varphi_1 = 1,\ \varphi_2 = 1$$

因此可以建立一个二维坐标图，横轴为 φ_1，纵轴为 φ_2，通过 Minsky 感知器局部感受野得到 A、B、C、D 的二维输出坐标，并标记到坐标图中。用×表示不连接的图形，用●表示连接的图形（见图 6-23）。

可以看出，这是一个“异或”问题，而一个感知器不能解决“异或”问题。

在这个例子中，将原始输入空间 5×5=25 维空间降低到 10 维空间，再利用两个“局部感受野”转化为一个二维空间分类问题。这一处理方法实质上借助感受野降低特征的维度，从而把一个无法表达的高维问题转变为一个可以直观理解的低维问题。这种特征降维的方法既有利于信息的可视化表达，也在深度神经网络的回归与分类中起着重要作用。

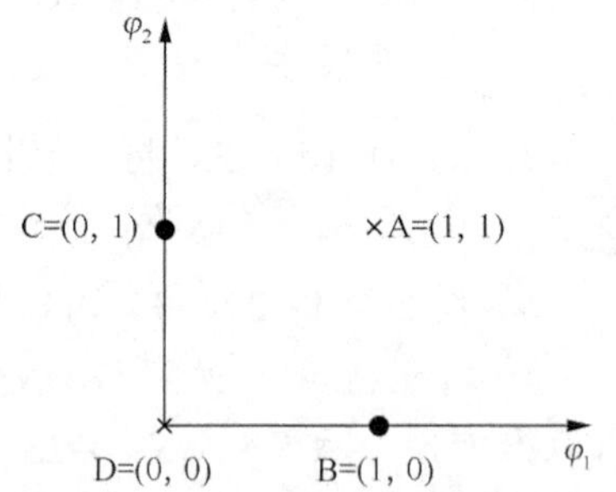

图 6-23　连接/不连接的图形的二维坐标图

6.1.7　多层感知器的模式识别

一个感知器不能识别图像是否“连接”的问题，我们可以将这个问题理解为一个“异或”问题。那么，是否可以用多层感知器来识别该类问题？

还使用上一节提到的 4 个图形的例子（见图 6-20）。由于 4 个图形都有上、中、下 3 条平行边，区别在于左边缘和右边缘，因此欲判断图中所示的图形是否“连接”，可以将问题转换为通过 4 类特征将 A、B、C、D 分为两类：连接的特征和不连接的特征，如下所示。

连接的特征：　　　　不连接的特征：

$$\begin{pmatrix}1&0&0&0&0\\1&0&0&0&0\\1&0&0&0&1\\0&0&0&0&1\\0&0&0&0&1\end{pmatrix}\begin{pmatrix}0&0&0&0&1\\0&0&0&0&1\\1&0&0&0&1\\1&0&0&0&0\\1&0&0&0&0\end{pmatrix}\quad\begin{pmatrix}1&0&0&0&1\\1&0&0&0&1\\1&0&0&0&1\\0&0&0&0&0\\0&0&0&0&0\end{pmatrix}\begin{pmatrix}0&0&0&0&0\\0&0&0&0&0\\1&0&0&0&1\\1&0&0&0&1\\1&0&0&0&1\end{pmatrix}$$

如果将图形视为 5×5 的像素矩阵，可以得到 4 个特征参数矩阵。

对于连接的特征，

$$\boldsymbol{w}_1^{[1]}=\begin{pmatrix}1&0&0&0&0\\1&0&0&0&0\\1&0&0&0&1\\0&0&0&0&1\\0&0&0&0&1\end{pmatrix}$$

$$\boldsymbol{w}_2^{[1]}=\begin{pmatrix}0&0&0&0&1\\0&0&0&0&1\\1&0&0&0&1\\1&0&0&0&0\\1&0&0&0&0\end{pmatrix}$$

对于不连接的特征，

$$\boldsymbol{w}_3^{[1]}=\begin{pmatrix}1&0&0&0&1\\1&0&0&0&1\\1&0&0&0&1\\0&0&0&0&0\\0&0&0&0&0\end{pmatrix}$$

$$\boldsymbol{w}_4^{[1]}=\begin{pmatrix}0&0&0&0&0\\0&0&0&0&0\\1&0&0&0&1\\1&0&0&0&1\\1&0&0&0&1\end{pmatrix}$$

例如，对于图形 B，将其视为一个输入空间：

$$\boldsymbol{x}=\begin{pmatrix}1&1&1&1&1\\1&0&0&0&0\\1&1&1&1&1\\0&0&0&0&1\\1&1&1&1&1\end{pmatrix}$$

用 4 个感知器分别对输入空间进行判别：

$$\boldsymbol{y}_i^{[1]}=\operatorname{sign}(\boldsymbol{w}_i^{[1]}\odot\boldsymbol{x})=\begin{cases}1 & 若\ \boldsymbol{w}_i^{[1]}\odot\boldsymbol{x}\geqslant 6\\0 & 若\ \boldsymbol{w}_i^{[1]}\odot\boldsymbol{x}<6\end{cases}$$

这里字母中的上标代表第 i 层神经元。

可以由此得到一个四维向量：$\boldsymbol{y}^{[1]}=\left[\boldsymbol{y}_1^{[1]},\boldsymbol{y}_2^{[1]},\boldsymbol{y}_3^{[1]},\boldsymbol{y}_4^{[1]}\right]$，再将这个向量输入感知器进行判别：

$$\boldsymbol{y}^{[2]}=\operatorname{sign}(\boldsymbol{w}_i^{[2]}\boldsymbol{y}_i^{[1]})=\begin{cases}1 & 若\ \boldsymbol{w}_i^{[2]}\boldsymbol{y}_i^{[1]}\geqslant 1\\0 & 若\ \boldsymbol{w}_i^{[2]}\boldsymbol{y}_i^{[1]}<1\end{cases}$$

$$\boldsymbol{w}_i^{[2]}=[1,1,-1,-1]$$

从图 6-24 中可以看出，当输入为 B 时，其隐层输出为 $\boldsymbol{y}_{\mathrm{B}}^{[1]}=[1,0,0,0]$。同理，对于另外 A、C、D 三种不同的输入，分别可以得到隐层输出向量：$\boldsymbol{y}_{\mathrm{A}}^{[1]}=[0,0,1,0]$、$\boldsymbol{y}_{\mathrm{C}}^{[1]}=[0,1,0,0]$ 和 $\boldsymbol{y}_{\mathrm{D}}^{[1]}=[0,0,0,1]$。这样就可以很容易地用感知器对 A、B、C、D 进行分类了。

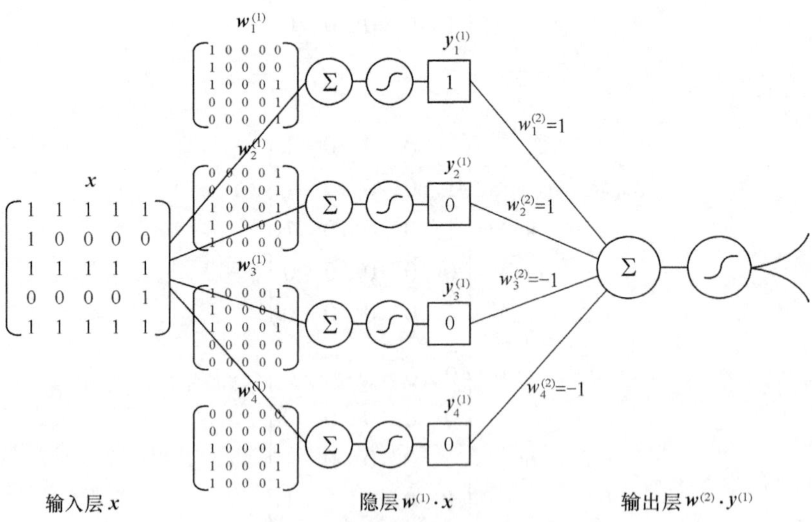

图 6-24　感知器判别过程示意图

将 Minsky 感知器的知识与第 4 章的知识关联起来，可以发现：多层 Minsky 感知器在处理这类高维度图像分类问题时，实质上也是一个人工神经网络。其次，由于“局部感受野”的原因，位于中间的像素并未参与到特征判断中，也就是“未被激活”，因此这个人工神经网络可以不是全连接的，如图 6-25 所示。

由输入层的 25 个神经元向隐层的 4 个神经元的连接数为 (5×4)×2=40，而全连接的连接数是 25×4=100，已经减少了很多参数。

这种更精简的结构（在拓扑意义上）使得神经网络变得容易训练，且对理解本章的主题“卷积神经网络”有重要意义。

现在深究一下隐层的含义。通过回溯图像，可以发现隐层向量 $\boldsymbol{y}^{[1]}$其实是 4 种特征的隐含表达，可以基于这个隐层向量重建原始图像特征（见图 6-26）。

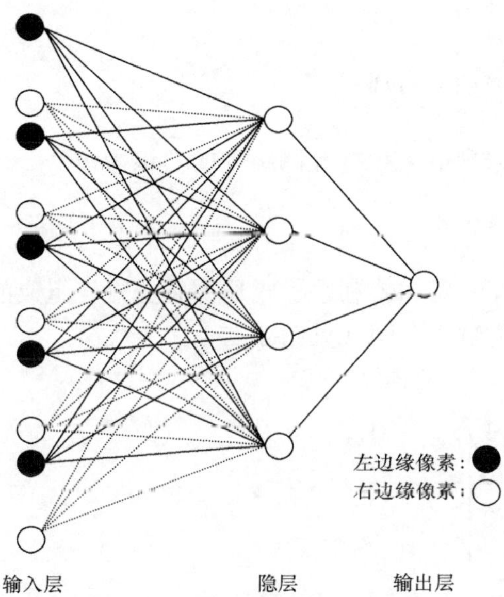

图 6-25 非全连接的人工神经网络

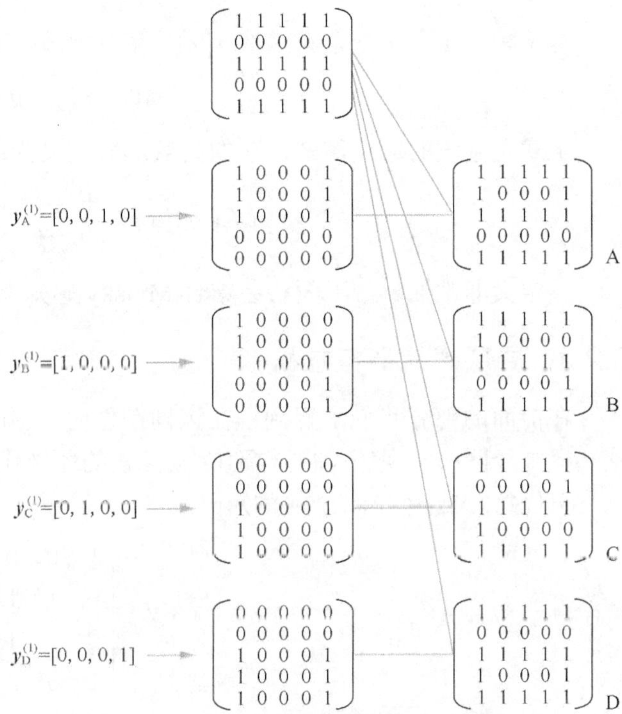

图 6-26 根据隐层向量重建原始图像特征

由于 4 幅图像的上、中、下 3 条线是相同的，因此如果在隐层输出向量中增加这一特征（尽管对于判断分类并无帮助）：

$$\begin{pmatrix} 1 & 1 & 1 & 1 & 1 \\ 0 & 0 & 0 & 0 & 0 \\ 1 & 1 & 1 & 1 & 1 \\ 0 & 0 & 0 & 0 & 0 \\ 1 & 1 & 1 & 1 & 1 \end{pmatrix}$$

则可以逆向重建原始图像。

这一方法将在后面的章节中再次用到。

6.2 卷积操作

6.2.1 卷积的数学定义

在正式介绍卷积神经网络之前，需要先介绍卷积操作（convolutional operating）。

卷积（卷积分）的定义：存在两个可积函数 $f(x)$、$g(x)$，做积分：

$$\int_{-\infty}^{+\infty} f(\tau)g(x-\tau)\mathrm{d}x$$

这个积分定义了一个新函数 $h(x)$，称为函数 $f(x)$ 与 $g(x)$ 的卷积，记为

$$h(x)=(f*g)(x)$$

上式是卷积的连续形式，它的离散形式定义为：

$$(f*g)(x)=\frac{1}{M}\sum_{m=0}^{M-1} f(m)g(x-m)$$

该定义非常抽象，下面将会结合 Minsky 感知器来理解卷积神经网络中的卷积操作。

6.2.2 局部感受野与卷积

在前面的部分我们了解到，在识别图像时，Minsky 感知器利用了“局部感受野”组成的感知器神经网络。现假设将一幅 4×4 像素的图像作为输入空间（见图 6-27）。

可以将它视为一个 4×4 的矩阵：

$$\boldsymbol{X}=\begin{pmatrix}1&0&0&1\\0&1&1&0\\0&1&1&0\\1&0&0&1\end{pmatrix}$$

该矩阵类似于图形“X”，如果用 Minsky 感知器对它进行识别，首先将这个图形分割成 4 个 2×2 的“局部感受野”，并将它们转移到一个向量空间中（见图 6-28）。

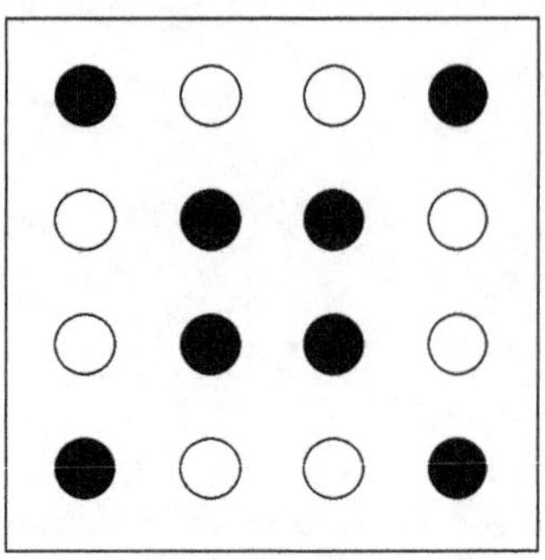

图 6-27　4×4 像素的图像

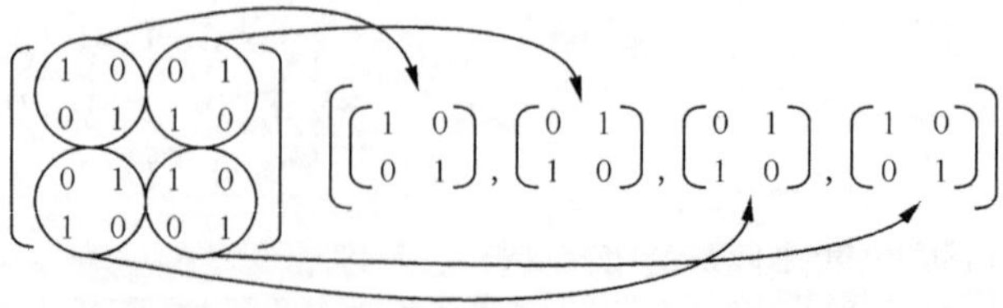

图 6-28　划分“局部感受野”并构建向量空间

现在，将这个向量中的 4 个元素看成 4 个函数，用 $\boldsymbol{f}(x)$ 表示它们：

$$\left[\begin{bmatrix}1 & 0\\0 & 1\end{bmatrix},\begin{bmatrix}0 & 1\\1 & 0\end{bmatrix},\begin{bmatrix}0 & 1\\1 & 0\end{bmatrix},\begin{bmatrix}1 & 0\\0 & 1\end{bmatrix}\right]$$

$$\Updownarrow$$

$$f(x)=[f(0),\ f(1),\ f(2),\ f(3)]$$

现在定义 $\boldsymbol{g}(x)$为一个 2×2 的特征矩阵（它的大小和局部感受野一样）：

$$\boldsymbol{g}(x)=\begin{pmatrix}1 & 0\\0 & 1\end{pmatrix}$$

我们再来看离散卷积的展开：

$$(f*g)(x)=\frac{1}{M}\sum_{m=0}^{M-1}f(m)g(x-m)$$
$$=\frac{1}{M}\left[f(0)g(x-0)+f(1)g(x-1)+f(2)g(x-2)+f(3)g(x-3)\right]$$

先忽略 $\frac{1}{M}$ 的部分，首先可以发现所谓的卷积 $(f*g)(x)$，就是特征矩阵 $\boldsymbol{g}(x)$ 在输入空间矩阵向量 $\boldsymbol{f}(x)$ 上对每个“局部感受野”的矩阵点乘，并最终得到一个新的函数分布 $h(x)$。为了方便理解，可以假设特征矩阵是一块方板，然后从第一个“局部感受野”滑向最后一个“局部感受野”（由于是离散的，因此精确地说是跳跃了 3 次）（见图 6-29）。

$$h(x)=f(0)\,g(x)+f(1)\,g(x-1)+f(2)\,g(x-2)+f(3)\,g(x-3)$$

假设存在一个函数 $g(x)=x$，如图 6-30 所示。根据 $g(x)$ 的直线平移规律可以发现，$g(x-1)$ 就是让整条直线顺着 x 轴正值的方向平移距离 1，对于一个常量 m，$g(x-m)$ 就代表了整体平移距离 m（见图 6-31）。

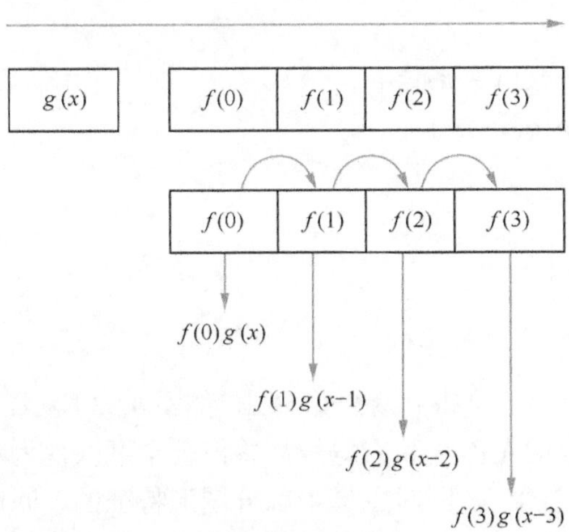

图 6-29 特征矩阵跳跃 3 次得到输出结果

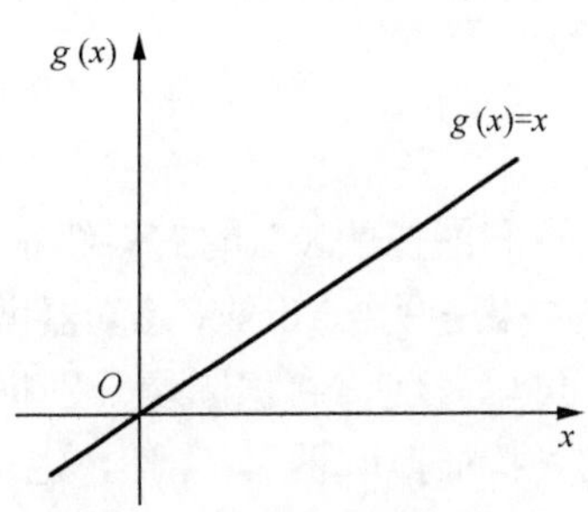

图 6-30 函数 $g(x)=x$

所以在上式中，第一步，$g(x-0)$（即 $g(x)$）整体向右平移 0，和 $f(0)$ 重叠，点乘得到 $f(0)\cdot g(x)$。第二步，$g(x-1)$ 整体向右平移 1，和 $f(1)$ 重叠，点乘得到 $f(1)\cdot g(x-1)$。第三步，$g(x-2)$ 整体向右平移 2，和 $f(2)$ 重叠，点乘得到 $f(2)\cdot g(x-2)$。第四步，$g(x-3)$ 整体向右平移 3，和 $f(x)$ 重叠，点乘得到 $f(3)\cdot g(x-3)$。

显然，可以将得到的函数分布转换回一个 4×4 的图像，如图 6-32 所示。

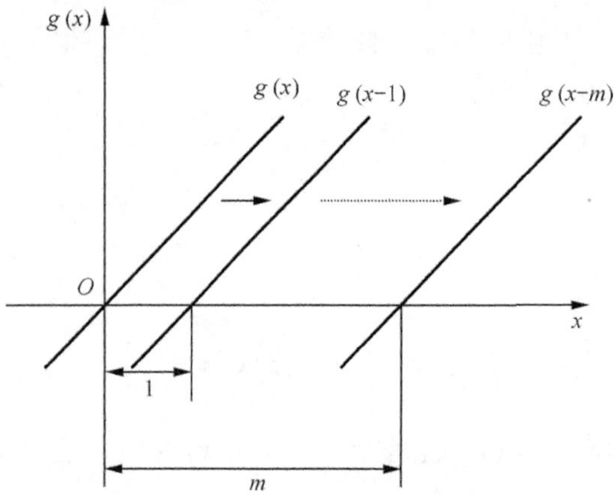

图 6-31　$g(x-m)$ 代表整体平移距离 m

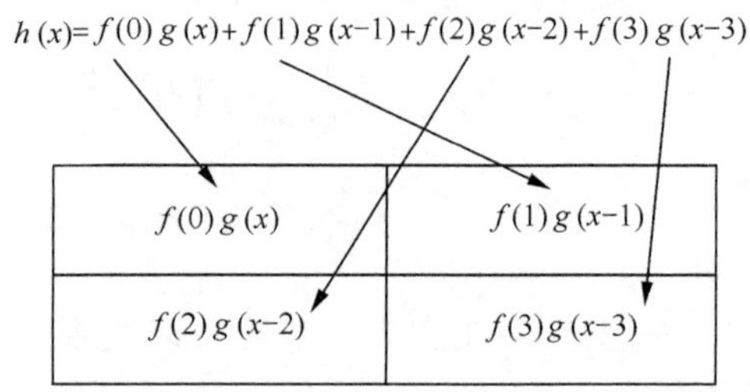

图 6-32　把函数分布转换回图像

6.2.3　卷积操作的用途

在刚才识别图像"X"的例子中，我们使用了一个特征矩阵：

$$\boldsymbol{g}(x)=\begin{pmatrix}1 & 0\\ 0 & 1\end{pmatrix}$$

假设在一个 Minsky 感知器中使用卷积操作，将卷积产生的结果 $f(m)g(x-m)$ 送入感知器的阈值判断函数，假设它是：

$$\operatorname{sign}(\cdot)=\begin{cases}1 & 若\ f(m)g(x-m)\geqslant 1\\ 0 & 若\ f(m)g(x-m)<1\end{cases}$$

可以得到 Minsky 感知器的卷积特征映射矩阵：

$$\begin{pmatrix}1 & 0\\ 0 & 1\end{pmatrix}$$

这和图像"X"的右斜线很像。

如果用两个 Minsky 感知器做两个特征的卷积计算，会得到两个卷积图，如图 6-33 所示。

可以发现，卷积图像分别提取了图像"X"中的左斜线和右斜线，卷积操作可以视为对图像的"特征提取器"。当然，也可以将之称为"滤波器"，即对图像中部分图形特征的"滤波"。

如果使用不同的特征提取矩阵，也就是使用不同的 $g(x)$ 对原始图像进行卷积操作，会得到不同的结果。

例如，在边缘检测中，当使用以下矩阵作为特征提取矩阵对图像的“局部感受野”进行卷积操作时

$$w = g(x) = \begin{pmatrix} -1 & -1 & -1 \\ -1 & 8 & -1 \\ -1 & -1 & -1 \end{pmatrix}$$

可以将图像的边缘提取出来（见图 6-34）。

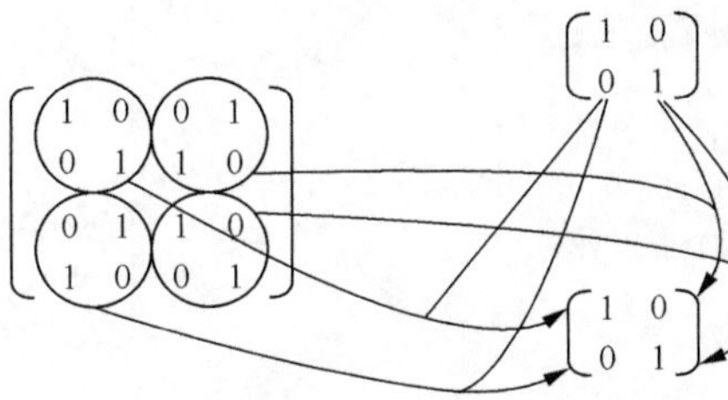

图 6-33　卷积图

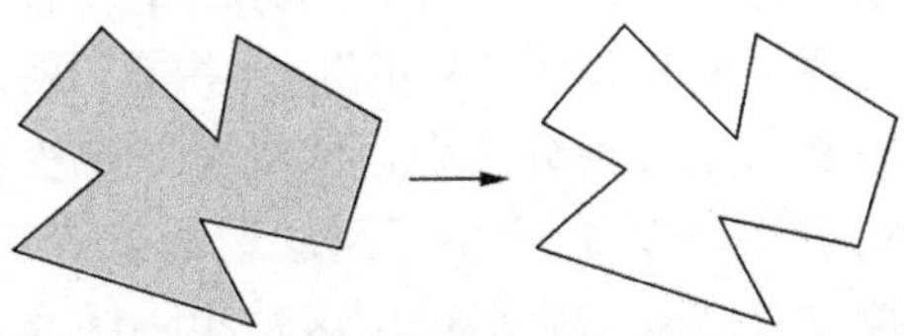

图 6-34　提取边缘示意图

事实上，这个特征提取矩阵是将所有“全白”和“全黑”的局部视野消去，只对不全为黑和白的局部感受野（边缘）激活。

$$\begin{pmatrix} 1 & 1 & 1 \\ 1 & 1 & 1 \\ 1 & 1 & 1 \end{pmatrix} \odot \begin{pmatrix} -1 & -1 & -1 \\ -1 & 8 & -1 \\ -1 & -1 & -1 \end{pmatrix} = 0$$

$$\begin{pmatrix} 0 & 0 & 0 \\ 0 & 0 & 0 \\ 0 & 0 & 0 \end{pmatrix} \odot \begin{pmatrix} -1 & -1 & -1 \\ -1 & 8 & -1 \\ -1 & -1 & -1 \end{pmatrix} = 0$$

$$\text{其他情况为} \odot \begin{pmatrix} -1 & -1 & -1 \\ -1 & 8 & -1 \\ -1 & -1 & -1 \end{pmatrix} = 1$$

$$\text{sign}(\cdot) = \begin{cases} 1 & \text{若 } \boldsymbol{X} \odot \boldsymbol{w} \geqslant 0.5 \\ 0 & \text{若 } \boldsymbol{X} \odot \boldsymbol{w} < 0.5 \end{cases}$$

通过对局部感受野的卷积操作，得到的卷积图像就是一个图像的边缘特征。

6.3　卷积神经网络的结构

本章的上半部分详述了以 Minsky 感知器为基础的卷积操作。下半部分将会把卷积与人工神经网络结合起来，深入介绍卷积神经网络的结构和特点。

6.3.1 卷积操作中局部感受野的跨度

Minsky 感知器的特点在于使用了“局部感受野”这一概念，而感受野可以是相互交叠的。

结合前文的知识我们知道，卷积操作实质上的过程如下：将感知器预测神经元参数组成的特征矩阵 $\boldsymbol{w}$ 视为一个分布函数 $g(x)$，通过函数的位移 $g(x-m)$ 与输入空间转换后得到的“局部感受野”所组成的矩阵函数 $\boldsymbol{f}(x)$（可以视为一个滤波器）分别做点乘，从而得到一个卷积矩阵函数 $\boldsymbol{h}(x)$，再将它们重新转换为一个矩阵。

那么，以一个 $\boldsymbol{X}_{i,j}=5\times5$ 像素的图像作为输入空间，假设特征矩阵为 $\boldsymbol{W}_{i,j}=3\times3$，显然，有两种“局部感受野”的分法（见图 6-35）。

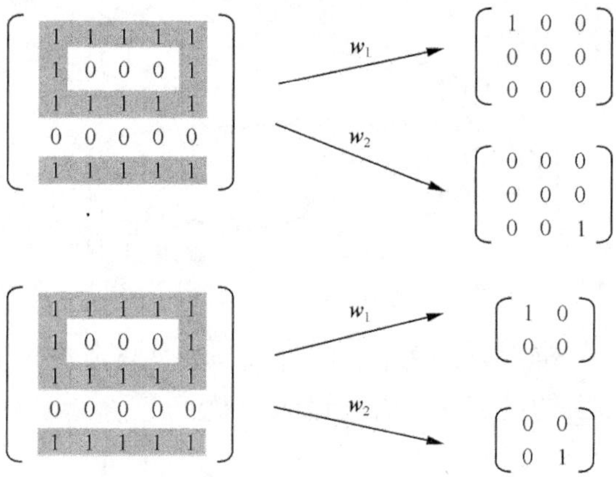

图 6-35 两种“局部感受野”的方法

第一种“局部感受野”的分法中，感受野与感受野之间相隔了“两步”，产生了一层边的像素交叠。第二种分法中，感受野与感受野之间相隔了“一步”，产生了两层边的像素交叠，用跨度（Strike，S）来定义这种相隔距离（或者交叠程度）。

如果将输入空间的像素尺寸定义为 $W_1\times H_1$（Width, W; Height, H，特征矩阵定义为 $F\times F$，跨度定义为 S，卷积操作后得到的图像像素尺寸定义为 $W_2\times H_2$，可以利用公式，计算得到卷积后的图像尺寸。

$$W_2=(W_1-F)/S+1 \quad H_2=(H_1-F)/S+1$$

对于上面用到的例子来说，用两个特征矩阵对图像进行卷积：

$$\boldsymbol{W}_1=\begin{pmatrix}1&0&0\\1&0&0\\1&0&0\end{pmatrix}$$

$$\boldsymbol{W}_2=\begin{pmatrix}0&0&1\\0&0&1\\0&0&1\end{pmatrix}$$

若 S=1，将原始空间分割成 9 个“局部感受野”，每个“局部感受野”与滤波器特征矩阵点乘（卷积操作），把每个点乘结果送入感知器 $\operatorname{sign}(\cdot)$ 激活函数：

$$f(\cdot)=\operatorname{sign}\left(\sum_{i,j=1}^{3}W_{1,i,j}x_{i,j}\right)=\begin{cases}1 & 若 \sum_{i,j=1}^{3}W_{1,i,j}x_{i,j}\geqslant 3\\ 0 & 若 \sum_{i,j=1}^{3}W_{1,i,j}x_{i,j}<3\end{cases}$$

将得到两个 3×3 的特征映射矩阵：

$$\begin{pmatrix}1 & 0 & 0\\0 & 0 & 0\\0 & 0 & 0\end{pmatrix}$$

$$\begin{pmatrix}0 & 0 & 1\\0 & 0 & 0\\0 & 0 & 0\end{pmatrix}$$

若以 S=2 做卷积图像，将得到两个 2×2 的特征映射矩阵：

$$\begin{pmatrix}1 & 0\\0 & 0\end{pmatrix}$$

$$\begin{pmatrix}0 & 1\\0 & 0\end{pmatrix}$$

通过比较可以发现：卷积操作后产生的特征图，即卷积特征映射图将原始图像的特征反映出了，即左边缘有一个连接，右边缘有一个连接。

将 1 着色、0 不着色，如图 6-36 所示。

在卷积特征映射图中看到的是通过卷积操作并输入激活函数以后所“提取”的图像特征。

再来看另一方面。如果跨度 S 更大，即“局部感受野”数量更少，也就意味着在特征识别时更加“模糊”，也更“抽象”，但可能漏掉某些特征。

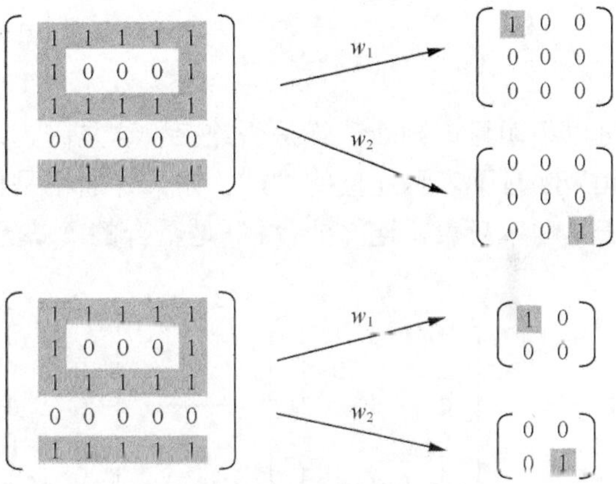

图 6-36　着色后的卷积特征映射图

例如，对原始空间做一下改动，将左边缘的连接向右移动一格：

$$\boldsymbol{X}' = \begin{pmatrix}1 & 1 & 1 & 1 & 1\\0 & 1 & 0 & 0 & 1\\1 & 1 & 1 & 1 & 1\\0 & 0 & 0 & 0 & 0\\1 & 1 & 1 & 1 & 1\end{pmatrix}$$

用左边缘的两个特征滤波器得到的卷积映射矩阵分别为

$$\begin{pmatrix}1 & 0 & 0\\0 & 0 & 0\\0 & 0 & 0\end{pmatrix}$$

$$\begin{pmatrix} 0 & 0 \\ 0 & 0 \end{pmatrix}$$

跨度 S 变为 2 后，由于“局部感受野”没有“看到”这部分，特征也就漏过了。

6.3.2　白边

在卷积神经网络中，有时候会将输入空间的矩阵外面一圈再加上一个白边，白边的宽度记为 zero-padding，如图 6-37 所示。

假设定义这个白边为 P，那么可以更新卷积映射图尺寸公式：

$$W_2=(W_1-F+2P)/S+1 \qquad H_2=(H_1-F+2P)/S+1$$

这样的好处是多方面的。观察矩阵：

$$\boldsymbol{X}=\begin{pmatrix} 1 & 1 & 1 & 1 & 1 \\ 1 & 0 & 0 & 0 & 1 \\ 1 & 1 & 1 & 1 & 1 \\ 0 & 0 & 0 & 0 & 0 \\ 1 & 1 & 1 & 1 & 1 \end{pmatrix}$$

可以很明显地判断边缘是否连接，这是因为这个矩阵（或者图像）外面是白边，而表示白边的“0”映衬了表示连接的“1”。如果外面不是白边而是黑边，如图 6-38 所示，则需要添加“1”，于是与本身表示连接的“1”是重合的，就无法判断原矩阵（或者原图）是否连接。

$$\begin{pmatrix} 1 & 1 & 1 & 1 & 1 \\ 1 & 0 & 0 & 0 & 1 \\ 1 & 1 & 1 & 1 & 1 \\ 0 & 0 & 0 & 0 & 0 \\ 1 & 1 & 1 & 1 & 1 \end{pmatrix} \longrightarrow \begin{pmatrix} 0 & 0 & 0 & 0 & 0 & 0 & 0 \\ 0 & 1 & 1 & 1 & 1 & 1 & 0 \\ 0 & 1 & 0 & 0 & 0 & 1 & 0 \\ 0 & 1 & 1 & 1 & 1 & 1 & 0 \\ 0 & 0 & 0 & 0 & 0 & 0 & 0 \\ 0 & 1 & 1 & 1 & 1 & 1 & 0 \\ 0 & 0 & 0 & 0 & 0 & 0 & 0 \end{pmatrix}$$

图 6-37　为输入矩阵加入白边

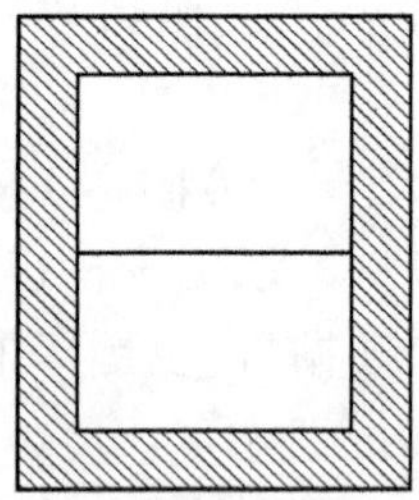

图 6-38　为输入矩阵加入黑边

因此，加入白边可以将属于图像边框上的特征放到图像的里面，这样就不需要单独考虑边框对图像的影响了。

例如，处理以下输入图像矩阵：

$$\boldsymbol{X}=\begin{pmatrix} 0 & 0 & 0 & 0 & 0 & 0 & 0 \\ 0 & 1 & 1 & 1 & 1 & 1 & 0 \\ 0 & 1 & 0 & 0 & 0 & 1 & 0 \\ 0 & 1 & 1 & 1 & 1 & 1 & 0 \\ 0 & 0 & 0 & 0 & 0 & 0 & 0 \\ 0 & 1 & 1 & 1 & 1 & 1 & 0 \\ 0 & 0 & 0 & 0 & 0 & 0 & 0 \end{pmatrix}$$

要判断是否连接，只需要一个特征矩阵：

$$\begin{pmatrix} 0 & 1 & 0 \\ 0 & 1 & 0 \\ 0 & 1 & 0 \end{pmatrix}$$

因为两个原本是边的特征不再是边。

卷积操作中，由于“局部感受野”产生一定的跨步，导致输出卷积特征图像中的尺寸变小，这会破坏原始图片的空间结构。而加入白边后，可以保留一部分结构，例如，输入空间为 $X=5\times5$ 像素的图像，假定跨度 S=1，局部视野为 $F=3\times3$，那么卷积后的图像尺寸为 $\frac{(5-3)}{1}+1=3$，即 3×3。加入白边后结果变为 $\frac{(5-3+1\times2)}{1}+1=5$，图像尺寸不变，这反映在特征提取上（见图 6-39）。这相当于把原图像的两个连接点找出来了，且保存了特征的空间位置。

$$\begin{pmatrix} 0&0&0&0&0&0&0 \\ 0&1&1&1&1&1&0 \\ 0&1&0&0&0&1&0 \\ 0&1&1&1&1&1&0 \\ 0&0&0&0&0&0&0 \\ 0&1&1&1&1&1&0 \\ 0&0&0&0&0&0&0 \end{pmatrix} \xrightarrow{\begin{bmatrix} 0&1&0 \\ 0&1&0 \\ 0&1&0 \end{bmatrix}} \begin{pmatrix} 0&0&0&0&0 \\ 1&0&0&0&1 \\ 0&0&0&0&0 \\ 0&0&0&0&0 \\ 0&0&0&0&0 \end{pmatrix}$$

图 6-39 卷积过程

如果想要提取的特征在图像靠近中间的位置，那么处于边缘位置的特征就不重要了，因此卷积神经网络中的白边处理不是必需的。

6.3.3 池化操作

在卷积神经网络结构中，还有一个池化操作（pooling）产生的池化层是需要注意的。所谓池化操作，就是将输入像素空间等比例缩小。卷积特征映射图可以视为一个隐层。其每个像素代表一个隐层神经元。池化可以显著降低隐层神经元的个数，从而降低模型的规模（见图 6-40）。

池化操作有很多种，常用的有最大池化（max-pooling）、平均池化（mean-pooling）等。以最大池化为例，假设有一个 4×4 的卷积特征映射图，将其分为 4 个 2×2 的区域，保留每个区域的最大值，从而使卷积特征映射图缩小为 2×2 的池化图（见图 6-41）。而平均池化则保留每个 2×2 区域的平均值。

如果以上一节使用的 A、B、C、D 四个图形分类为例子，通过卷积和重叠池化，以 $S=1$，白边宽度为 1 进行卷积操作，可以仅利用 4 个隐层神经元的输出结果完成分类（见图 6-42）。

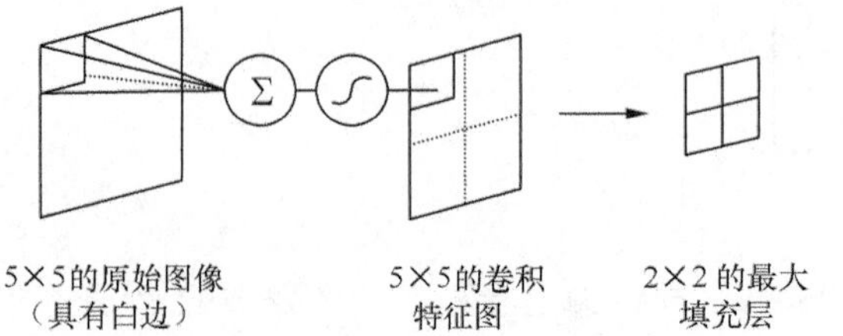

图 6-40　卷积、池化示意图

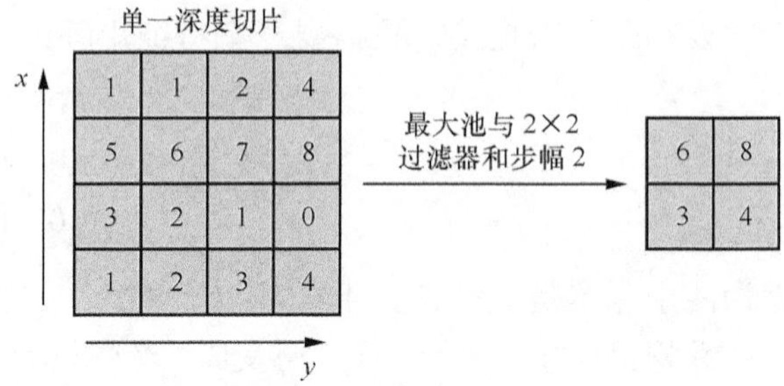

图 6-41　池化示意图

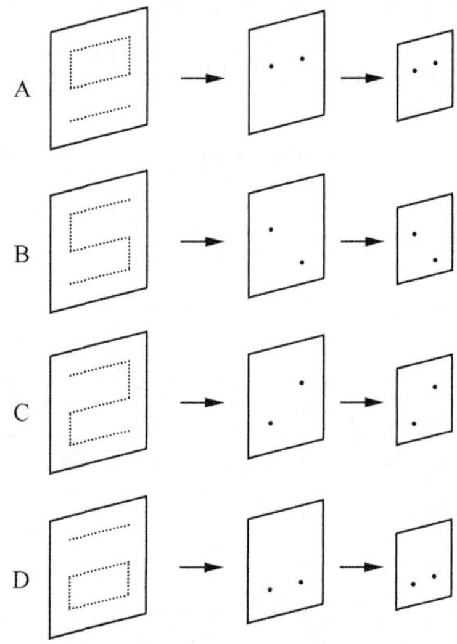

图 6-42　利用卷积和池化进行分类

输入空间是 5×5 的矩阵，经过卷积神经网络，得到 5×5 的特征映射图，由于“局部感受野”和参数共享，参数个数为 3×3+1，再由池化操作得到 2×2 的输出特征映射图，这样就可以通过 4 个隐层神经元的输出来表达 A、B、C、D，从而实现分类。

相比较而言，如果采用全连接隐层和输出，将会得到 25×25+25×4=725 个参数，这样的模型由于表示能力非常强，因此非常容易过拟合。过拟合将会在后面的章节中加以讨论。

6.3.4　卷积神经网络的层级结构

卷积神经网络是逐层展开的。卷积层通过“局部感受野”对原始图像的卷积操作，形成卷积特征映射层（实质上是一个隐层）；池化操作将特征映射层缩减一半，产生了池化层，减少了特征映射层的隐层神经元数量；下一个卷积层以上一个池化层为输入，形成新的卷积特征映射层，进一步实现特征提取，实质上也是形成了一个隐层。按照此种模式，可以将其视为一个金字塔结构（见图 6-43）。

例如，对于一个 5×5 像素的图像输入而言（见图 6-44）。

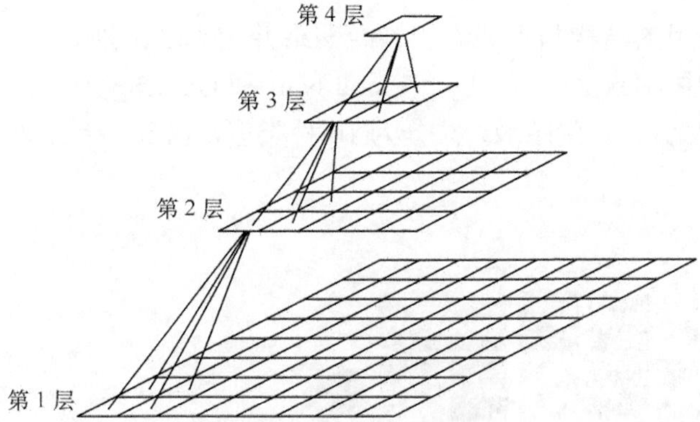

图 6-43 卷积神经网络的层级结构

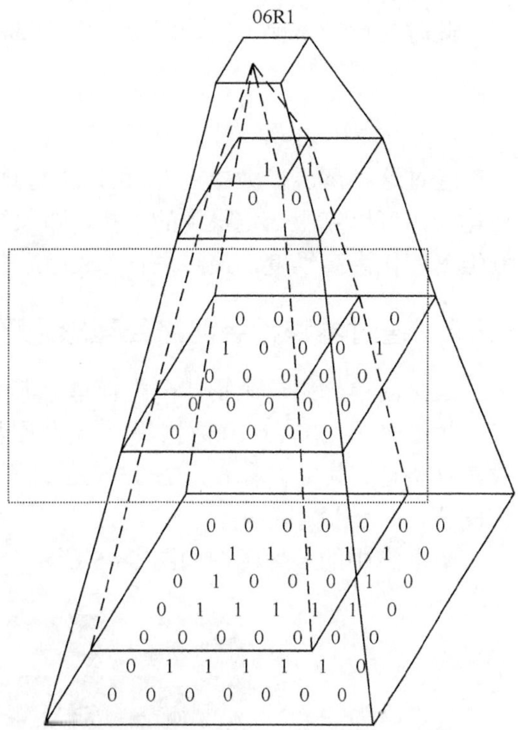

图 6-44 输入为 5×5 时的层级结构

从底层往顶层看：第一层，5×5 的图像（Input Layer）通过零填充操作扩展为 7×7，再通过特征矩阵卷积，得到第二层（卷积层）的 5×5 的卷积特征映射图；最大池化操作将 5×5 的卷积特征映射图缩小到第三层（池化层）的 2×2 大小，提取了卷积特征，产生了一个四维隐层向量；最后一层全连接层（即 Logistic 回归或 Softmax 回归）以这个四维隐层向量作为输入，输出一个分类判断（如 0 或 1，或者属于一个分类的 sigmoid 函数概率），完成一个复杂的模式识别。

从顶层往底层看，输出层中的某个值对应了池化层中的某个参数，对应了卷积层中的某个局部感受野，也对应了输入层中更大的局部感受野，如图 6-44 中虚线框处的区域所示。局部感受野通过池化操作将视野扩大了，顶层的所有输出对应了底层的“整个视野”，相当于观看了整个图像。

可以由此得出结论：第一个隐层（也就是第一个卷积层）对图像的基本特征进行提取，在这个例子中体现为一条连接的直线：

$$\begin{pmatrix} 0 & 1 & 0 \\ 0 & 1 & 0 \\ 0 & 1 & 0 \end{pmatrix}$$

池化层扩大了上一层向下一层的视野，从而使神经视野更加开阔了。

此时的特征体现了原始图像更大区域的一个特征，即

$$\begin{pmatrix} 1 & 1 \\ 0 & 0 \end{pmatrix}$$

通过这种逐层扩大的视野，可以很好地分离局部特征，并在局部特征之上提取大范围特征。池化操作可以克服一定噪声的干扰，即保持了模型的鲁棒性。经过必要的特征提取，将特征从低维度转化为高维度，最终进行 Logistic 分类回归。

6.3.5　通过卷积神经网络处理彩色图像的模型

这里简单介绍一个物体分类模型，其采用的结构与上述卷积神经网络并无本质区别。

模型采用 CIFAR-10 数据集，该数据集由 Alex Krizhevsky、Vinod Nair 和 Geoffrey Hinton 收集并整理，其中含有 6 万幅 32×32 像素大小的彩色图像，共分为 10 种类型，包含 5 万张训练图片、1 万张测试图片。

数据集中的图像示例如图 6-45 所示。

图 6-45　CIFAR-10 数据集中的图像示例

图 6-45 共有 10 行，从第一行到最后一行依次是 10 种类别的物体，每一行代表了不同的分类，例如第一行是飞机，第二行是汽车等。

在 CIFAR-10 数据集中，每幅图像的尺寸均为 32×32 像素，因此可以用一个矩阵表示。所有图像均是彩色的，每幅图像由 3 个颜色通道（RGB，红、绿、蓝）合并而成，也就是说，每幅图像实际上由红、绿、蓝 3 张 32×32 像素的图片合并而成。每个颜色通道组成的像素矩

阵数值为[0, 255]，即 256 个颜色单位。图 6-46 所示是 RGB 的调色盘的简图。

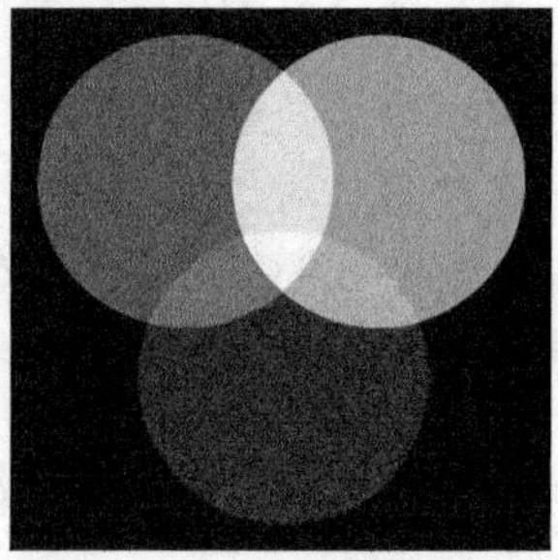

图 6-46 RGB 调色盘的简图

对图 6-45 进行卷积神经网络处理的过程如下。

- 输入层

输入层包含 3 个颜色通道的 32×32 像素的图片，它可以看成 32×32×3（长、宽、深）的长方体，也可以分散成 3 个通道的图像矩阵。对 RGB 图像进行卷积操作的过程如图 6-47 所示。

图片中的每个像素代表一个维度的输入值，因此输入空间的维数是 32×32×3=3072。

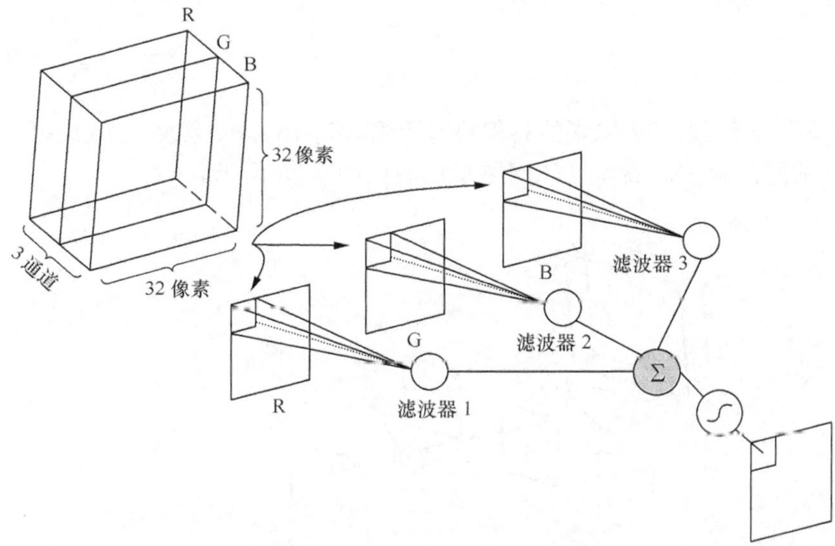

图 6-47 对 RGB 图像进行卷积操作的过程

- 卷积层

卷积层通过“局部感受野”对前一层图像的卷积操作而得到，卷积操作受“局部感受野”尺寸、跨度、白边的影响。我们把“局部感受野”和特征矩阵的尺寸设为 3×3，每幅图像具有 RGB 三种颜色，对应了 3 个通道，每个通道对应一个特征矩阵，因此有 3×3×3=27 个权重参数。“局部感受野”和特征矩阵点乘后要送入感知器激活函数，还要加入一个阈值参数（3 个通道使用一个阈值），所以第一个隐层中的模型参数一共是 28 个。

在卷积操作中，“局部感受野”的尺寸、跨度、白边决定了最终卷积特征映射图的尺寸，因此它们是决定模型内涵的参数，我们称之为“超参数”。和模型参数不一样的是，超参数决定了模型的表示（R）能力。另外，池化策略、神经元层数、训练方法和训练参数都属于超参数。

如果设定跨度 S=1、P=1，根据卷积特征映射图尺寸的公式 $\frac{(32-3+2\times1)}{1}+1=32$，可以得到卷积特征映射图的尺寸是 32×32。用 12×3 个特征矩阵（3 代表 3 个通道，12 代表 12 幅特征映射图）对原始图像进行卷积（选出 12 个特征），原始图像 3 个颜色通道的“局部感受野”各自与特征矩阵点乘后求和，可以得到 12 张卷积特征映射图，因此，隐层得到 32×32×12 维神经元输出。而卷基层的模型参数增加到了(3×3×3+1)×12=336 个模型训练参数。

- 激活层

激活层负责将卷积层特征映射图中的每个维度（即每个像素）值输入到一个激活函数中。激活函数有很多种，如 sigmoid、tanh 以及 ReLu 等。现阶段较为常用的是 ReLu 函数：

$$f(x)=\begin{cases}0 & 若\ x<0 \\ x & 若\ x\geqslant 0\end{cases}$$

- 池化层

池化层的作用是将 32×32 像素的卷积映射图缩减到 16×16 像素，其余不变，因此可以视为 16×16×12 的隐层输出。卷积神经网络示意图如图 6-48 所示。

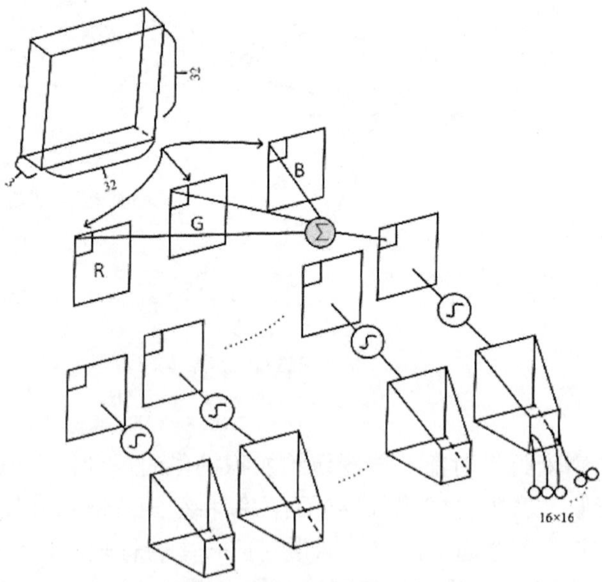

图 6-48　卷积神经网络示意图

- 全连接层

全连接层用于最后计算分类得分，得到的结果为 10 个分类的向量上的概率，一般用 Softmax 回归。这一层的所有神经元会和上一层池化层的神经元全连接。

这样就可以理解一个卷积神经网络了。

6.4 使用 TensorFlow 实现卷积神经网络的小例子

下面给出一个使用 TensorFlow 实现卷积神经网络的示例。具体代码如下。

```
'''
一个使用 TensorFlow 库的卷积网络示例
这个例子使用手写数字的 mnist 数据库
'''

from __future__ import print_function

import tensorflow as tf

# 导入 mnist 数据

from tensorflow.examples.tutorials.mnist import input_data
mnist = input_data.read_data_sets("/tmp/data/", one_hot=True)

# 参数
learning_rate = 0.001
training_iters = 200000
batch_size = 128
display_step = 10

# 网络参数
n_input = 784 # MNIST 数据集输入(图像尺寸: 28*28 像素)
n_classes = 10 # MNIST 总类别 (0~9 的数字)
dropout = 0.75 # Dropout, probability to keep units

# tf Graph 输入
x = tf.placeholder(tf.float32, [None, n_input])
y = tf.placeholder(tf.float32, [None, n_classes])
keep_prob = tf.placeholder(tf.float32) #dropout (keep probability)


# 设置简单的初始值
def conv2d(x, W, b, strides=1):
    # Conv2D 加 bias 和 ReLu 激活函数
    x = tf.nn.conv2d(x, W, strides=[1, strides, strides, 1], padding='SAME')
    x = tf.nn.bias_add(x, b)
    return tf.nn.relu(x)


def maxpool2d(x, k=2):
    # MaxPool2D wrapper
    return tf.nn.max_pool(x, ksize=[1, k, k, 1], strides=[1, k, k, 1],
                          padding='SAME')


# 创建模型
def conv_net(x, weights, biases, dropout):
    # 重新定义输入图片
    x = tf.reshape(x, shape=[-1, 28, 28, 1])
```

```
    # 卷积层
    conv1 = conv2d(x, weights['wc1'], biases['bc1'])
    # 最大池化层（下采样）
    conv1 = maxpool2d(conv1, k=2)

    # 卷积层
    conv2 = conv2d(conv1, weights['wc2'], biases['bc2'])
    #最大池化层（下采样）
    conv2 = maxpool2d(conv2, k=2)

    # 全连接层
    # 重新构造 conv2 输出,以适应全连接层输入
    fc1 = tf.reshape(conv2, [-1, weights['wd1'].get_shape().as_list()[0]])
    fc1 = tf.add(tf.matmul(fc1, weights['wd1']), biases['bd1'])
    fc1 = tf.nn.relu(fc1)
    # 使用 dropout
    fc1 = tf.nn.dropout(fc1, dropout)

    # 输出，类预测
    out = tf.add(tf.matmul(fc1, weights['out']), biases['out'])
    return out

# 存储权重和偏差
weights = {
    # 卷积核大小：5×5，输入大小：1，输出大小：32
    'wc1': tf.Variable(tf.random_normal([5, 5, 1, 32])),
    # 卷积核大小：5×5，输入大小：32，输出大小 64
    'wc2': tf.Variable(tf.random_normal([5, 5, 32, 64])),
    # 全连接层，输入大小：7*7*64，输出大小：1024
    'wd1': tf.Variable(tf.random_normal([7*7*64, 1024])),
    # 输入大小：1024，输出大小：10(类预测)
    'out': tf.Variable(tf.random_normal([1024, n_classes]))
}

biases = {
    'bc1': tf.Variable(tf.random_normal([32])),
    'bc2': tf.Variable(tf.random_normal([64])),
    'bd1': tf.Variable(tf.random_normal([1024])),
    'out': tf.Variable(tf.random_normal([n_classes]))
}

# 构造模型
pred = conv_net(x, weights, biases, keep_prob)

# 定义损失函数和优化
cost  =  tf.reduce_mean(tf.nn.softmax_cross_entropy_with_logits(logits=pred,
labels=y))
optimizer = tf.train.AdamOptimizer(learning_rate=learning_rate).minimize(cost)

# 评估模型
correct_pred = tf.equal(tf.argmax(pred, 1), tf.argmax(y, 1))
accuracy = tf.reduce_mean(tf.cast(correct_pred, tf.float32))

# 初始化变量
```

```
init = tf.global_variables_initializer()

# 启动图表
with tf.Session() as sess:
    sess.run(init)
    step = 1
    # 保持训练,直到达到最大次数
    while step * batch_size < training_iters:
        batch_x, batch_y = mnist.train.next_batch(batch_size)
        #运行优化操作
        sess.run(optimizer, feed_dict={x: batch_x, y: batch_y,
                                       keep_prob: dropout})
        if step % display_step == 0:
            # 计算批量损失和准确度
            loss, acc = sess.run([cost, accuracy], feed_dict={x: batch_x,
                                                              y: batch_y,
                                                              keep_prob: 1.})
            print("Iter " + str(step*batch_size) + ", Minibatch Loss= " + \
                  "{:.6f}".format(loss) + ", Training Accuracy= " + \
                  "{:.5f}".format(acc))
        step += 1
    print("Optimization Finished!")

    #计算测试图像的精度
    print("Testing Accuracy:", \
        sess.run(accuracy, feed_dict={x: mnist.test.images[:256],
                                      y: mnist.test.labels[:256],
                                      keep_prob: 1.}))
```

6.5 本章小结

本章主要介绍了卷积神经网络。卷积神经网络是人工神经网络的一种特殊形式，它模仿了生物视神经网络的工作机制，因而较人工神经网络在模式识别上更具体、更易理解。本章要点如下。

- 本章引入了生物视神经网络中“局部感受野”的概念。“局部感受野”是理解卷积神经网络实现模式识别的前备知识。
- 引入了卷积操作的知识。通过卷积操作，可以实现卷积层，而卷积层是理解卷积神经网络的核心概念。
- 介绍了卷积神经网络的结构。通过构建卷积神经网络，可以较人工神经网络更好地实现图像的识别。
- 通过 TensorFlow，构建了一个卷积神经网络，并对 mnist 数据集做了多分类实现。

第 7 章　循环神经网络

7.1 循环神经网络：一种循环的人工神经网络

7.1.1　回到黑箱模型

第 3 章提到两种神经网络模型：前馈神经网络和循环神经网络（也可以称为递归神经网络）。对于前者，可以将之视为一组函数嵌套关系。首先，得到输入 x。然后，将其代入下一个方程 $g(\cdot)$，得到 $g(x)$。接着，再将这个输出作为下一层的输入，代入 $f(\cdot)$，得到 $f(g(x))$，如此向前传递下去，从而组成一个神经网络的计算模型（见图 7-1）。

而对于循环神经网络，其本质是首先得到输入 x，将其代入一个方程 $f(\cdot)$ 中，得到输出 $f(x)$。与前馈神经网络不同的是，循环神经网络将此输出值与下一个输入值 x 一同代回到方程 $f(\cdot)$ 中，从而形成一个递归循环（见图 7-2）。

图 7-1　前馈神经网络计算模型

图 7-2　循环神经网络计算模型

在前馈神经网络中，我们没有考虑信息传播过程所消耗的时间问题，信息总是按照设定的方向最终得到我们想要的结果。因此可以认为，前馈神经网络处理的是一个静态问题（同步网络）。而对于循环神经网络，如果循环神经单元的每一次递归活动都需要消耗固定的时间（假定这个时间是单位 1），那么可以认为循环神经网络处理的是一个动态时序问题（异步网络）。如果将这个模型按照时间轴展开，则可以得到类似图 7-3 的模型。

在这张图中，首先可以注意到输入是随时间变化的序列：x_{t-1}, x_t, x_{t+1}。根据输入序列，相应得到输出序列：$f(x_{t-1}), f(x_t, f(x_{t-1})), f(x_{t+1}, f(x_t, f(x_{t-1})))$。

神经网络本质上是为了解决一个输入空间向输出空间的映射关系，可以暂时把这个映射关系看成一个黑箱（见图 7-4）。

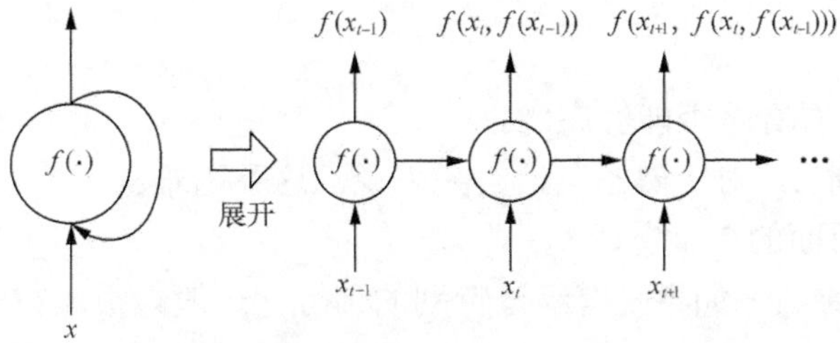

图 7-3 循环神经网络模型展开图

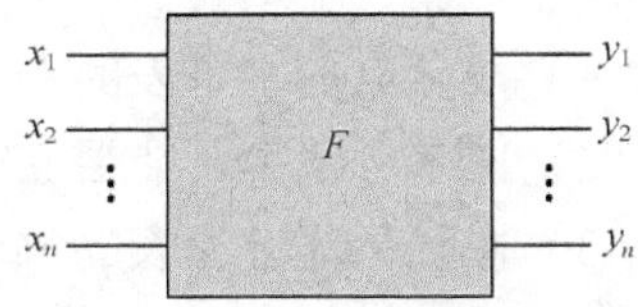

图 7-4 映射关系示意图

如果将神经网络视为一个黑箱，那么在前馈网络就将输入空间$\{x_2, x_2, \cdots, x_n\}$映射到一个输出空间$\{y_1, y_2, \cdots, y_n\}$。注意，这里是静态的输入，也就是在同一时间将输入空间的所有变量输入模型，不考虑时间上的消耗，产生一个静态的输出。

输出空间可以体现为不同的任务（Task）。如果输出空间为单个值 y，那么这个系统可以用于预测；如果输出空间为一个介于 0～1 区间的值，那么系统可能是判断属于某一分类的概率；如果输入空间为多个值，且相加后和为 1，那么系统可能是对一个多分类问题的概率估计，如图 7-5（a）～（c）所示。

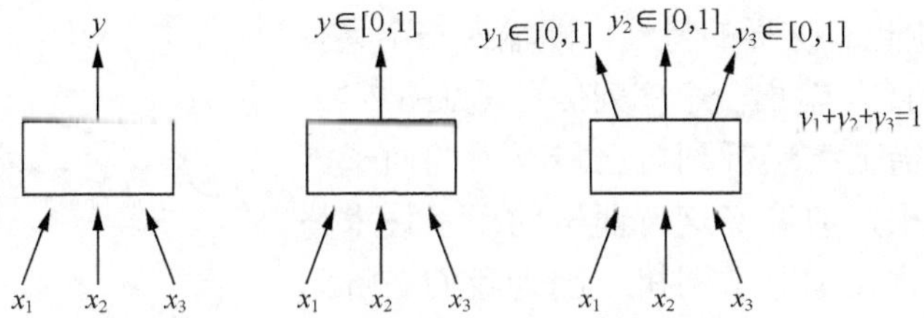

（a）预测　（b）分类　（c）多分类

图 7-5 前馈神经网络中，不同任务对应不同的输出空间

对于循环神经网络也是如此，区别在于这里是动态的输入，也就是按一个顺序把输入空间的所有变量输入系统，并得到一个动态的输出。如果输出空间为一个动态序列，那么这个系统可能基于序列 x_i，输出一个预测序列 y_i；如果输出空间为一个介于 0～1 的值，那么系统可能基于一个输入序列，得到一个物体的分类概率，如图 7-6（a）与（b）所示。

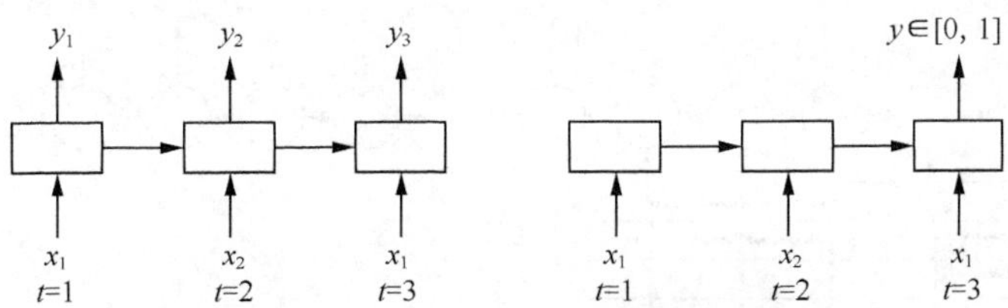

（a）预测　（b）分类

图 7-6 循环神经网络中，不同任务对应不同的输出空间

因此，循环神经网络与前馈神经网络并无本质差别，二者的区别在于后者处理增加了一个时间维度，从而可以处理以序列方式输入的数据。

7.1.2 时间序列性

现在想象一个场景，给定 3 个任务，看看是否能够完成。

（1）按照英语字母表的顺序从 A 背到 Z，对于熟悉英语的人来说，这不困难。

（2）在字母表中，能否立刻报出 Q 后面的 3 个字母？

（3）按照英语字母表的顺序从 Z 背到 A，如果没有经过特别的训练，一般人很难完成这样的任务。

相对于任务（1），任务（3）对于大多数人来说根本无从下手（如果想体验一下小学生记英文字母表的感觉，可以试着这么做），这似乎暗示了我们的思维活动必须按照一种顺序进行。对于英文字母表，学习时是按照从 A～Z 的顺序记忆的，那么回忆时也只能按照这一顺序进行。而任务（2）则暗示了我们的记忆需要一种激活状态，如笔者在记忆字母时是按照 ABCDEFG-HIJKLMN-OPQRST-UVWXYZ，即以 4 块 6～7 个字母顺序记忆。在完成任务（2）时，也就是报出 Q 后面的 3 个字母时，首先想到 OPQRST 这个序列，然后才能顺利地想到 Q 后面的 3 个字母。

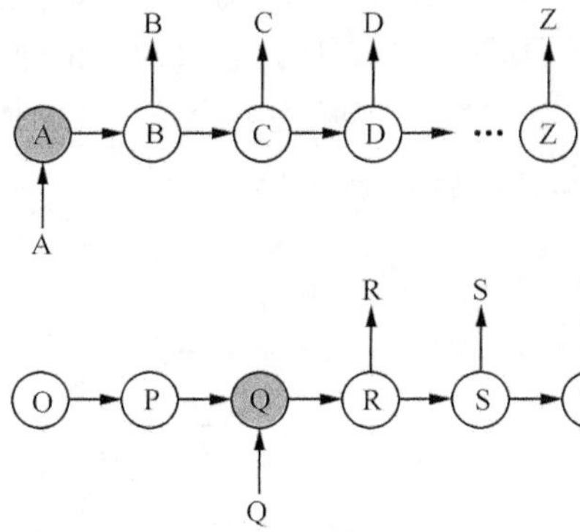

图 7-7 具有时间维度特性的字母表

在循环神经网络中也有这样的特性，即输入一个具有时间维度特性的序列信息，输出一个序列信息（见图 7-7）。

现在想象你在大街上突然听到自己最喜爱的曲子，便情不自禁地附和起来，但演奏这首曲子的乐手技术蹩脚，总把旋律弹错，这让你非常别扭。因为我们在听到前一段旋律时，会预测后面的旋律（具体来说，应该是前一个音与后一个音的音程）。当乐手弹错音时，就会与我们的预测产生出入（见图 7-8）。

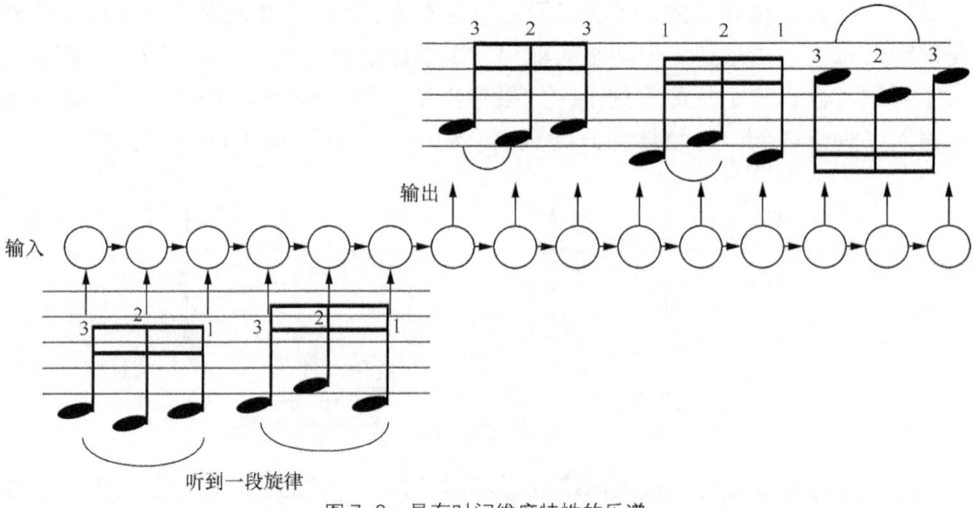

图 7-8 具有时间维度特性的乐谱

还有一个场景是在你熟睡时，我将你的手埋在装满砂粒的桶里。当你醒来时，如果不移动手，并不知道自己接触到的是什么。你对砂粒的判断是建立砂粒滑过你手部皮肤上因不断变化的触觉所产生的序列信息，而埋在桶里并且不动是不会产生“变化着的”触觉，因而也就不会让你“感到”这是砂粒。

在循环神经网络中，这类似于输入一个序列信息，预测它对某一事物的分类的判断（见图 7-9）。

以上 3 个场景的共同特点是：输入空间的组织方式不是静态的，即不是一次性输入模型，而是按照一个序列的方式以时间顺序输入，模型会相应地输出一些信息。虽然循环神经网络与前馈神经网络都是神经网络，但二者具有不同的构造。这个不同体现在前者具有处理以时间为轴的序列信息能力，后者不能。也就是说，循环神经网络似乎可以记住过去输入的信息，然后再以静态的方式输出信息（见图 7-10）。

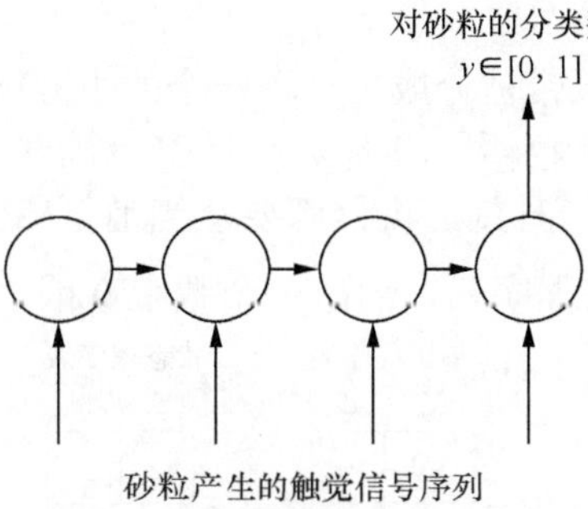

图 7-9　具有时间维度特性的砂粒

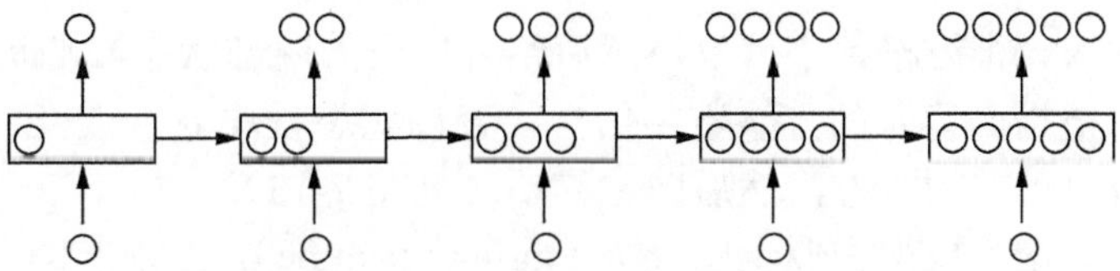

图 7-10　循环神经网络具有处理序列信息的能力

7.2 有限状态机

7.2.1 有限状态机的布尔逻辑

上一节使用黑箱的比喻来说明不论是前馈神经网络，还是循环神经网络，实质上都是从输入空间到输出空间的一种映射关系。下面以循环神经网络实现逻辑“与”（AND）为例，做一个简单的实践。

假定输入空间为 $x=\{x_{t_1},x_{t_2}\}$，它代表了一个简单的时间序列输入。每次输入都会通过模型产生一个输出序列 $y=\{y_{t_1},y_{t_2}\}$。模型的映射关系见右边。

x_{t_1}	x_{t_2}	y
0	0	0
0	1	0
1	0	0
1	1	1

按照不同的输入顺序，将会得到不同的结果（见图 7-11）。

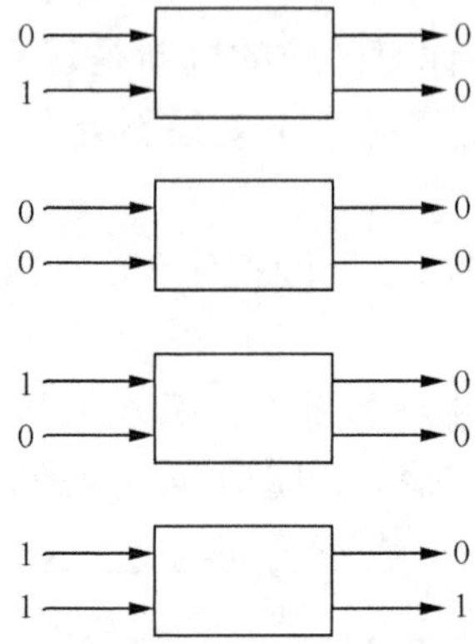

图 7-11　根据不同的输入，得到不同的输出结果

7.2.2　有限状态机的结构

现在我们假想眼前有一台机器，它有一条有限长的纸带，纸带被分成了一个一个的小方格，每个方格上写了数字 0 或 1。有一个机器头在纸带上从左往右移。机器头有一组内部状态 $Q_i=\{Q_0,Q_1\}$，还有一个固定的状态程序表和输出程序表。每一时刻，机器都要从当前纸带上读入一个方格数字信息，然后结合自己的内部状态，通过查询程序表，输出一个数字 0 或 1，并根据已读入的方格数字信息，查询状态程序表，改变自己当前的状态，然后向右移动（见图 7-12）。

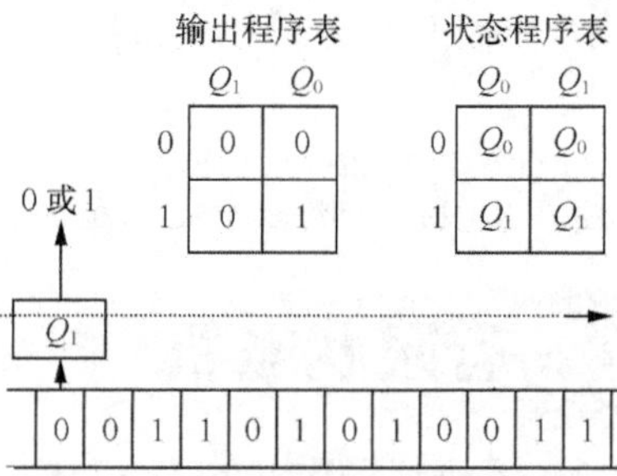

图 7-12　机器的输入、输出示意图

这个模型类似于图灵机（turing machine），但绝非图灵机。事实上，这是一种“有限状态机”，表示有限个状态以及在这些状态之间的转移和动作等行为的数学模型，而图灵机是有限状态机的一个发展。

机器查询的步骤如下所示。

第 1 步：机器读取第一个格子的信息，得到 0。查输出表（假设初始状态为 Q_0），输出 0。查状态表，将初始状态从 Q_0 变为 Q_0，移动到下一格。

第 2 步：机器读取第二个格子的信息，得到 0。查输出表，输出 0。查状态表，状态不变，移动到下一格。

第 3 步：机器读取第三个格子的信息，得到 1。查输出表，输出 0。查状态表，状态由 Q_0 变为 Q_1，移动到下一格。

第 4 步：机器读取第四个格子的信息，得到 1。查输出表，输出 0。查状态表，状态由 Q_1 变为 Q_0，移动到下一格。

第 5 步：机器读取第五个格子的信息，得到 0。查输出表，输出 0。查状态表，状态不变，移动到下一格。

如此移动下去……

在这个例子中，我们可以发现这样一个事实：这台机器实质上是在将前一个信息与后一个信息进行逻辑“与”运算。

机器从纸带上读取了一个数字，并将这个数字与自身状态做比较（第一次的状态是预设的，因此请注意第 $n(n \neq 0)$ 步），进行逻辑运算。根据这个读取到的数字改变自己的状态（通过自身的状态记住这个数字）。通过移动机器的指针，将自身的状态带到下一个格子（就好像是将自己的记忆带到了下一时刻一样），然后开始同样的计算，如此循环。

如果改变输出程序表，则可以实现任何一种逻辑门运算。

例如，逻辑“或”运算（注意，这是一个二维表）（见图 7-13），甚至是逻辑“异或”运算（见图 7-14）。

如果对这台机器加以改造，使其增加一个状态（现在有了两个状态），再相应地改变输出表（见图 7-15），并且使状态表能够记录两个格子的信息（见图 7-16），则可以实现更复杂的映射关系（见图 7-17）。

	Q_0	Q_1
0	0	1
1	1	1

图 7-13 “或”运算

	Q_0	Q_1
0	0	1
1	1	0

图 7-14 “异或”运算

0	Q_0	Q_1
Q'_0	0	0
Q'_1	0	0

1	Q'_0	Q'_1
Q'_0	0	0
Q_1	1	0

图 7-15 输出程序表

1	Q'_0	Q'_1
Q_0	Q'_0	Q'_0
Q_1	Q'_1	Q'_1

图 7-16 状态程序表

x_{t_1}	x_{t_2}	x_{t_3}	y
0	1	1	1
其他	—	—	0

图 7-17 映射关系

比较前一个模型和后一个模型，可以发现通过增加格子的状态（以及调整一下状态表和输出表），可以增加机器的“记忆力”（见图 7-18）。

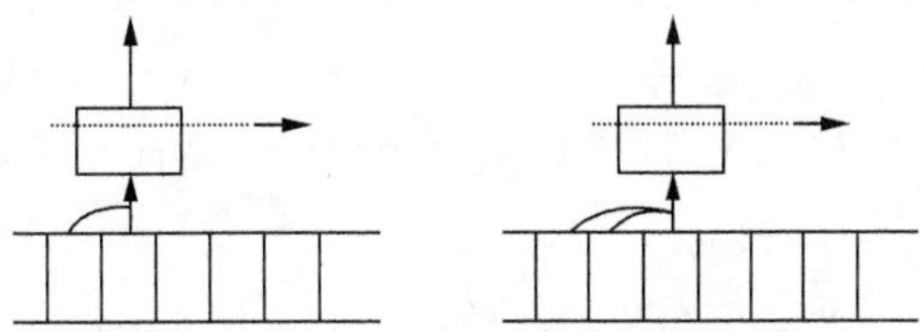

图 7-18 机器的“记忆力”得到加强

因此从理论上看，通过调整状态数、状态表和输出表，可以实现任意记忆力、任意映射关系的输出（实际上，这个模型具有一定的局限性，例如不能实现任意长度的记忆力），该模型（即循环神经网络黑盒模型）可以看成由**状态**、**状态表**、**输出表**、**输入空间**、**输出空间**这 5 个部分组成的系统。

在第 3 章和第 4 章中，我们使用 MCP 神经元所组成的模型来实现最简单的映射关系。在第 3 章中，首先说明了一切映射关系都来自于逻辑门的组合，同时也说明了使用 MCP 神经元可以模拟这种逻辑门的组合。之后，说明了 MCP 神经元等效于 Minsky 感知器，而多个感知器组成的多层感知器等效于一个前馈神经网络，从而将机器学习基本模型与前馈神经网络联系了起来（见图 7-19）。

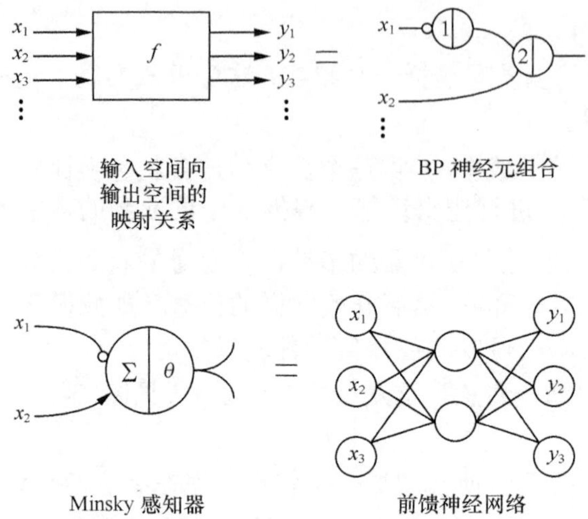

图 7-19　机器学习基本模型与前馈神经网络的联系

由于循环神经网络与前馈神经网络没有本质差别，因此也可以通过这一思路来理解机器学习基本模型与循环神经网络的关系。

7.3　从 MCP 神经网络到循环神经网络

7.3.1　MCP 神经网络与有限状态机的等效性

前文已经简单地证明了一个循环网络黑箱映射模型可以等价为一个有限状态机。例如，对于一个循环神经网络逻辑“与”来说，可以用特定的状态表和输出表来实现输入空间向输出空间的映射关系（见图 7-20）。

	Q_0	Q_1
0	Q_0	Q_0
1	Q_1	Q_1

	Q_0	Q_1
0	0	0
1	0	1

图 7-20　逻辑“与”的输入/输出映射关系

如果整个循环过程是有限的，也就是说，仅是从前往后输入 x_{t_1} 和 x_{t_2} 信息，就可以将整个动态序列输入过程分解为下面三部分：

输入 x_{t_1}，输出 y_{t_1} ⟶ 改变自身状态 Q_i ⟶ 输入 x_{t_2}，输出 y_{t_2}

这是一个链接过程，可以用 MCP 神经元组成的神经网络表示。下面将会简单证明特定的有限状态机等价于一个特定连接的 MCP 神经网络。

可以用图 7-21 来表示这个 MCP 神经网络。它满足以下条件。

1）存在输入空间的集合 $I=\{I_1,I_2,\cdots,I_m\}$、输出空间的集合 $O=\{O_1,O_2,\cdots,O_i\}$ 以及状态集 $Q=\{Q_1,Q_2,\cdots,Q_n\}$。

2）对于每个状态 O_n，对应存在 n 个“或”门神经元；对于每个输出空间 O_n，对应存在 n 个“或”门神经元；将输入空间作为列，将输出空间作为行，组成一个包含 n^m 个“与”门的神经元阵列。

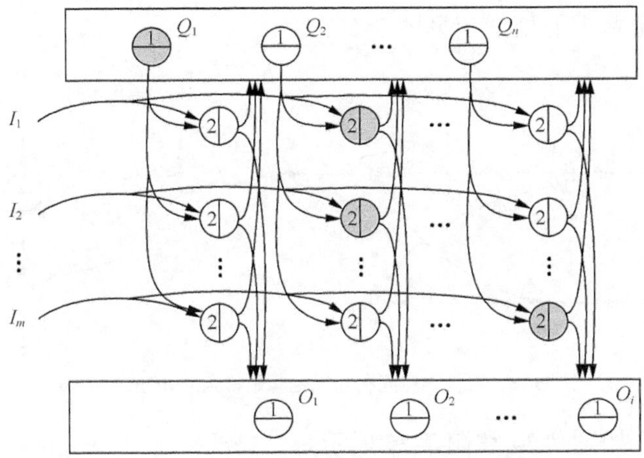

图 7-21 逻辑“与”对应的 MCP 神经网络

3）对于神经元阵列中的 n^m 个“与”门神经元，我们称之为一个单元（cell，用 C_{mn} 表示）。它接收来自同一行的输入空间 I_m 、同一列的状态神经元 O_n 的输入，产生的输出向两个方向进行：一是连至输出阵列下方的输出表（用于连接输出空间 O_i ）；二是连至上方的状态表（用于连接状态 O_n ）。

4）规定同一时刻 t，只有一个状态 O_n 被激活。例如，当 Q_m 被激活时，Q_m 所在的“或”门输出 1，其他的“或”门则输出 0；同一时刻，只有一个 I_m 能被激活，向神经元阵列输出 1；那么对应地同一时刻只有一个单元被激活，向输出空间输出 1。

对于这个 MCP 神经网络，我们可以发现对于一个特定的输入，该网络会产生一个特定的输出，并更新为一个特定的状态。

例如，在 t 时刻，对于输入空间 I_1 的输入信号 1，假使目前的状态是 Q_1 激活，那么 C_{11} 被激活，向 O_1 输出。然后，C_{11} 激活 Q_2 。在 t_2 时刻，来自 I_2 的输入将激活 C_{22} ，继而激发某个输出，并激活状态 Q_n ，如此循环下去。可以发现，这里的状态表对应的是有限状态机的状态表，而输出表对应的是有限状态机的输出表。可以通过特定连接的表来实现一个特定的状态表和输出表（即像连接线路一样将它们连接起来）。

例如，要实现一个“与”门功能的循环神经网络，可以如图 7-22 所示连接一个 MCP 神经网络。

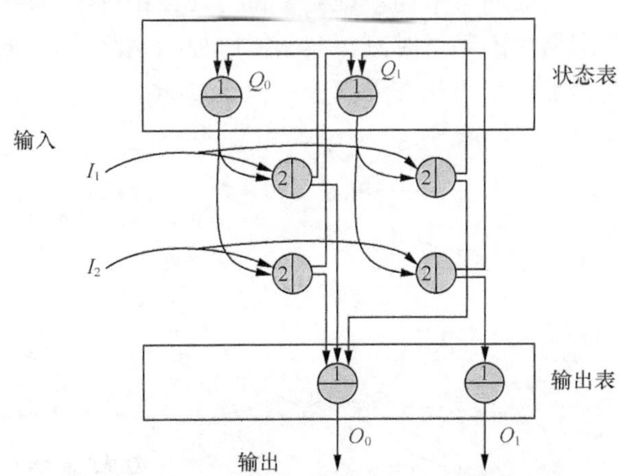

图 7-22 “与”门对应的 MCP 神经网络

请注意，这里的输入空间 1 只输入 1。如果输入 0，那么将激活 I_0；如果输入 1，那么将激活 I_1。而输出空间也是如此。因此，需要对输入空间和输出空间做特定的处理（见图 7-23）。

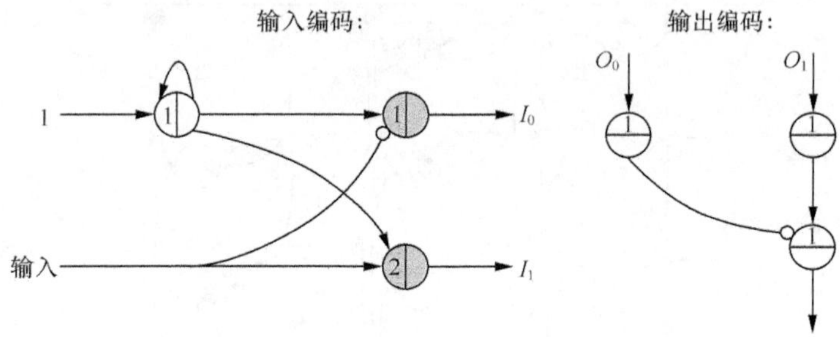

图 7-23　对输入空间和输出空间做特定的处理

状态表和输出表分别如图 7-24 和图 7-25 所示。

	Q_0	Q_1
0	Q_0	Q_0
1	Q_1	Q_1

图 7-24　状态表

	Q_0	Q_1
0	0	0
1	0	1

图 7-25　输出表

代表状态表的“连接”方式和代表输出表的“连接”方式组成一个“静态”的神经网络。

7.3.2　前馈神经网络与 MCP 神经网络的等效性

前一节中已经证明了有限状态机等效于 MCP 神经元网络，下面将 MCP 神经网络与 Minsky 感知器联系起来。根据前面章节的结论我们知道，多个、多层感知器组成的神经网络等价于一个前馈神经网络，那么这对于循环神经网络来说是否也存在这样的关系呢？

前面的章节简单证明了部分 MCP 神经网络等效于一个 Minsky 感知器。因此，在循环神经网络中的某一时刻，其 MCP 神经网络是可以用 Minsky 感知器表示的，但不同之处在于需要增加一个“状态”部分（见图 7-26）。

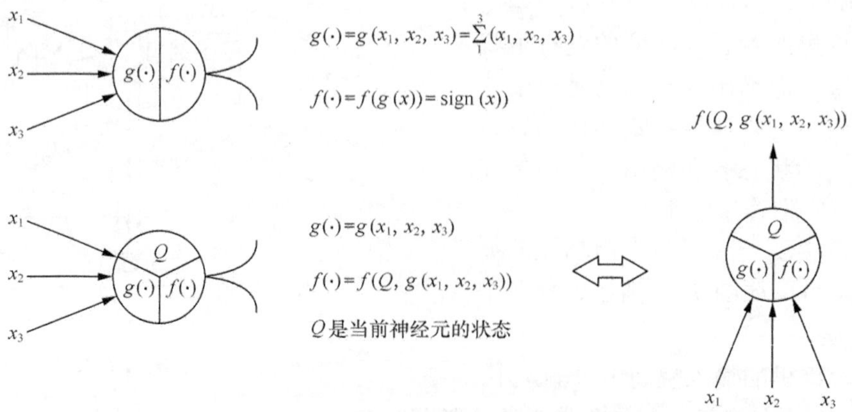

图 7-26　用 Minsky 感知器表示的 MCP 神经网络

注意，这里的输入空间 $x=\{x_1,x_2,x_3\}$ 指的是多个维度的输入，而非多个时间序列的输入。

根据前一小节的知识我们知道，在某一时刻，感知器的输出受输入信息 $x=\{x_1,x_2,x_3\}$ 和当前状态 Q 的影响，将其输出表示为 $f\left(Q,g\left(x_1,x_2,x_3\right)\right)$。这里的 $f(\cdot)$ 相当于在有限状态机中，根据当前时刻的输入条件，查询输出表来得到一个输出值的部分（只不过对于感知器，还要代入激活函数）。

那么，对于一个循环神经网络的 Minsky 感知器，则可以表示成 6 个组成部分：①输入空间 x（如 $x=\{x_1,x_2,x_3\}$）；②输出空间（0 或 1）；③输入函数 $g(\cdot)$；④激活函数 $f(\cdot)$；⑤神经元状态 Q；⑥状态的变化函数 $g(\cdot)$。同样，它可以按照输入的时间序列展开（见图 7-27）。

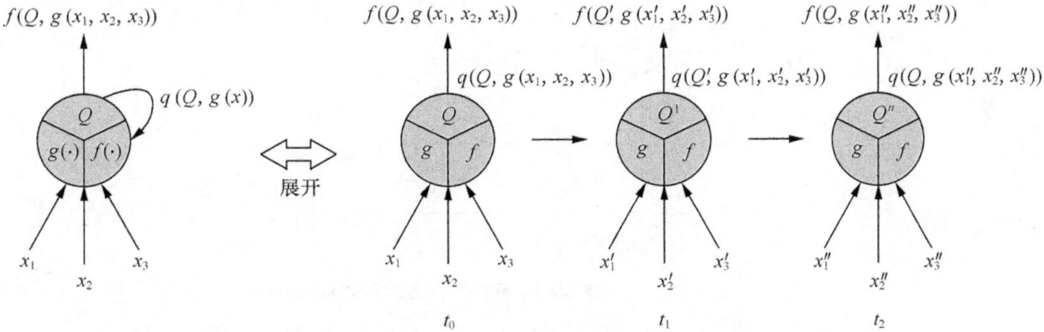

图 7-27　用 Minsky 感知器表示的循环神经网络

此时“状态”是一个比较抽象的概念，如果使用多层感知器来理解，多个“状态”就相当于包含一个输入层、一个隐层和一个输出层的多层感知器。同样，可以将其在时间序列上进行展开（见图 7-28）。

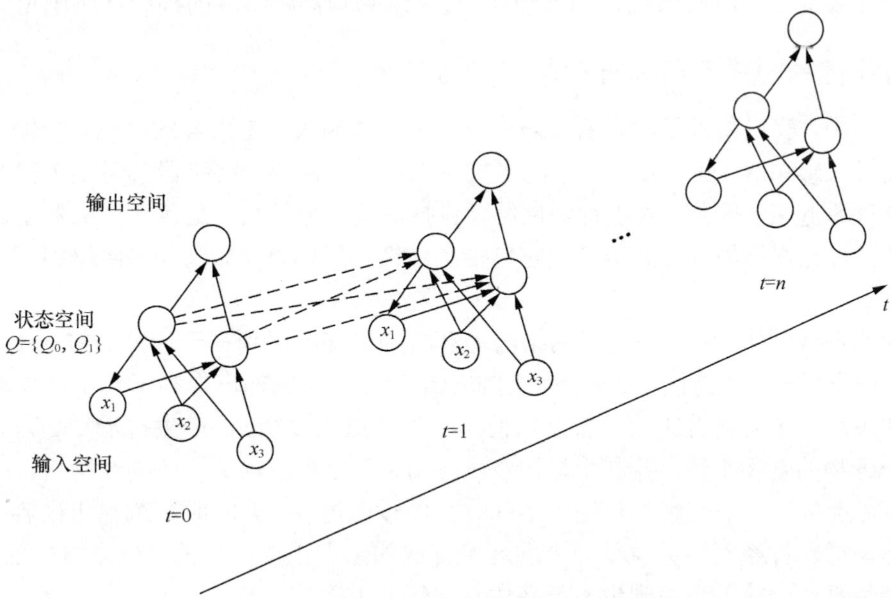

图 7-28　随时间变化的多层感知器循环神经网络

这里出现了一个疑惑。在有限状态机中，此时刻的输入将通过查询状态表来改变下一刻的状态，这体现为 $q(Q, x)$（回忆一下那个状态表）。再来观察一下前文中使用“与”门 MCP 神经元网络所组成的等效神经网络（见图 7-29）。

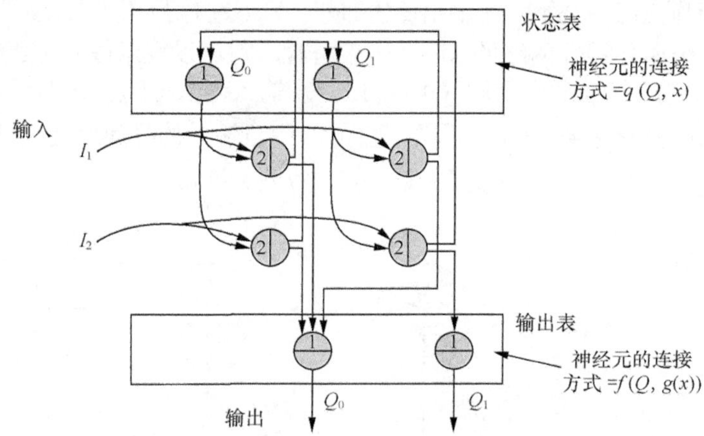

图 7-29　“与”门 MCP 神经元网络所组成的等效神经网络

实际上，状态表方框中的“连线方式”就已经定义了 $q(Q, x)$。当单个感知器组成多个感知器神经网络（也就是多个隐层神经元）时，有限状态机中的那个“状态表”就体现在隐层神经元与隐层神经元之间以及输入神经元与隐层神经元之间的“连接方式”内部了。由于有限状态机与 MCP 的等效性，因此也可以认为有限状态机与 Minsky 感知器神经网络具有等效性（有限状态机所需要的 5 个组成系统，都已经在 Minsky 感知器所组成的神经网络中定义好了）。

7.3.3　循环神经网络与前馈神经网络的等效性

在第 2 章中，我们将机器学习看成一个黑箱：通过输入一定内容的信息，产生一定内容的信息；通过引入感知器（第 3 章）构造的多层感知器神经网络，将机器学习这个黑箱模型与人工神经网络联系起来。因此，人工神经网络（包括深度神经网络）是包含于机器学习这一概念下的；而人工神经网络的分支有很多，它包括了前馈神经网络（如卷积神经网络）与循环神经网络等。

正如我们反复叙述的：前馈神经网络与循环神经网络的区别在于计算的方式不同。对于前者，将输入信息以一个“前馈”的顺序，把前一个计算单元的输出作为下一个计算单元的输入来处理。如果用一个食物链比喻，就好像前一个生物摄入食物 x，产生排泄物 $g(x)$，这一排泄物成为另一生物的食物来源，并产生排泄物 $f(g(x))$。而后者也就是循环神经网络。这是一个循环的过程，特点是同一个计算单元处理不同时刻的输入内容，并时时刻刻输出内容。相对于前馈神经网络，循环神经网络更像是一个向环境开放的生态系统：系统接受来自外部的输入 x，其产生的废物再作为输入参与到生态循环中（见图 7-30）。

对于循环神经网络而言，我们将“循环”部分看成每一时刻外部的输入 x 对其内部状态的改变（而不是简单地把前一刻的输出再输入到系统中），从而引入了内部状态 Q 这一概念。通过内部状态 Q，就可以将一个输入随时间变化的输入序列对系统的影响看成一个有限状态机。这样，系统就可以处理时间序列的信息输入，并具备了某种对过往信息的“记忆”能力。

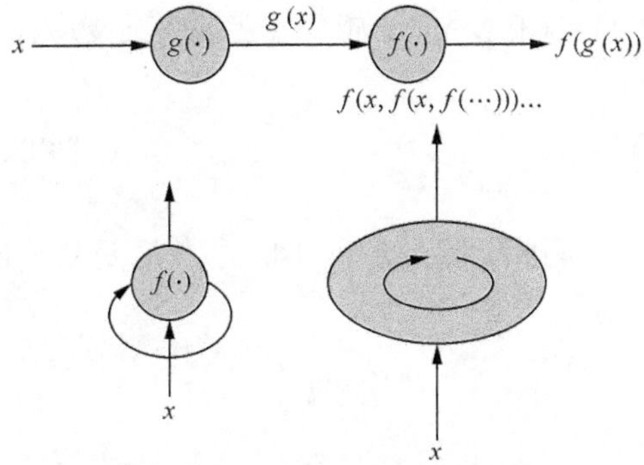

图 7-30 循环神经网络的示意图

之后证明了一个由 MCP 神经元组成的神经网络等效于一个有限状态机，从而将循环神经网络的黑箱概念与 Minsky 感知器神经网络联系起来，得到了一组随时间变化的多层感知器循环神经网络（图 7-31 中，输入 3 个维度的信息，具有两个隐层神经元，一个输出神经元），循环神经网络的“内部状态”隐含在了神经网络的“连接方式”中。

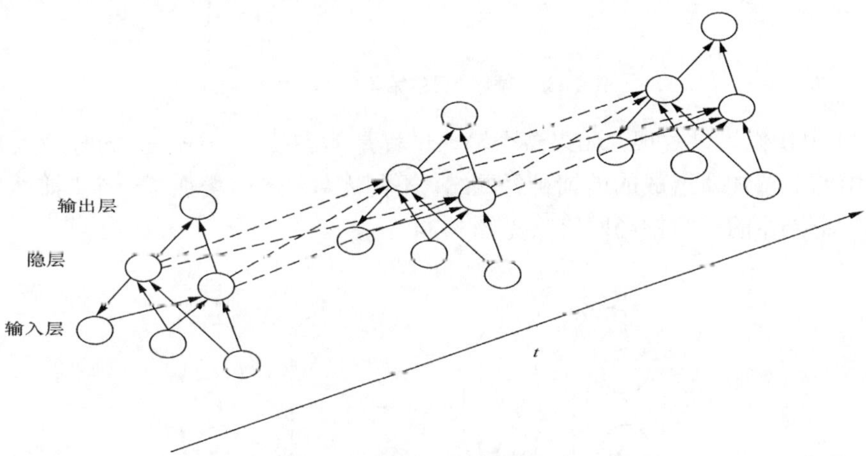

图 7-31 随时间变化的多层感知器循环神经网络

现在我们将输入神经元、隐层和输出神经元简化为一个单元，在时间维度上将模型展开（见图 7-32）。

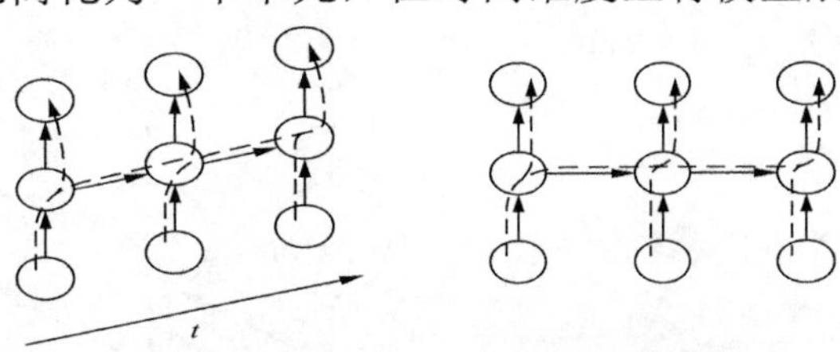

图 7-32 随时间变化的循环神经网络简图

如果展开后的模型中时间 t 不是无限长的，并且将整个序列输入过程视为一个静态过程，那么通过观察输入信息的流动方式可以发现：实际上这是一个特定结构的前馈神经网络。

举个简单的例子来说明：假设每个时刻的输入 x 为数字 0 或 1，总共有两个时刻。做如下标记：$x=\{x_0, x_1\}$。这里使用一个 Minsky 感知器作为一个循环单元，循环方式设定为：这一时刻的输出作为下一时刻的输入，并在下一时刻与下一时刻的输入相加（见图 7-33）。

由于 Minsky 感知器的激活函数为：

$$\text{sign}(\cdot)=\begin{cases}1 & 若\ x\geqslant 1\\ 0 & 其他\end{cases}$$

因此，当 x 输入 1 时，激活函数输出 1；当输入 0 时，激活函数输出 0。

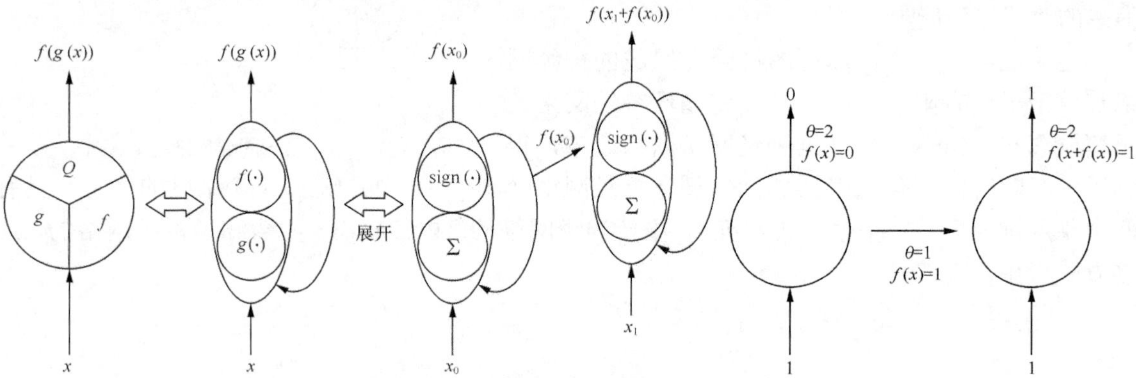

图 7-33　循环单元的循环方式示意图

从图 7-33 中我们可以发现，如果整个输入过程是静态的（$x=\{x_0, x_1\}$同时输入），该网络就相当于一个由两个感知器组成的前馈神经网络。不同之处在于，增加了一个“前馈”计算方向。可以比较第 4 章描述的前馈神经网络（见图 7-34）。

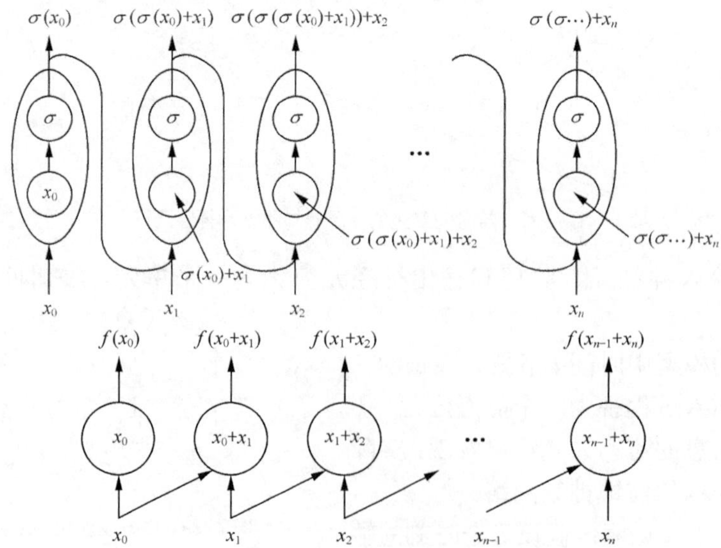

图 7-34　前馈神经网络

从比较中发现，循环神经网络可以使神经网络产生很深的“记忆”，而前馈神经网络只能记住“前一次输入的内容”。

因此，当使用多个 Minsky 感知器组成多个隐层的循环神经网络时，则需要处理两个部分：一是从输入神经元到隐层神经元的矩阵乘法；二是从前一时刻隐层向下一时刻隐层的矩阵乘法（相当于状态的变化，如图 7-35 所示）。

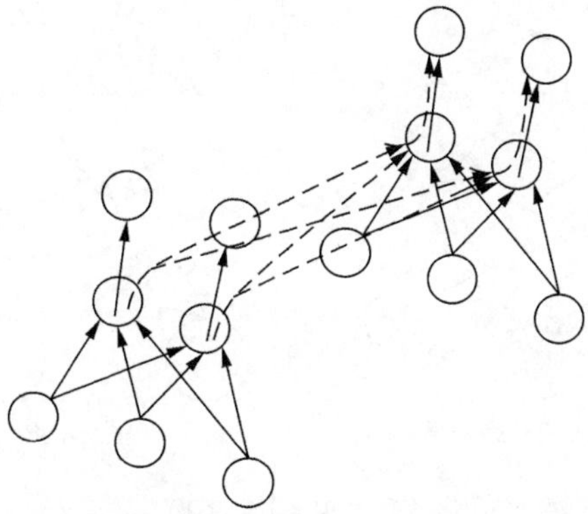

图 7-35　循环神经网络需要处理的两个计算过程，分别用实线与虚线表示

这也就证明了前馈神经网络与循环神经网络的等效性。

7.3.4　循环神经网络的描述

前几节中通过许多“比喻”来展开循环神经网络，目的是了解它可处理“时间序列”和具有“记忆能力”的特性。上一节证明了随时间展开的循环神经网络等效于一个前馈神经网络。因此也就可以用由“感知器”所组成的神经网络来理解一个随时间展开的循环神经网络。

首先回顾一下感知器（见图 7-36）。

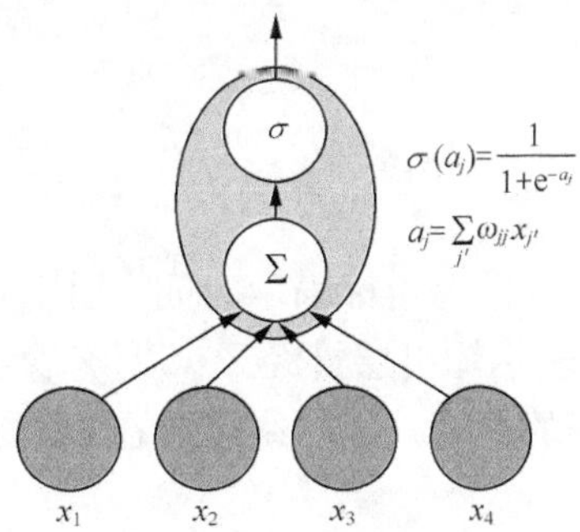

图 7-36　感知器的示意图

可以将感知器看成 3 个部分：一是输入空间，这里表示为 $x=\{x_1,x_2,x_3,x_4\}$；二是激活函数部分，先得到输入空间的加权和 $a=\sum wx$，再将这个加权和输入到一个激活函数中，这里以 sigmoid 函数为例；三是将激活函数的输出作为输出空间值。

通过把感知器首尾相接，可以组成一个多层感知器人工神经网络。显然，前一层的感知器输出可以作为下一层感知器的输入（见图 7-37）。

这是一个带有一个隐层并且隐层拥有 3 个神经元的多层感知器人工神经网络。输出神经元可以随模型输出的需要而改变。如果要完成 K 分类（多分类）任务，则使用 softmax 函数替代输出神经元。

$$\hat{y}=\frac{e^{a_k}}{\sum_{k=1}^{K}e^{a_k}}\quad(k=1,2,3,\cdots,K)$$

现在加入循环部分，也就是"隐层神经元"向"隐层神经元"的循环（见图 7-38）。

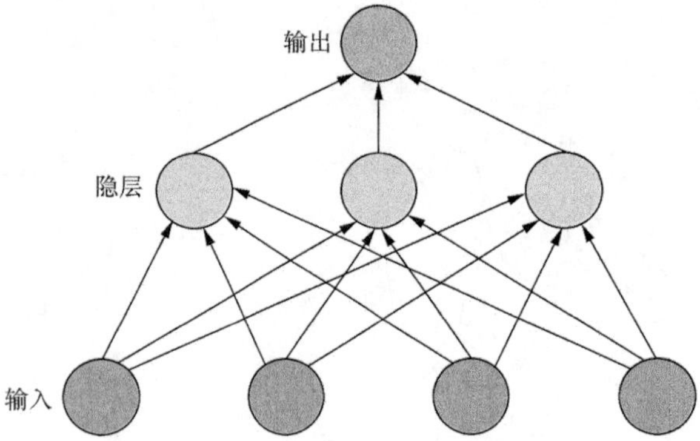

图 7-37　多层感知器构成的人工神经网络

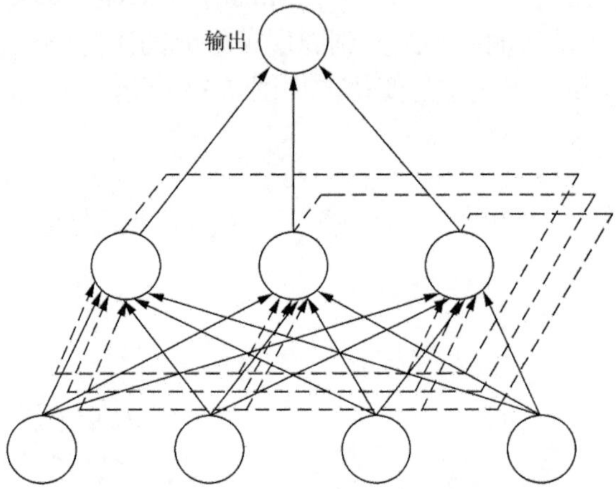

图 7-38　在人工神经网络中加入循环

按时间展开，也就是加入了时间跨度（见图 7-39）。

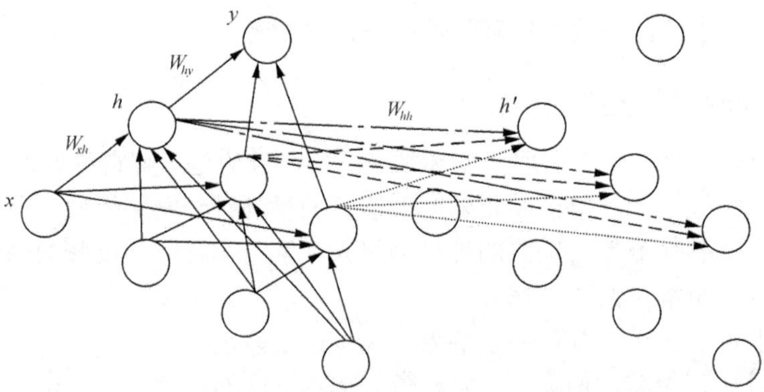

图 7-39　将网络按时间展开

用上角标表示时间，用下角标表示层；以 x 表示输入层神经元，以 h 表示隐层神经元，以 y 表示输出层神经元；以 W 表示神经元输出与输入之间的权值向量。那么，可以得到随时间展开的循环神经网络隐层在 t 时刻的输出：

$$h^{(t)} = \sigma\left(W_{xh}x^{(t)} + W_{hh}h^{(t-1)} + b_h\right)$$

这里，b_h 是偏置量，也可以看成非线性激活函数的阈值。

也可以得到在 t 时刻的输出单元输出：

$$\hat{y} = \text{softmax}(W_{hy}h^{(t)} + b_y)$$

这样就从数学上描述了一个循环神经网络。

7.3.5 循环神经网络的参数学习——BPTT

前面已经说过，如果按照时间维度展开循环神经网络，那么它可以等效为一个前馈神经网络。回忆第 4 章中关于人工神经网络参数训练的方法，也就是反馈神经网络。由于上述的等效性，也可以采用反馈（Back Propagation，BP）神经网络的方法来训练循环神经网络。

仍然将循环神经网络看成 3 个单元（缩略隐层部分）：输入、隐层状态和输出。现定义从输入到隐层状态的连接 W_{xh}、隐层状态到隐层状态的连接 W_{hh} 以及隐层到输出的连接 W_{hy}。

假设这个随时间序列展开的循环神经网络总共有 4 个时刻，也就是输入空间为 $\{x_0, x_1, x_2, x_3\}$，每个时刻都可以得到一个预测值，分别为 $\hat{h}_0, \hat{h}_1, \hat{h}_2, \hat{h}_3$。

根据第 2 章的知识，可以创造一个损失函数 $R(y, \hat{y})$，这里使用交叉熵（Cross- Entropy）定义损失函数。

$$E_i = -y_i \log_2 \hat{y}_i$$

那么，4 个时刻的总损失函数为（推导过程见图 7-40）。

$$E = \sum_t E_i = -\sum_t y_i \log_2 \hat{y}_i$$

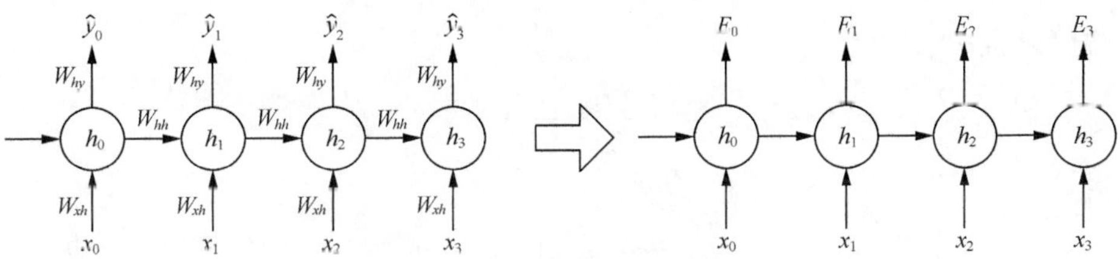

图 7-40 损失函数推导示意图

$$\begin{aligned} \hat{y}_i &= \text{softmax}(z_i) \\ z_i &= W_{hy} h_i \\ h_i &= \sigma(W_{xh} x_i + W_{hh} h_{i-1} + b_n) \end{aligned}$$

反馈神经网络的实质就是通过定义损失函数，得到对前馈神经网络中各参数的修正值，而这个值就是损失函数对参数的偏导（这部分已经在第 4 章中提过，因此不再详述）。而随着时间序列展开的循环神经网络与前馈神经网络的不同之处在于多了隐层对隐层的连接，并且由于时间先后的顺序（也就是前馈方向的特点），在反馈求导时有所不同。

这样，我们的目标是确定 $\frac{\partial E}{\partial \boldsymbol{W}}$，它们包括：$\frac{\partial E}{\partial W_{hy}}$、$\frac{\partial E}{\partial W_{hh}}$ 和 $\frac{\partial E}{\partial W_{xh}}$。

它们都是在不同时刻的展开，例如，

$$\frac{\partial E}{\partial W_{hy}} = \sum_t \frac{\partial E_t}{\partial W_{hy}}$$

下面先求 $\frac{\partial E}{\partial W_{hy}}$，以 $\frac{\partial E_3}{\partial W_{hy}}$ 为例（见图 7-41）。

可以看出，损失函数通过 softmax 函数，再通过连接函数到达 W_{hy}，因此可以根据链式法则得到：

$$\frac{\partial E_3}{\partial W_{hy}}=\frac{\partial E_3}{\partial \hat{y}_3}\frac{\partial \hat{y}_3}{\partial z_3}\frac{\partial z_3}{\partial W_{hy}}$$

其中，$z_3=W_{hy}\cdot h_3$。

由于

$$E_3=-\log_2(\hat{y}_3)$$

$$\hat{y}_3=\frac{\exp z_y}{\sum_{j=1}^{m}\exp z_j}$$

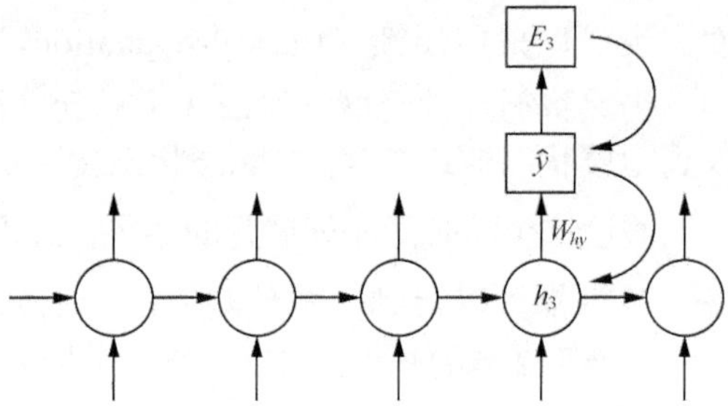

图 7-41 计算 $\frac{\partial E_3}{\partial W_{hy}}$ 的示意图

直接将 $\hat{y}_3$ 代入 E_3 的公式可以得到

$$E_3=-\log_2\left(\frac{\exp z_y}{\sum_{j=1}^{m}\exp z_j}\right)=\log_2\left(\sum_{j=1}^{m}\exp z_j\right)-z_y$$

这样就可以直接求链式：

$$\frac{\partial E_3}{\partial z_3}\ \frac{\partial z_3}{\partial W_{hy}}$$

从而得到

$$\frac{\partial z_3}{\partial W_{hy}}=(\hat{y}_3-\delta_{ky})h_3$$

其中，

$$\hat{y}_3=\begin{cases}1 & 若\ k=y\\0 & 若\ k\neq y\end{cases}$$

然后，试着求 $\frac{\partial E}{\partial W_{hh}}$，同样以 E_3 为例子。

仍然将循环神经网络按时间展开成一个前馈神经网络，然后按照“前馈”的链式法则求偏导（见图 7-42）。

于是链式求导是这样写的：

$$\frac{\partial z_3}{\partial W_{hy}}=\frac{\partial E_3}{\partial \hat{y}_3}\frac{\partial \hat{y}_3}{\partial h_3}\frac{h_3}{\partial W_{hh}}$$

在这里请注意，$\frac{h_3}{\partial W_{hh}}$ 不是一个常数了，因为 h 是一个激活函数层层嵌套的形式。

$$h_3 = \Delta(W_{xh}\ x_3 + W_{hh}\ h_2)$$
$$\downarrow$$
$$h_2 = \Delta(W_{xh}\ x_2 + W_{hh}\ h_1)$$
$$\downarrow$$
$$h_1 = \Delta(W_{xh}\ x_1 + W_{hh}\ h_0)$$
$$\downarrow$$
$$h_0 = \Delta(W_{xh}\ x_0)$$

$$\frac{\partial h_3}{\partial W_{hh}} = \frac{\partial h_3}{\partial h_2}\frac{\partial h_2}{\partial h_1}\frac{\partial h_1}{\partial h_0}\frac{\partial h_0}{\partial W_{hh}}$$

因此仍然要按照链式的方法求下去：

$$\frac{\partial E_3}{\partial W_{hh}} = \sum_{k=0}^{3}\frac{\partial E_3}{\partial \hat{y}_3}\frac{\partial \hat{y}_3}{\partial h_3}\frac{\partial h_3}{\partial h_k}\frac{\partial h_k}{\partial W_{hh}}$$
$$= \frac{\partial E_3}{\partial \hat{y}_3}\frac{\partial \hat{y}_3}{\partial h_3}\frac{\partial h_3}{\partial h_2}\frac{\partial h_2}{\partial h_1}\frac{\partial h_1}{\partial h_0}\frac{\partial h_0}{\partial W_{hh}} + \frac{\partial E_3}{\partial \hat{y}_3}\frac{\partial \hat{y}_3}{\partial h_3}\frac{\partial h_3}{\partial h_2}\frac{\partial h_2}{\partial h_1}\frac{\partial h_1}{\partial W_{hh}} + \frac{\partial E_3}{\partial \hat{y}_3}\frac{\partial \hat{y}_3}{\partial h_3}\frac{\partial h_3}{\partial h_2}\frac{\partial h}{\partial W_{hh}}$$

最后求 $\frac{\partial E}{\partial W_{xh}}$，同样以 E_3 为例（见图 7-43）。

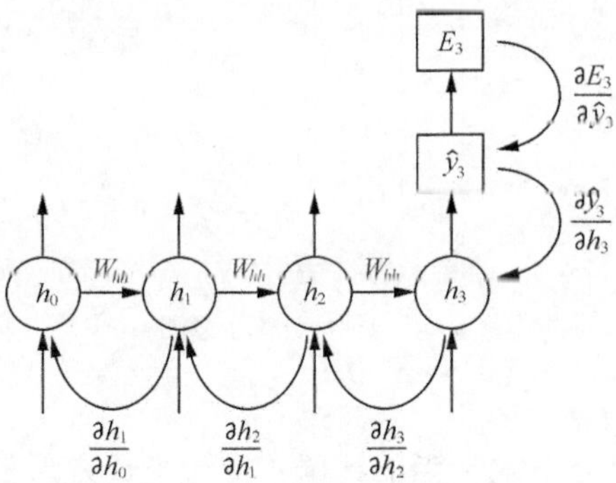

图 7-42 计算 $\frac{\partial E_3}{\partial W_{hh}}$ 的示意图

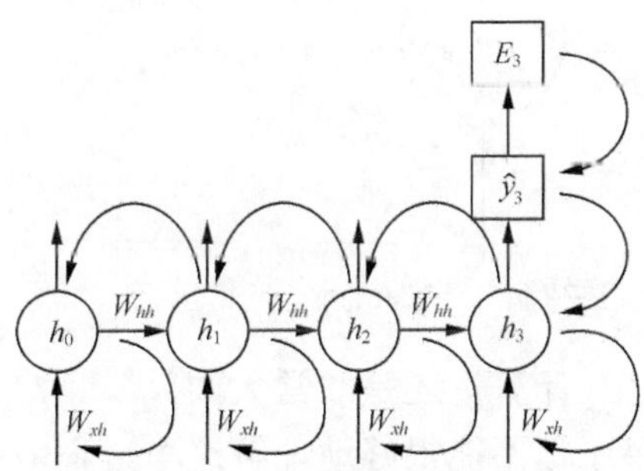

图 7-43 计算 $\frac{\partial E_3}{\partial W_{xh}}$ 的示意图

可以得到：

$$\frac{\partial E_3}{\partial W_{xh}} = \sum_{k=0}^{3}\frac{\partial E_3}{\partial \hat{y}_3}\frac{\partial \hat{y}_3}{\partial h_3}\frac{\partial h_3}{\partial h_k}\frac{\partial h_k}{\partial z_k}\frac{\partial z_k}{\partial W_{xh}}$$

这里就不再展开了。

上述这种针对循环神经网络的特别训练方法称为 BPTT（Back- Propagation Through Time）。顾名思义，BPTT 可以理解为基于时间回溯到之前的各个状态，然后用反馈神经网络的链式求导法则，分别求出损失函数对 3 种参数（W_{xh},W_{hh},W_{hy}）的梯度：$\frac{\partial E}{\partial W_{xh}},\frac{\partial E}{\partial W_{hh}},\frac{\partial E}{\partial W_{hy}}$。请特别注意，这是一个最基本的神经网络（见图 7-44）。

也就是说，参数只有这 3 个，循环神经网络根据这 3 个参数（矩阵或向量）在时间上产生不同的输出值。

但在反馈神经网络中所求的梯度，确实要通过对所有时刻的展开，然后一点一点将梯度加起来，如图 7-45 所示。

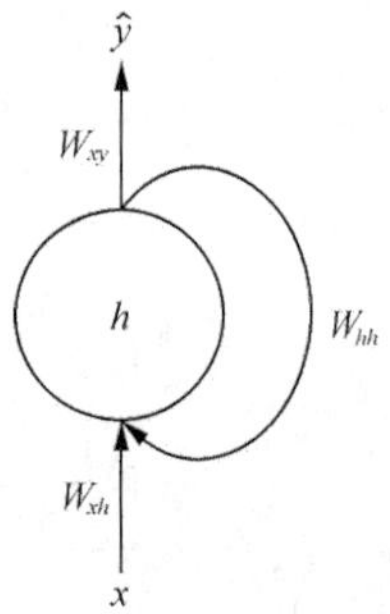

图 7-44　最基本的神经网络

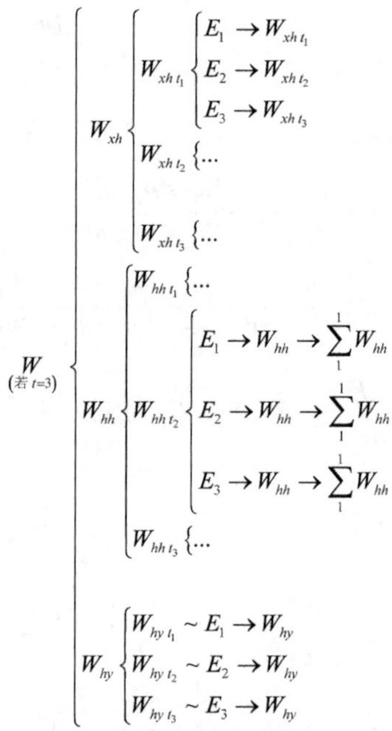

图 7-45　梯度计算示意图

总之，计算量还是非常大的。

如果还是不能很好地理解这个过程，可以做一个不太恰当的比喻：将一张长方形的纸折成多个全等矩形（每个矩形代表一个时刻），在第一个矩形上设计一个小图像（好比设定的参数 W_{xh}、W_{hh}、W_{hy}），然后用剪纸的技巧将多余的部分从纸上抠去（循环神经网络按照这个参数按照时间序列输入同样的信息），最后将这张纸条展开（循环神经网络按时间展开，变成一个前馈神经网络），我们将看到一个个手拉手的小人。这就是一个循环神经网络的时间序列输出过程：根据一个确定的参数，在时间序列上输入并得到对应的输出（见图 7-46）。

某天家里来了一个不听话的孩子，他用沾了墨水的毛笔在我折好的纸上涂鸦了一遍，导致我设计的小人被覆盖了，而且墨汁还顺着折叠的纸（假设就是用小时候练毛笔字的报纸叠成的）渗了下去。显然，墨汁会将第一层的形状带到下一层，并随着厚度的增减逐渐变浅（输入信息随着时间逐渐减少所体现出来的“模式”）。那么，我是否可以根据这样的经验来重新构建出当初的图案呢？这就好比使用 BPTT 方法反向训练参数一样，将墨汁的渗透过程在时间上展开，反向地重现一遍“模式”，然后找到正确的参数（见图 7-47）。

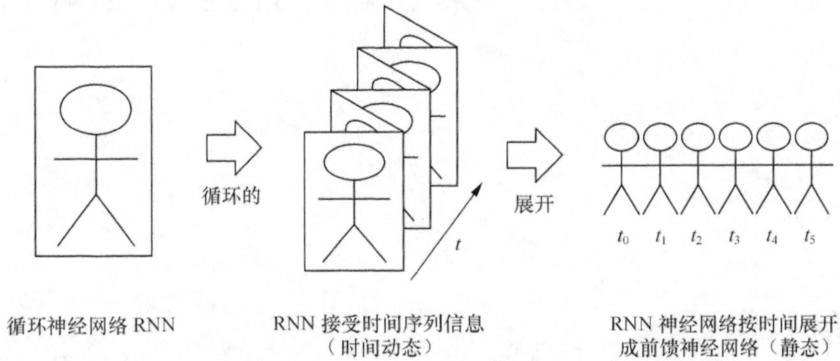

图 7-46　手拉手的小人和循环神经网络的关系

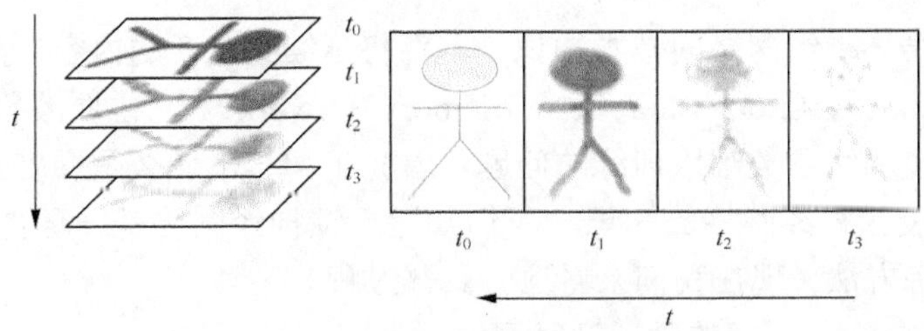

图 7-47　墨汁渗透和反向训练参数的关系

这样我们就基本解释清楚了循环神经网络基于经验（E）的参数学习方法（O）。

7.4　本章小结

本章主要阐述了循环神经网络。循环神经网络与卷积神经网络一样，都是对人工神经网络的改进。与人工神经网络不同的是，它可以处理随时间变化的输入。另一方面，它在前向传播的预测和反向传播的参数学习上与人工神经网络并无二致。

下面列出了本章的要点。

- 简单介绍了循环神经网络的特点：时间序列性。
- 通过引入有限状态机，将循环神经网络与布尔逻辑、MCP 神经元的知识连接起来。循环神经网络本质上是一个人工神经网络。
- 简单介绍了循环神经网络的参数学习方法，这与人工神经网络的反向传播神经网络稍有不同。

第 8 章　LSTM 循环神经网络

8.1 梯度弥散现象

8.1.1　梯度弥散的缘由

第 7 章介绍了循环神经网络的基本知识。本章将延续第 7 章的内容，介绍一种 RNN 的改进模型：长短期记忆网络（Long Short Term Memory Network）。它主要改善了循环神经网络中因梯度弥散导致深度网络参数难以训练的问题。首先了解一下什么是梯度弥散。

基于第 7 章中反馈神经网络的知识，我们知道反馈神经网络是循环神经网络在时间展开（BPTT）的参数训练方法，现在我们来看这一具体过程。

先例举 3 个时刻（t_3）展开的循环神经网络（见图 8-1）。

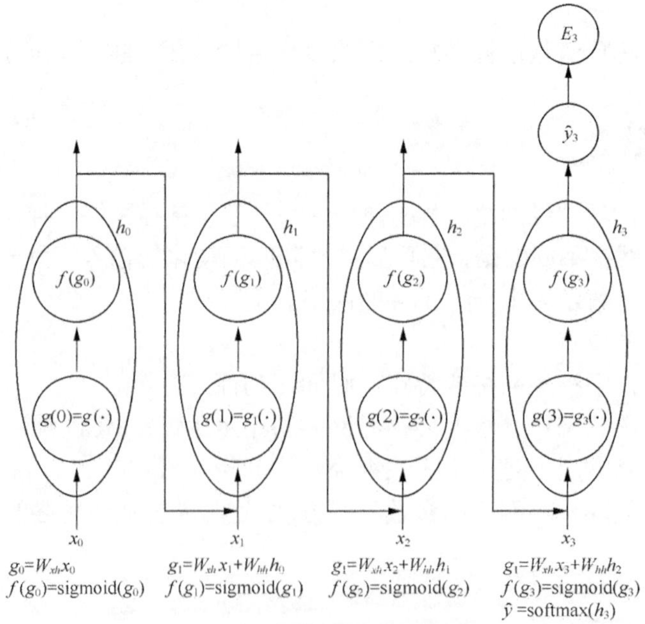

图 8-1　t_3时刻展开的循环神经网络

这是一个由感知器神经网络组成的循环神经网络随时间展开的简图。每个神经元由一个感知器组成，而每个感知器又分为 3 个部分：输入函数、激活函数和隐层参数。

（1） $g=g(\cdot)$ 将输入空间和前一个隐层参数求和，例如第一层 $g_0=W_{xh}^{(0)}x_0$，第三层 $g_3=W_{xh}^{(3)}x_3+W_{hh}^{(3)}h_2$，为了便于表示参数梯度位置，用上标标记了参数 W。

（2） $f(\cdot)=f\left(g(\cdot)\right)$ 是激活函数，这里使用 sigmoid 函数。

（3）激活函数的隐层参数输出 h_i，如 $h_3=f\left(g_3\right)=f'\left(W_{xh}^{(3)}x_3+W_{hh}^{(3)}h_2\right)$。

（4）最后一层中，基于隐层参数，再得到一个输出参数 $\hat{y}_3$。例如，这里使用 $\hat{y}_3=\operatorname{soft}\max(h_3)$ 分类函数，实际上只需要标记 $\hat{y}_3$ 就可以了。

（5）基于 softmax 分类函数的结果，可以设定一个损失函数 $E_3=E(y_3,\hat{y}_3)$，如可以使用交叉熵损失函数（为了方便，只用参数方程表示）。

根据前馈神经网络的知识，可以通过链式求导法则求得 t_3 时刻的损失函数 E_3 对 x_0 到 x_1 的隐层参数 $W_{hh}^{(1)}$ 的梯度。

$$\begin{aligned}\frac{\partial E_3}{\partial W_{hh}^{(1)}}&=\frac{\partial E_3}{\partial\hat{y}_3}\frac{\partial\hat{y}_3}{\partial h_3}\frac{\partial h_3}{\partial g_3}\frac{\partial g_3}{\partial h_2}\frac{\partial h_2}{\partial g_2}\frac{\partial g_2}{\partial h_1}\frac{\partial h_1}{\partial g_1}\frac{\partial g_1}{\partial W_{hh}^{(1)}}\\&=\frac{\partial E_3}{\partial\hat{y}_3}\frac{\partial\hat{y}_3}{\partial h_3}\frac{\partial h_3}{\partial g_3}W_{hh}^{(3)}\frac{\partial h_2}{\partial g_2}W_{hh}^{(2)}\frac{\partial h_1}{\partial g_1}\frac{\partial g_1}{\partial W_{hh}^{(1)}}\\&=\frac{\partial E_3}{\partial\hat{y}_3}\frac{\partial\hat{y}_3}{\partial h_3}f'(g_3)W_{hh}^{(3)}f'(g_2)W_{hh}^{(2)}f'(g_1)\frac{\partial g_1}{\partial W_{hh}^{(1)}}\end{aligned}\tag{8-1}$$

观察上面的表达式，它可以分解为 3 部分，其中，$\frac{\partial E_3}{\partial\hat{y}_3}\frac{\partial\hat{y}_3}{\partial h_3}$ 是一个 softmax-loss 函数，在上一节中将 softmax 函数与交叉熵损失函数联立得到它；

$f'\left(g_3\right)W_{hh}^{(3)}f'\left(g_2\right)W_{hh}^{(2)}f'\left(g_1\right)$ 是根据链式求导法则转换为激活函数求导的写法，可以将它看成一个数；$\frac{\partial g_1}{\partial W_{hh}^{(1)}}$ 是最终的梯度计算。结合上面两个部分，可以将整个链式求导函数看成：

$$\frac{\partial E_3}{\partial W_{hh}^{(1)}}=(\cdots)\frac{\partial g_1}{\partial W_{hh}^{(1)}}\tag{8-2}$$

即从损失函数开始，逐渐通过链式求导得到一个对目标参数的梯度。

因此，还可以通过同样的方法得到损失函数 E_3 对 $W_{hh}^{(2)}$、$W_{hh}^{(3)}$ 的链式求导结果。

$$\frac{\partial E_3}{\partial W_{hh}^{(2)}}=\frac{\partial E_3}{\partial\hat{y}_3}\frac{\partial\hat{y}_3}{\partial h_3}f'(g_3)W_{hh}^{(3)}f'(g_2)\frac{\partial g_1}{\partial W_{hh}^{(2)}}\tag{8-3}$$

$$\frac{\partial E_3}{\partial W_{hh}^{(3)}}=\frac{\partial E_3}{\partial\hat{y}_3}\frac{\partial\hat{y}_3}{\partial h_3}f'(g_3)\frac{\partial g_1}{\partial W_{hh}^{(3)}}\tag{8-4}$$

现在来看 $f(\cdot)$。$f(\cdot)$ 是激活函数，使用 sigmoid 函数，它的导函数如图 8-2 所示。

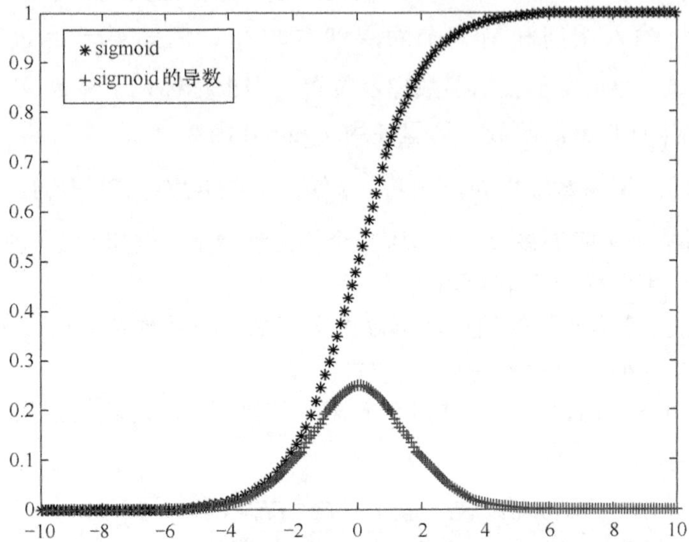

图 8-2　sigmoid 函数的导函数

可以发现，$f'(\cdot)$ 的值域是 $\left[0,\frac{1}{4}\right]$。如果设定 $|W_{hh}|<1$（即 W_{hh} 初始条件服从正态分布，那么 $|W_{hh}f'(\cdot)|<\frac{1}{4}$。

现在就可以比较 $\frac{\partial E_3}{\partial W_{hh}^{(1)}}$、$\frac{\partial E_3}{\partial W_{hh}^{(2)}}$、$\frac{\partial E_3}{\partial W_{hh}^{(3)}}$（见图 8-3）。

$$\frac{\partial E_3}{\partial W_{hh}^{(1)}}=\frac{\partial E_3}{\partial \hat{y}_3}\frac{\partial \hat{y}_3}{\partial h_3}\underbrace{f'(g_3)W_{hh}^{(3)}}_{<\frac{1}{4}}\underbrace{f'(g_2)W_{hh}^{(2)}}_{<\frac{1}{4}}\underbrace{f'(g_1)}_{<\frac{1}{4}}\frac{\partial g_1}{\partial W_{hh}^{(1)}}$$

$$\frac{\partial E_3}{\partial W_{hh}^{(2)}}=\frac{\partial E_3}{\partial \hat{y}_3}\frac{\partial \hat{y}_3}{\partial h_3}\underbrace{f'(g_3)W_{hh}^{(3)}}_{<\frac{1}{4}}\underbrace{f'(g_2)}_{<\frac{1}{4}}\frac{\partial g_2}{\partial W_{hh}^{(2)}}$$

$$\frac{\partial E_3}{\partial W_{hh}^{(3)}}=\frac{\partial E_3}{\partial \hat{y}_3}\frac{\partial \hat{y}_3}{\partial h_3}\underbrace{f'(g_3)}_{<\frac{1}{4}}\frac{\partial g_3}{\partial W_{hh}^{(3)}}$$

图 8-3　$\frac{\partial E_3}{\partial W_{hh}^{(1)}}$、$\frac{\partial E_3}{\partial W_{hh}^{(2)}}$、$\frac{\partial E_3}{\partial W_{hh}^{(3)}}$ 的计算

可以发现，损失函数对时间越早的参数梯度是呈指数级下降的：这种情况几乎无法避免，除非 $|W_{hh}f'(\cdot)|$ 稳定在 1 附近，显然，这是不现实的。

假设参数 $W_{hh}^{(1)}=1$，$W_{hh}^{(2)}=1$，$W_{hh}^{(3)}=1$，$f'(\cdot)\approx 1$，那么 $\frac{\partial E_3}{\partial W_{hh}^{(1)}}$ 约是 $\frac{\partial E_3}{\partial W_{hh}^{(3)}}$ 的 $\frac{1}{16}$，$\frac{\partial E_3}{\partial W_{hh}^{(2)}}$ 约是 $\frac{\partial E_3}{\partial W_{hh}^{(3)}}$ 的 $\frac{1}{4}$，这就是梯度消失问题。这表现在训练上就是：对于一个给定的带标签的真实样本，它对越久之前的参数修正能力越差，参数也可能只在较近的时间展开内调整。打一个“比喻”，就好像是金鱼的记忆只有“7 秒钟”一样，RNN 似乎异常健忘。

再来看梯度爆炸。梯度爆炸相对于梯度消失而存在。现假设 $W_{hh}^{(1)}=100, W_{hh}^{(2)}=100, W_{hh}^{(3)}=100$，

那么可以发现$\frac{\partial E_3}{\partial W_{hh}^{(1)}}$比$\frac{\partial E_3}{\partial W_{hh}^{(3)}}$大了约 625 倍，$\frac{\partial E_3}{\partial W_{hh}^{(2)}}$比$\frac{\partial E_3}{\partial W_{hh}^{(3)}}$大了约 25 倍，似乎过去对现在有些“矫枉过正”了。

8.1.2 梯度弥散带来的“健忘”

上一节以反馈神经网络在某个时刻输入产生的损失函数为例，简单说明了梯度消失和梯度爆炸。从数学公式中可以看出：随着时间的递进，损失函数对越早的梯度越小，因而也就对参数的修正程度越小。现在从前向传播的角度（相当于换一个角度）来理解一下这个问题。

简化模型如图 8-4 所示。

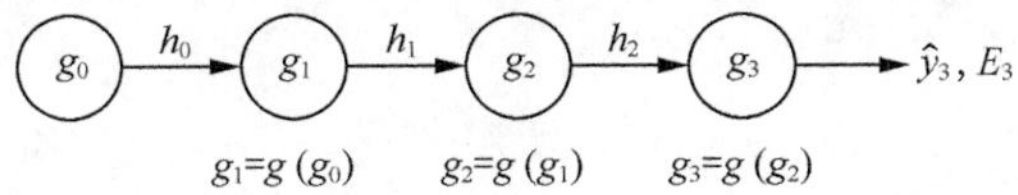

$$g_i(\cdot) = W_{hh}^{(i)} g_{i-1}$$

图 8-4 循环神经网络简化图

拿掉激活函数，只将前一个时刻的求和函数结果送入下一时刻的求和函数，并且不考虑当前时刻的输入信息，形成一个只包含隐层信息传输的线性输入关系。

首先，有

$$g_1 = W_{hh}^{(1)} h_0 \tag{8-5}$$

此时，对于$W_{hh}^{(1)}$的微小误差$\Delta W_{hh}^{(1)}$会产生一个线性误差

$$\Delta g_1 \approx \Delta W_{hh}^{(1)} h_0 \tag{8-6}$$

由于没有了激活函数，因此将前一个神经元的输出作为下一个神经元的输入即可。由于

$$h_1 = g_1 \tag{8-7}$$

因此

$$g_2 = g(h_1) = W_{hh}^{(2)} g_1 \tag{8-8}$$

对于Δg_1会将误差传递给g_2，这也是线性的误差传递：

$$\Delta g_2 \approx W_{hh}^{(2)} \Delta g_1 \tag{8-9}$$

同理，可以将误差传给g_3：

$$\Delta g_3 \approx W_{hh}^{(3)} \Delta g_2 \tag{8-10}$$

即

$$\Delta h_3 \approx W_{hh}^{(3)} \Delta g_2 \tag{8-11}$$

将式子全部代入进去，可以得到$W_{hh}^{(1)}$对h_3的传递误差：

$$\Delta h_3 \approx W_{hh}^{(3)}\ W_{hh}^{(2)} h_0 \Delta W_{hh}^{(1)} \tag{8-12}$$

现在将激活函数放回去（但仍不考虑输入空间）（见图 8-5）。

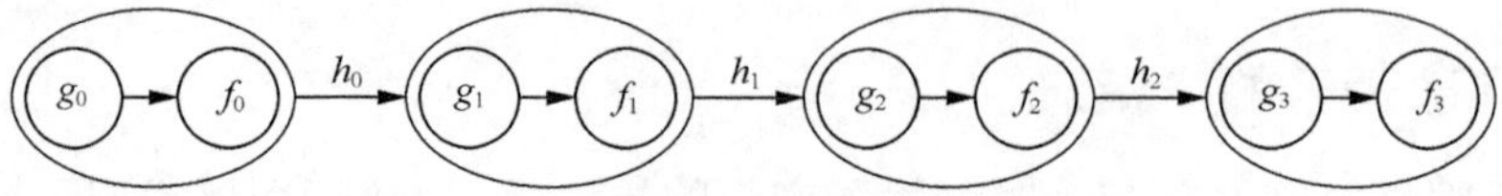

图 8-5　加入激活函数的循环神经网络简化图

首先，有

$$g_1 = W_{hh}^{(1)} h_0 \tag{8-13}$$

同样，对于微小误差 $\Delta W_{hh}^{(1)}$：

$$\Delta g_1 \approx \Delta W_{hh}^{(1)} h_0 \tag{8-14}$$

然后，输入到激活函数 $f(\cdot)$ 中：

$$h_1 = f\left(g_1\right) = f\left(W_{hh}^{(1)} h_0\right) \tag{8-15}$$

因此可以传递误差：

$$\Delta h_1 \approx f'\left(g_1\right) h_0 \Delta W_{hh}^{(1)} \tag{8-16}$$

同理，可以得到：

$$g_2 = W_{hh}^{(2)} h_1 \tag{8-17}$$

因此有

$$\Delta g_2 \approx W_{hh}^{(2)} \Delta h_2 \tag{8-18}$$

于是

$$h_2 = f\left(g_2\right) = f\left(W_{hh}^{(2)} h_1\right) \tag{8-19}$$

因此

$$\Delta h_2 \approx f'\left(g_2\right) W_{hh}^{(2)} \Delta h_1 \tag{8-20}$$

同理，可以得到

$$\Delta h_3 \approx f'\left(g_3\right) W_{hh}^{(3)}\ f'\left(g_2\right) W_{hh}^{(2)}\ f'\left(g_1\right) h_0 \Delta W_{hh}^{(1)} \tag{8-21}$$

比较上文中线性方程传递的误差，可以发现加入非线性激活函数以后，误差传递呈指数级减少，这是由于 $f'\left(g_1\right)$、$f'\left(g_2\right)$、$f'\left(g_3\right)$ 所带来的变化。

那么，是否可以通过控制 W_{hh} 来减少这种误差传递的衰减呢？假设设定 $W_{hh}^{(1)}$、$W_{hh}^{(2)}$、$W_{hh}^{(3)}$ 均为 4，用于抵消 $f'(\cdot)$ 的影响，但可以细致地发现，激活函数的导数受参数 W_{hh} 的影响，例如：

$$g_3 = W_{hh}^{(3)} h_2 \tag{8-22}$$

$$f'\left(g(3)\right) = f'\left(W_{hh}^{(3)} h_2\right) \tag{8-23}$$

如果将 $W_{hh}^{(3)}$ 调成 4 左右，再观察一下激活函数导数的图像可以发现：$f'(\cdot)$ 的输入跑到了函数的右侧，相当于 $f'(\cdot)$ 变得更小了。因此，要避免层数变深以后产生的参数梯度消失问题是不能用这些“小把戏”来解决的。

由于我们已经证明了循环神经网络在时间展开后与前馈神经网络无异，因此显然，梯度消失和梯度爆炸问题也同样存在于前馈神经网络中，这里不做具体的论证。然而，这个问题对于循环神经网络更致命：循环神经网络往往需要产生更深的网络，以处理序列输入信息（如一句话或一段声音），因此也就更加迫切地要寻求一种解决或缓解梯度消失和梯度爆炸的方法。

8.2 长短期记忆网络

现在我们知道了一个标准的 RNN（Vanilla RNN）会因为梯度消失和梯度爆炸问题产生“记忆”上的缺陷。LSTM 是一种特殊的循环神经网络，可以有效地解决因梯度消失与梯度爆炸而使神经网络深度不足的问题。

8.2.1 LSTM 的结构

对于一个传统的神经网络，我们可以这么看（见图 8-6）。

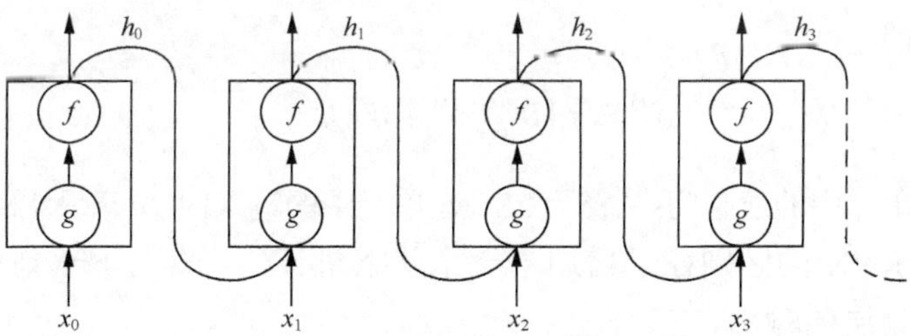

图 8-6　传统的神经网络示意图

这是一个传统循环神经网络的时间展开，函数 $g(\cdot)$ 将隐层信息和输入空间信息分别用参数求和，再输入到激活函数 $f(\cdot)$ 中，此处的激活函数一般为 tanh 函数。

现在，在传统循环神经网络的基础上，加入一个细胞状态（Cell State），组成一个 LSTM 单元，可以将 LSTM 单元看成前一时刻隐层信息的输入加上此时刻输入空间的输入，得到一个隐层输出，并向下一个时刻输出（见图 8-7）。

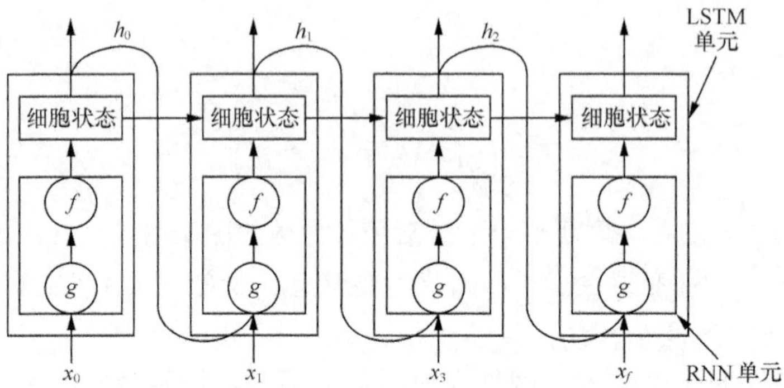

图 8-7　LSTM 结构示意图

将细胞状态打开，它可以分解为 5 部分：遗忘门、输入门、输出门、状态量、输入与输出（见图 8-8）。

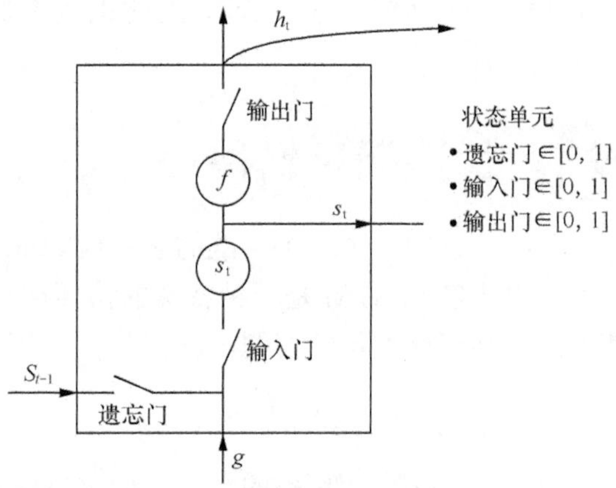

图 8-8　状态单元示意图

遗忘门、输入门、输出门都是一个基于上一时刻隐层输入和当前时刻输入空间输入的 sigmoid 函数，因此它的范围是[0,1]，可以将它们比喻成一个开关。开关完全闭合时通过 1，完全打开时通过 0，可以给出一个数学描述：

- 对于遗忘门

$$f^{(t)} = f\left(W_{xh}^{(t)} x^{(t)} + W_{hh} h^{(t-1)}\right) \qquad (8\text{-}24)$$

- 对于输入门

$$i^{(t)} = f\left(W_{xh}^{(t)} x^{(t)} + W_{hh} h^{(t-1)}\right) \qquad (8\text{-}25)$$

- 对于输出门

$$o^{(t)} = f\left(W_{xh}^{(t)} x^{(t)} + W_{hh} h^{(t-1)}\right) \qquad (8\text{-}26)$$

其中，f 表示 LSTM 单元中的遗忘门；i 表示 LSTM 单元中的输入门；o 表示 LSTM 单元中的输出门。LSTM 单元与传统 RNN 的区别在于增加了一个状态量 $s^{(t)}$，$s^{(t)}$ 向下一刻传递，相对于下一刻变成 $s^{(t-1)}$，并控制隐层的输出。

$$s^{(t)} = g^{(t)}\ i^{(t)} + s^{(t-1)}\ f^{(t)} \qquad (8\text{-}27)$$

$$h^{(t)} = f\left(s^{(t)}\ o^{(t)}\right) \qquad (8\text{-}28)$$

其中，$g^{(t)}$ 就是传统神经元的激活函数部分：

$$g^{(t)} = f\left(W_{xh}\ x^{(t)} + W_{hh}\ h^{(t-1)}\right) \qquad (8\text{-}29)$$

如果将遗忘门调成 0，将输入门调成 1，将输出门调成 1，那么 LSTM 就与传统的 RNN 无异了。因此，LSTM 是 RNN 的一个发展，其本质仍然是一个 RNN。

按时间展开理解 LSTM：将 LSTM 单元视为一个整体。在时刻 t，单元接收来自上一时刻 $t-1$ 的两个输入 h_{t-1} 和 s_{t-1}，以及此时刻来自输入空间的输入 x_t，并输出 h_t，还向下一时刻输出 h_t 和 s_t（见图 8-9）。

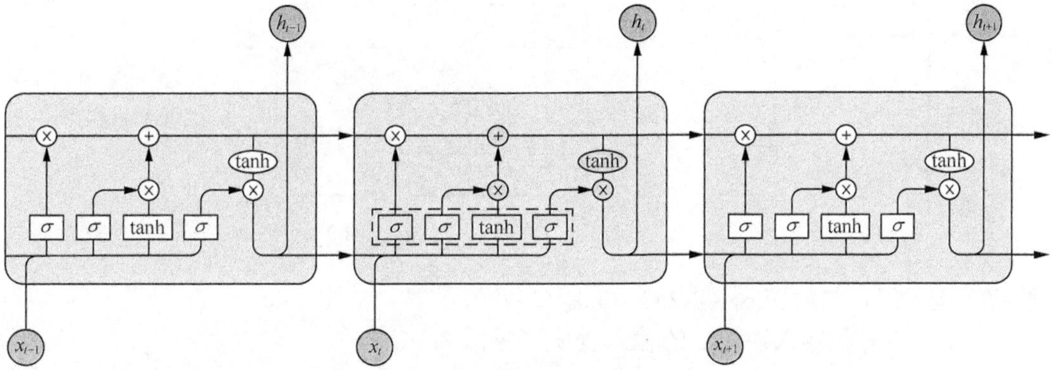

图 8-9　LSTM 展开结构图

首先，定义一下图 8-9 中的符号。

- 虚框方块代表激活函数。
- 圆圈 $h_{t\text{-}1}$、h_t、h_{t+1} 代表计算。
- 单向箭头表示信息流动方向。
- 合并的箭头表示信息合并。
- 开叉的箭头表示信息复制。

图 8-9 中的 3 个 σ 函数分别对应前文所述的 3 个激活门：遗忘门、输入门和输出门。tanh 方框对应传统 RNN 中的输入方程和激活方程部分，tanh 椭圆框是 LSTM 增加的部分。

前文所述的状态单元对应图中的粗黑线条部分，LSTM 单元将上一个时刻的状态 $C_{t\text{-}1}$ 转变为下一个时刻的状态 C_t（见图 8-10）。

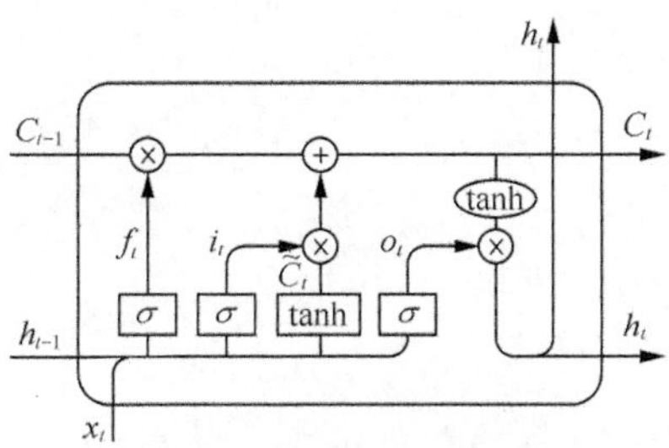

图 8-10　LSTM 内部结构图

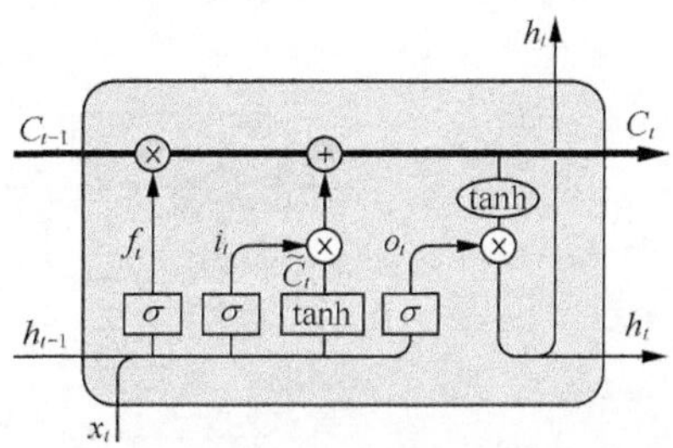

图 8-11　从 $C_{t\text{-}1}$ 转变为 C_t

状态的改变通过对应的激活门来实现，也对应上文中的各个激活门，如图 8-11 所示。由于这里使用了 sigmoid 激活函数，因此其值域为[0,1]。因此，激活门函数 1 可以理解为“信息全部通过”，0 可以理解为“信息全部不通过”（见图 8-12）。

首先是遗忘门。它对应式（8-24）。

它基于 h_{t-1} 和 x_t 的输入决定对前一刻的状态的遗忘程度（见图 8-13）。

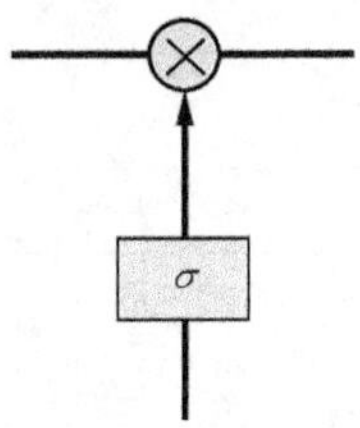

图 8-12　激活函数

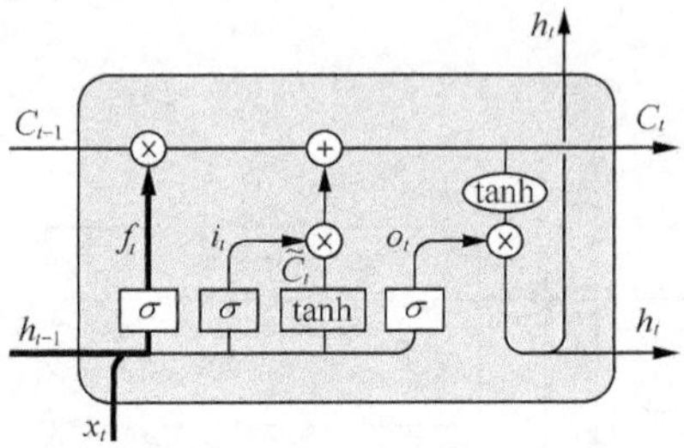

$$f_t = \sigma(W_f[h_{t-1}, x_t] + b_f)$$

图 8-13　遗忘门

然后是输入门。它对应式（8-25）和式（8-29）。

它基于 h_{t-1} 和 x_t 的输入决定 g 的输入程度（见图 8-14）。

接着是状态 s 的更新，它对应式（8-27）。

它基于遗忘门和输入门决定 $s^{(t)}$（见图 8-15）。

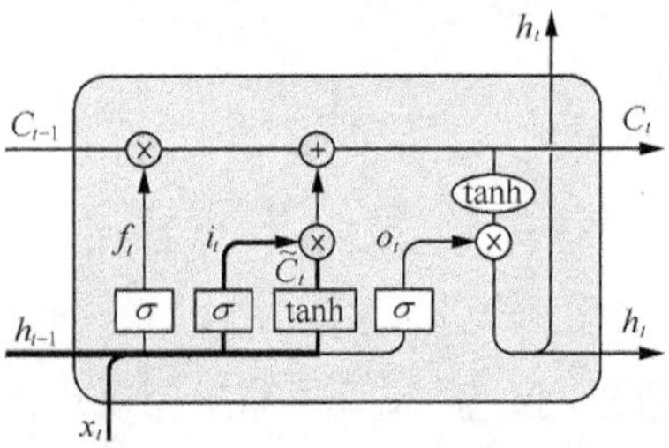

$$i_t = \sigma(W_i[h_{t-1}, X_t] + b_i)$$
$$\tilde{C_t} = \tanh(W_C[h_{t-1}, x_t] + b_c)$$

图 8-14　输入门

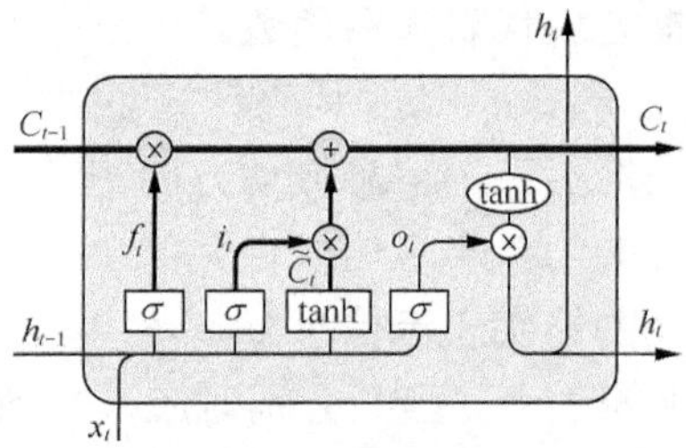

$$C_t = f_t C_{t-1} + i_t \tilde{C}_t$$

图 8-15　状态的更新

最后是输出门，它对应式（8-26）和式（8-28）。

它基于 h_{t-1}、x_t、s_t 决定隐层输出 h_t，见图 8-16。

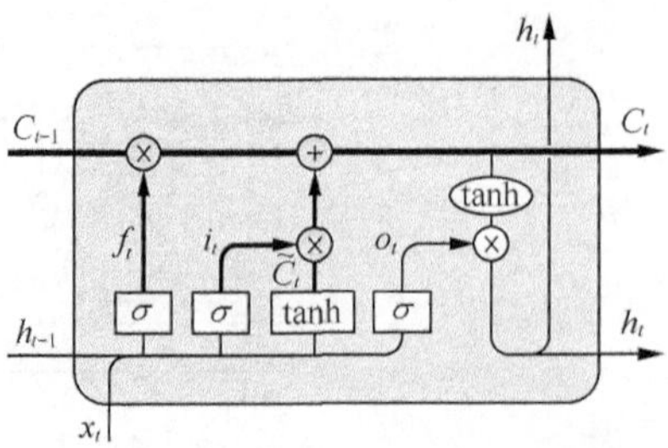

$$o_t = \sigma(W_o[h_{t-1}, x_t] + b_o)$$
$$h_t = o_t \tanh(C_t)$$

图 8-16　输出门

这样就可以比较清楚地了解 LSTM 单元的结构了。

8.2.2 LSTM 单元如何缓解梯度弥散

那么，LSTM 单元是如何缓解梯度消失和梯度爆炸问题的呢？

如图 8-17 所示，可以将 LSTM 单元看成一个尝试将信息存储较久的记忆单元。这个记忆单元被 3 个激活门（遗忘门、输入门、输出门）所保护，被保护的功能包括保存、写入和读取操作。这些激活门不会将自己的行为作为输入值发送给其他神经元，而是负责在神经网络与记忆单元连接之间设定权值。

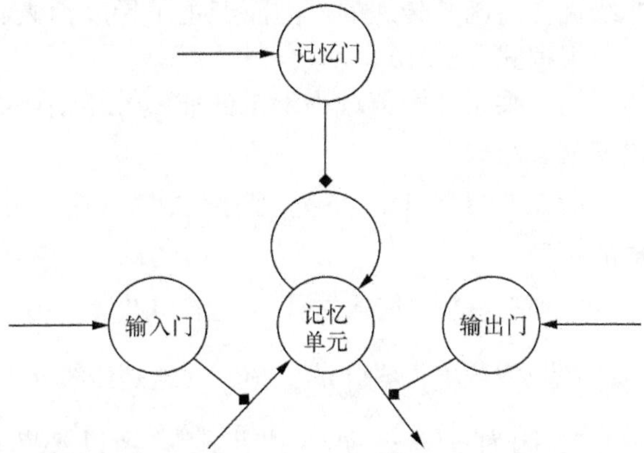

图 8-17 LSTM 单元示意图

通过公式

$$s^{(t)} = g^{(t)}i^{(t)} + s^{(t-1)}f^{(t)} \tag{8-30}$$

可以发现，这个记忆单元是一个线性的神经元，有自己的内部连接（循环结构）。当输入门打开时（输入门权值为 1），记忆单元将内容写入自身；当遗忘门打开时（遗忘门权值为 0），记忆单元会清除前一个时刻的内容；当输出门打开时（输出门权值为 1），神经网络的其他部分读取记忆单元。

其中一个关键是 LSTM 单元保持了一个“恒定误差流”，从而在局部（短时间内）防止梯度消失和梯度爆炸。将这个 LSTM 单元按时间展开（图 8-18）。

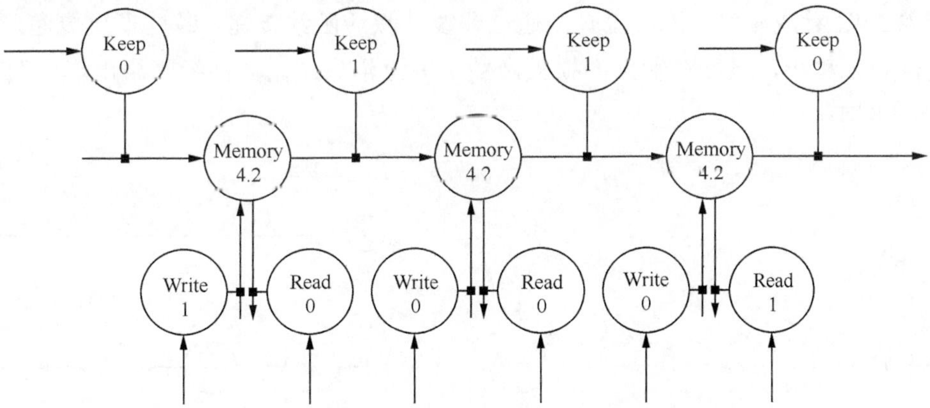

图 8-18 将上述结构的 LSTM 单元按时间展开

作为一个例子，首先，把遗忘门设定为 0，把输入门设定为 1，并在记忆单元中存入 4.2 这个值。在随后遗忘门为 1 时，4.2 这个值一直保存在记忆单元中，最终在读取后清除（一个序列完成）这个单元。现在，试着从 4.2 这个值被载入记忆单元的那一刻起进行 BP 算法，直到从记忆单元中读出 4.2 的那一刻并随之将其清除为止。我们发现，根据记忆神经的线性本质，从读取点到写入点接收到的 BP 误差派生的变化完全可以忽略，因为通过所有时间层连接记忆单元的连接权值加权后约等于 1。因此，可以在几百步中对这个误差进行局部保存，而无须担心梯度的爆发或消失。

从 ΔW_{hh} 传递误差的角度看：前面的例子中，传统 RNN 经过 3 个时刻，误差 $\Delta W_{hh}^{(1)}$ 是通过非线性激活函数传递的，因而产生了梯度消失和梯度爆炸。

根据式（8-21）

由于乘了 3 个值域小于 1 的非线性激活函数，因此误差减小了，假设经过 1000 步，那么误差就会消失。

而在 LSTM 中，$\Delta W_{hh}^{(1)}$ 保存到状态 s 中，并通过线性加和向下一时刻传递。可以做一个简单的推导。

1）首先假设产生了误差 $\Delta W_{hh}^{(1)}$，由于 $g^{(1)} = f\left(W_{xh}^{(1)}\ x^{(1)} + W_{hh}^{(1)}\ h^{(0)}\right)$，因此 $\Delta g^{(1)} \approx f'\left(W_{xh}^{(1)}\ x^{(1)} + W_{hh}^{(1)}\ h^{(0)}\right) h^{(0)}\ \Delta W_{hh}^{(1)}$（这是传统 RNN 的部分，通过激活函数，误差仍然降低了一些）。

2）因为 $s^{(t)} = g^{(t)}\ i^{(t)} + s^{(t-1)}\ f^{(t)}$，所以 $\Delta s^{(1)} \approx \Delta g^{(1)}$。

3）由于前一个状态与后一个状态通过加法方式完成，因此总误差为 $S_t = \sum_t^i \Delta s_t$。例如，整个序列时间为 $t = 1000$，那么误差 $\Delta W_{hh}^{(1)}$ 经过 1000 个时刻后的总误差仍然为 $S_t = \Delta s_1 = \Delta g_1$。如果在传统 RNN 中，早就因为乘以了非常多的非线性激活函数而消失了。

这类似于图 8-19。

对于传统 RNN 的时间展开而言，其相当于一个前馈神经网络。可以将网络隐层循环参数中的误差 ΔW_{hh} 看成魔鬼，该误差必须通过非线性激活函数传递。经过多次传递，这个“魔鬼”会变得越来越小，最终在输出的损失函数中完全消失。循环神经网络出现“健忘”的情况如图 8-20 所示。

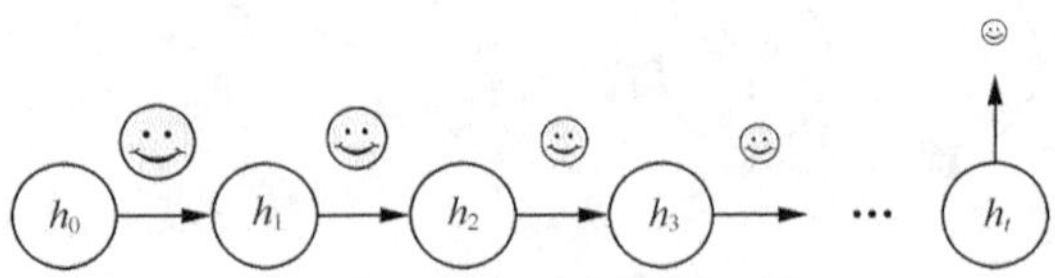

图 8-19　误差多次传递越来越小

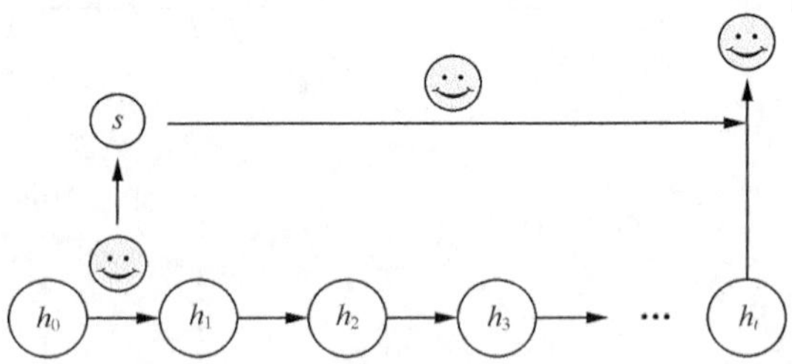

图 8-20　循环神经网络的“健忘”情况

而在 LSTM 循环神经网络中，“魔鬼”并不是随着激活函数传递下去，而是存储到状态 s 中，并最终被带到用于一个序列终点的输出中，RNN 的“健忘”缓解了。

8.3 通过 TensorFlow 实现一个简单的 LSTM

下面的示例代码用 TensorFlow 实现一个简单的 LSTM。

```
'''
用 TensorFlow 实现一个 LSTM 案例。
使用递归神经网络进行图像分类，把每张图像的行作为像素序列。MNIST 图像的大小为 28×28px，每个
样本将处理 28 个步骤的 28 个序列。
该实例使用手写数字数据集 MNIST database

'''

from __future__ import print_function

import tensorflow as tf
from tensorflow.contrib import rnn

# 导入 MNIST 数据集
from tensorflow.examples.tutorials.mnist import input_data
mnist = input_data.read_data_sets("/tmp/data/", one_hot=True)


# 参数
learning_rate = 0.001
training_iters = 100000
batch_size = 128
display_step = 10

# 网络参数
n_input = 28 # MNIST 数据集输入(图像尺寸: 28*28)
n_steps = 28 # 步长
n_hidden = 128 # 特征的隐层数
n_classes = 10 # MNIST 总类别 (0~10 的数字)

# tf 图表输入
x = tf.placeholder("float", [None, n_steps, n_input]) # 用 placeholder 先占地方，
样本个数不确定，表示为 None
y = tf.placeholder("float", [None, n_classes]) # 用 placeholder 先占地方，样本个
数不确定，表示为 None

# 定义权重
weights = {
    'out': tf.Variable(tf.random_normal([n_hidden, n_classes]))
}
biases = {
    'out': tf.Variable(tf.random_normal([n_classes]))
}


def RNN(x, weights, biases):

    #确定数据尺寸来匹配 rnn 函数的需求
    #当前输入数据尺寸: (batch_size, n_steps, n_input)
    #需要尺寸: n_steps 步长张量的列表，每一个尺寸为((batch_size, n_input))
    #重组数据为一个 n_steps 步长的张量列表，每一个尺寸为((batch_size, n_input))
    x = tf.unstack(x, n_steps, 1)
```

```
    #用 tensorflow 定义一个 lstm 细胞
    lstm_cell = rnn.BasicLSTMCell(n_hidden, forget_bias=1.0)

    #获得 lstm 细胞的输出
    outputs, states = rnn.static_rnn(lstm_cell, x, dtype=tf.float32)

    #线性激活，最后输出添加 rnn（内循环）
    return tf.matmul(outputs[-1], weights['out']) + biases['out']

pred = RNN(x, weights, biases)

#定义损失和优化器
cost  =  tf.reduce_mean(tf.nn.softmax_cross_entropy_with_logits(logits=pred,
labels=y))
optimizer = tf.train.AdamOptimizer(learning_rate=learning_rate).minimize(cost)

#评估模型
correct_pred = tf.equal(tf.argmax(pred,1), tf.argmax(y,1))
accuracy = tf.reduce_mean(tf.cast(correct_pred, tf.float32))

#初始化全部数值
init = tf.global_variables_initializer()

#执行图表
with tf.Session() as sess:
    sess.run(init)
    step = 1
    #持续训练到最大迭代数
    while step * batch_size < training_iters:
        batch_x, batch_y = mnist.train.next_batch(batch_size)
        #改变每一批输入数据尺寸，获得 28*28 的数据
        batch_x = batch_x.reshape((batch_size, n_steps, n_input))
        #执行优化器
        sess.run(optimizer, feed_dict={x: batch_x, y: batch_y})
        if step % display_step == 0:
            #计算每一批的精确度
            acc = sess.run(accuracy, feed_dict={x: batch_x, y: batch_y})

            #计算每一批的损失
            loss = sess.run(cost, feed_dict={x: batch_x, y: batch_y})
            print("Iter " + str(step*batch_size) + ", Minibatch Loss= " + \
                  "{:.6f}".format(loss) + ", Training Accuracy= " + \
                  "{:.5f}".format(acc))
        step += 1
    print("Optimization Finished!")

    #计算 128 张测试样例的分辨精确度
    test_len = 128
    test_data = mnist.test.images[:test_len].reshape((-1, n_steps, n_input))
    test_label = mnist.test.labels[:test_len]
    print("Testing Accuracy:", \
        sess.run(accuracy, feed_dict={x: test_data, y: test_label}))
```

8.4 本章小结

本章主要阐述循环神经网络的一个变体：LSTM 循环神经网络。LSTM 主要解决循环神经网络中“记忆力差”的难题，这是由于梯度弥散现象导致的。本章要点如下。

- 介绍什么是梯度弥散，这也是影响神经网络参数学习的主要问题。
- 描述 LSTM 的网络结构，以及它如何缓解梯度弥散现象。
- 通过 TensorFlow 实现一个简单的 LSTM。

第 9 章　深入 TensorFlow

9.1 机器学习框架回顾

在深入了解 TensorFlow 之前，先来回顾一下机器学习框架。从第 2 章的知识中可以了解到，机器学习的框架可以简化为 3 个基本问题：T（Task）、E（Experience）、P（Performance）。

机器学习通过学习经验数据来建立一个模型（Model，也可以视为一个黑箱），通过模型解决一个特定任务，并通过一个标准来确定模型解决这一特定任务的性能（见图 9-1）。

随后我们解构黑箱模型，即模型的训练方法。这一问题也可以简化为 3 个基本问题：R（表示）、E（评价）、O（优化）。

对于机器学习的模型，首先，需要确立一种表示方法（如一个由许多参数构成的单隐层神经网络）。然后，基于这个表示（R），输入经验数据，根据模型参数输出结果，并基于这个结果确定一个评价（E）（如损失函数）。接下来，使用一个优化方法（O）（如随机梯度下降），训练模型参数使损失函数收敛到某个局部最优点，即得到了一个可供评价的黑箱模型。最后，再测试一下它在经验数据以外的性能（见图 9-2）。

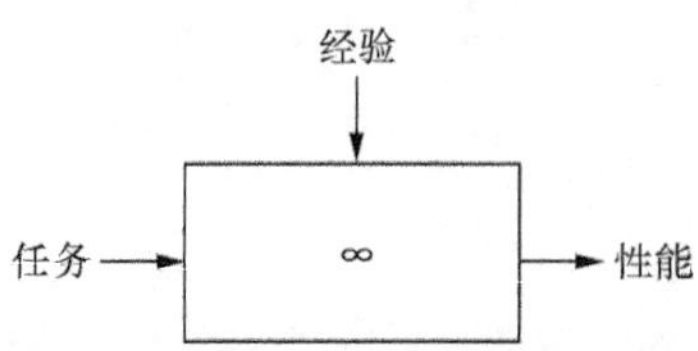

图 9-1　通过模型解决任务的示意图

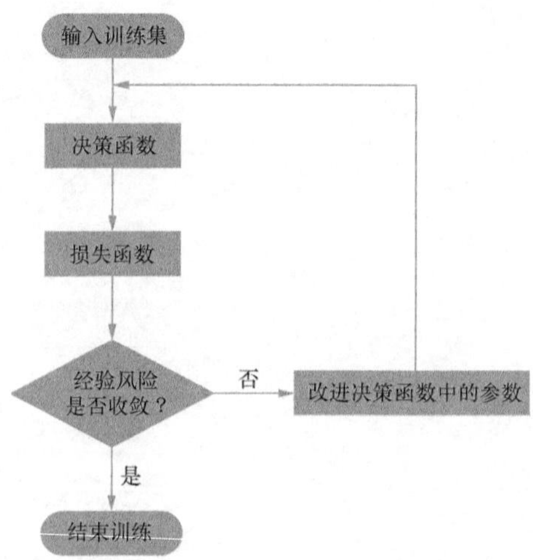

图 9-2　模型的训练方法流程图

将整个过程组合起来，得到图 9-3。

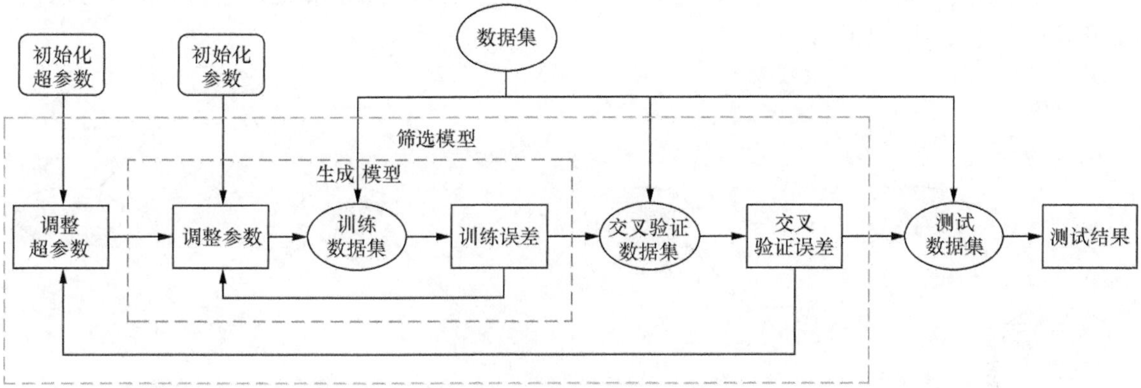

图 9-3 模型训练及测试流程图

这里先将概念扩大一下：超参数用于定义不同的模型表示（R），参数用于定义模型 R 本身。为了简化训练过程和统一比较，将经验数据集 E 分为 3 个部分：训练数据集、交叉验证数据集和测试数据集。训练数据集用于训练模型参数；交叉验证数据集用于调整模型超参数；测试数据集用于测试最终的模型性能 P。

当整个机器学习框架设计好后，开始训练模型表示（R）：通过向模型输入训练数据集，基于评价（E）得到训练误差，利用这个误差来调整模型参数，以此迭代下去，直到评价（E）收敛到局部最优点。

9.2 计算图

9.2.1 计算图的前馈计算

从上一节可以发现，机器学习的整个过程可以总结为一个“图”，通过完成“图”中的每一个步骤，就可以得到一个良好的模型，从而达到模型设定的任务。

TensorFlow 的本质就是创建一个“计算图”（Computation Graph），并按照计算图规定的方法完成机器学习的整个计算过程。首先，要了解什么是“计算图”。

计算图是一种数学计算的表达方式。例如，要计算 $e=(a+b)(b+1)$，可以将这个计算分解成：

$$c=a+b$$
$$d=b+1$$
$$e=c\times d$$

然后对计算图的符号做一个定义。椭圆形的符号称为节点（node），代表计算方法。带箭头的黑色直线称为连线（edge），代表计算结果的传递。那么，可以将上面分解过的计算用一个计算图（见图 9-4）来表达。

打一个比方：以节点 a 和节点 b 作为输入，节点 c、节点 d、节点 e 定义了计算方法，从而形成一个计算图（见图 9-5）。

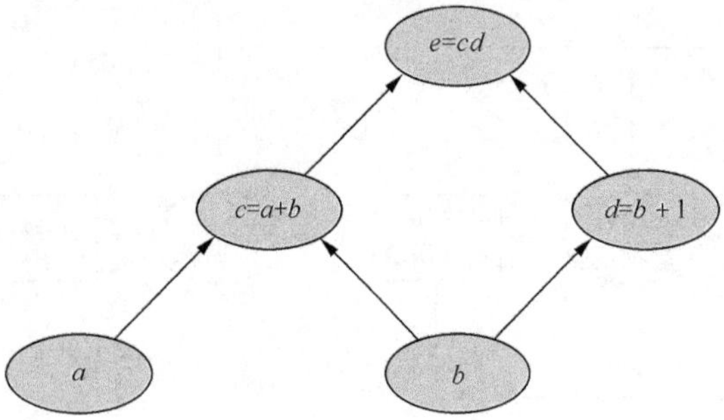

图 9-4　计算图

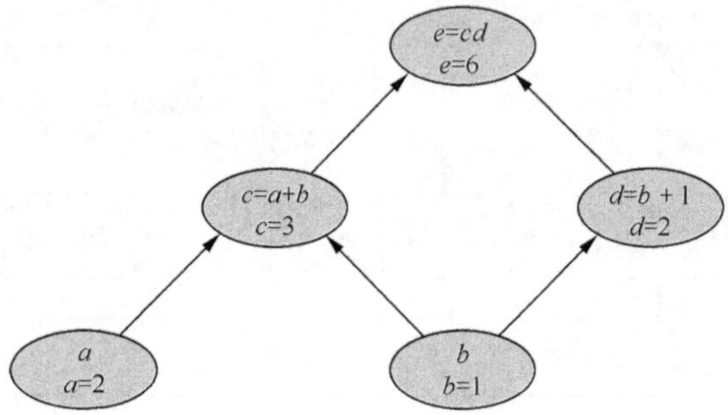

图 9-5　带有具体参数值的计算图

可以看到，这个计算图可以完成一个运算：$e=(a+b)(b+1)=(2+1)\times(1+1)=6$。

观察这个计算图，可以发现以下几个特点。

1）连线是有方向的，这意味着前一个节点的值只能“送”到下一个节点

2）后一个节点的计算必须等待全部连线的值都“送”到才能开始。换一种说法是：如果不考虑时间，那么计算图的计算必须按照特定的计算顺序来完成。如果考虑时间，那么计算图会因为前面节点计算时消耗时间的不同，而产生一定的延迟（通俗地说，这类似于人齐了才能开饭）。

9.2.2　计算图的反馈计算

计算图还有另一个好处：它可以方便地计算每一个节点之间的梯度。如果之前计算图已经将每个节点的值计算出了，就可以得到前后两个节点之间的具体梯度值。

现在定义一个新的符号：方框代表从后一个节点向前一个节点产生的梯度$\left(\text{即偏导数，如节点 } e \text{ 对节点 } c \text{ 的梯度为} \frac{\partial e}{\partial c}\right)$。

这样，可以将前后每两个节点之间的梯度算出来：

$$\frac{\partial e}{\partial c}=\frac{\partial e}{\partial (cd)}=d$$

$$\frac{\partial e}{\partial d}=\frac{\partial e}{\partial (cd)}=c$$

$$\frac{\partial c}{\partial a}=\frac{\partial e}{\partial (a+b)}=1$$

$$\frac{\partial c}{\partial b}=\frac{\partial e}{\partial (a+b)}=1$$

$$\frac{\partial d}{\partial a}=\frac{\partial e}{\partial(b+1)}=0$$

$$\frac{\partial d}{\partial b}=\frac{\partial e}{\partial(b+1)}=d$$

因为节点 d 到节点 a 并没有连接，所以可以视其为 0。依次可以画出图 9-6。

这样就可以将两个节点之间的梯度值计算出来了（也就是方框部分）。

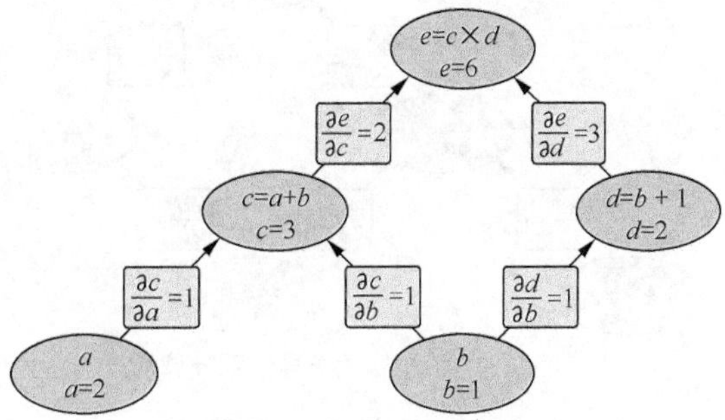

图 9-6　前后节点的梯度

现在我们从细微变化的传递来理解这个计算图。假设此时节点 b 产生一个非常小的变化 Δb，显然，它对节点 c、节点 d 和节点 e 会产生一个变化的传递，分别定义这个误差为 Δc、Δd、Δe。

根据微积分的知识，可以通过计算一个微分方程得到：

$$\Delta c=\Delta b\frac{\partial c}{\partial b}=\Delta b$$

$$\Delta d=\Delta b\frac{\partial d}{\partial b}=\Delta b$$

显然，这个误差还会继续传递下去：

$$\Delta e=\Delta c\frac{\partial e}{\partial c}=d\Delta c=2\Delta c$$

$$\Delta e=\Delta d\frac{\partial e}{\partial c}=c\Delta d=3\Delta d$$

通过这种思路，就可以得到 Δb 对 Δe 的影响：

$$\begin{aligned}\Delta e&=\Delta b\frac{\partial e}{\partial b}\\&=\Delta b\frac{\partial e}{\partial c}\frac{\partial c}{\partial b}+\Delta b\frac{\partial e}{\partial d}\frac{\partial d}{\partial b}\\&=5\Delta b\end{aligned}$$

从链式求导法则中可以看出，如果已经计算出了两个节点之间的梯度，那么不直接相连的节点之间的梯度计算只需要相乘即可得到，最后再将梯度汇合起来，即相加（见图 9-7）。

可以发现，只要经过前馈将每个节点的值确定下来，就可以计算出两个节点之间的梯度，继而算出某个输入节点对最终输出节点的影响（此时做一个乘法即可，不用计算复杂的链式求导）。

同样，还可以算出某个输入节点对后面每一个节点的影响。

现在我们换一个思路：如何计算节点 e 对之前每个节点的梯度（即节点 a、节点 b、节点 c、节点 d 对节点 e）的影响？仍根据已经求得的梯度值，用乘法的方法往回计算即可（见图 9-8）。

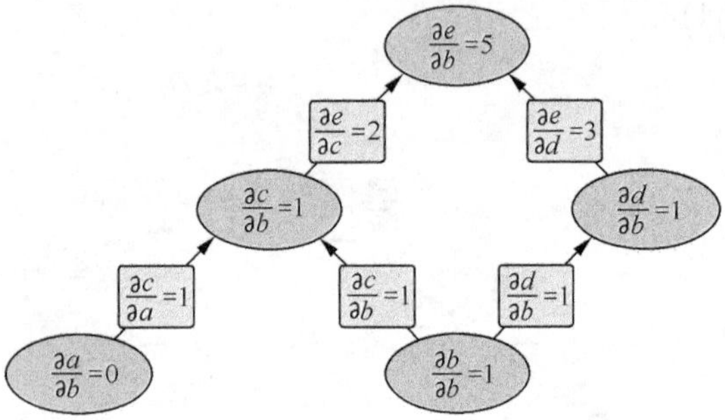

图 9-7　根据链式求导法则计算梯度

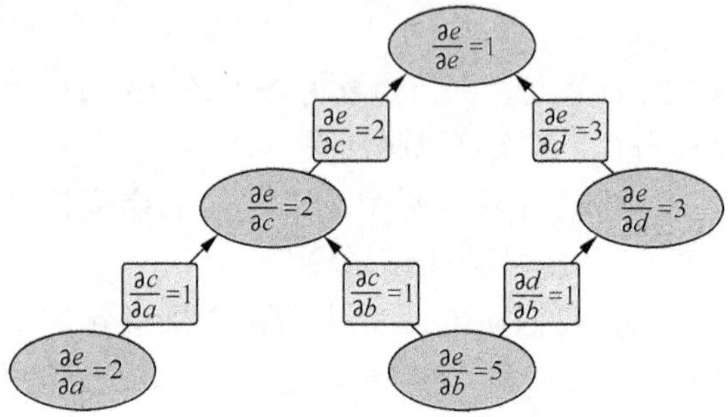

图 9-8　节点 e 对其他节点的梯度

实际上，求出的是每个节点对 e 的影响。

显然，计算图的反馈计算可以求得节点之间的梯度，也就是前一个节点对后一个节点的“影响力”。我们还可以得到一个结论：

通过计算图的前馈计算，可以得到每个节点的值，继而可以算出两个前后节点之间梯度值。基于这些已经得到的梯度值，可以一次性地计算得到输出节点对之前每个节点的梯度值（如节点 e 就是一个输出节点）。

这样做的好处是什么呢？这可以大大加快梯度下降时的梯度计算速度。

9.3 神经网络与计算图

9.3.1　神经网络与计算图的转换

前一节详述了计算图的原理。本节将会叙述如何将神经网络转化为计算图。

之前的章节描述了神经网络的结构和原理，现在构建一个拥有一个输入层、一个隐层、一个输出层的前馈神经网络（见图 9-9）。

以右上标表示层数，右下标表示前一个神经元向后一个神经元的传递路径。例如，$w_{11}^{(1)}$ 代表 x_1 向 h_1 的权值参数。

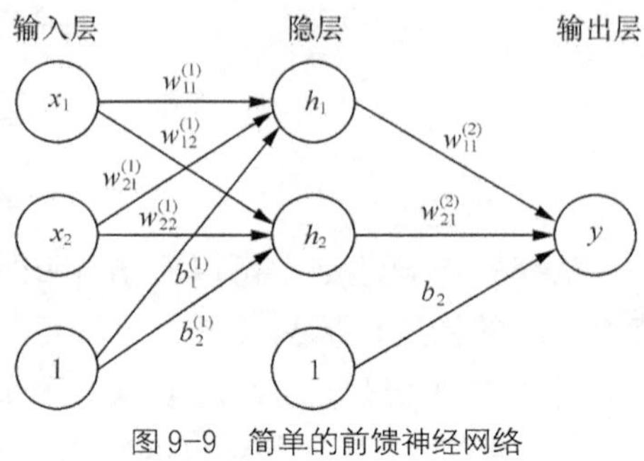

图 9-9　简单的前馈神经网络

显然，这只是一个非常简单的线性神经网络。为了实现更复杂的功能，引入激活函数和输出预测函数，并在最后构建一个交叉熵损失函数（E），这样就形成了一个多层感知器多分类人工神经网络（见图 9-10）。

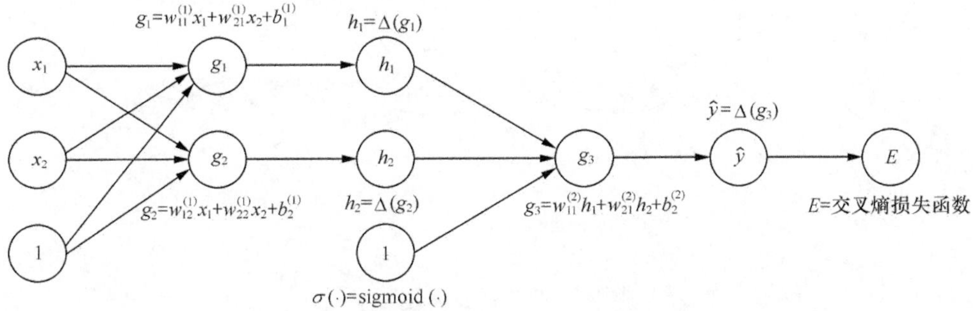

图 9-10 多层感知器多分类人工神经网络

那么，如何将这个神经网络转化成计算图呢？我们知道，计算图实质上就是将整个计算过程表达成节点与连线组成的图。显然，人工神经网络也是一个计算过程。

从输入层到第一个隐层（此时还没有输入激活函数）

$$g_1 = w_{11}^{(1)}x_1 + w_{21}^{(1)}x_2 + b_1^{(1)}$$

$$g_2 = w_{12}^{(1)}x_1 + w_{22}^{(1)}x_2 + b_2^{(1)}$$

将线性方程组输入各自的激活函数，得到非线性激活函数值，即隐层输出值。

$$h_1 = \Delta(g_1)$$

$$h_2 = \Lambda(g_2)$$

再将隐层输出值输入到输出预测层 $\hat{y}$

$$g_3 = w_{11}^{(2)}h_1 + w_{21}^{(2)}h_2 + b_2^{(2)}$$

再输入到一个非线性激活函数中

$$\hat{y} = \Lambda(g_3)$$

这样，就得到了决策函数 $\hat{y}$，再将它与真实的分类标签（class label）结合，构建一个交叉熵损失函数 E。显然，这个损失函数是由之前的输入空间和参数组成的。

$$E = E(x_1, x_2 \mid w_{11}^{(1)}, w_{12}^{(1)}, w_{21}^{(2)}, w_{22}^{(2)})$$

这样就将这个简单的神经网络转变为一个计算过程了。

现在按照计算步骤建立节点和连线，即可画出计算图，所谓所见即所得（见图 9-11）。

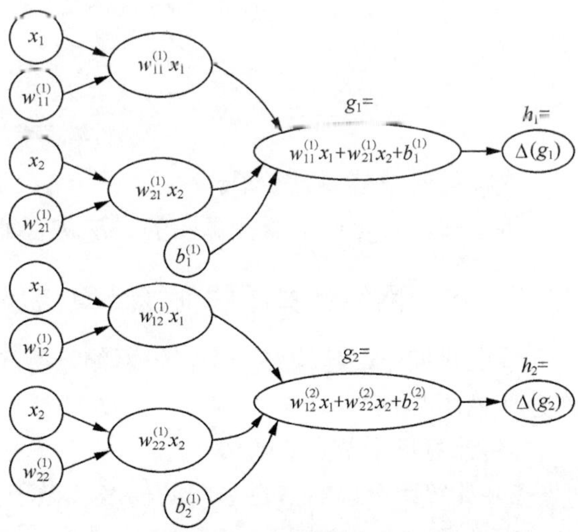

图 9-11 网络的计算图

当然，这样的计算图显然过于复杂了，可以简化一下，将 $\boldsymbol{x}$ 和 $\boldsymbol{w}$ 用向量表示：$\boldsymbol{x}=\left[x_1,x_2\right]$，$\boldsymbol{w}^{(1)}=\left[w_{11}^{(1)},w_{12}^{(1)}\right]$，$\boldsymbol{w}^{(2)}=\left[w_{12}^{(2)},w_{22}^{(2)}\right]$，那么就可以表示成图 9-12。

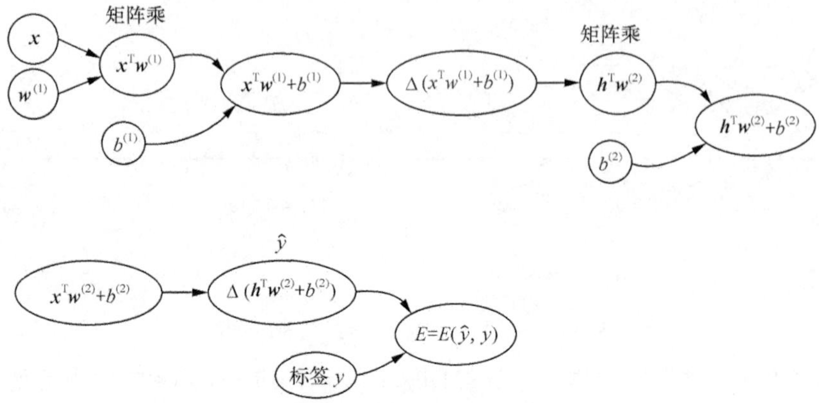

图 9-12　网络的简化计算图

再细致地看就是图 9-13。

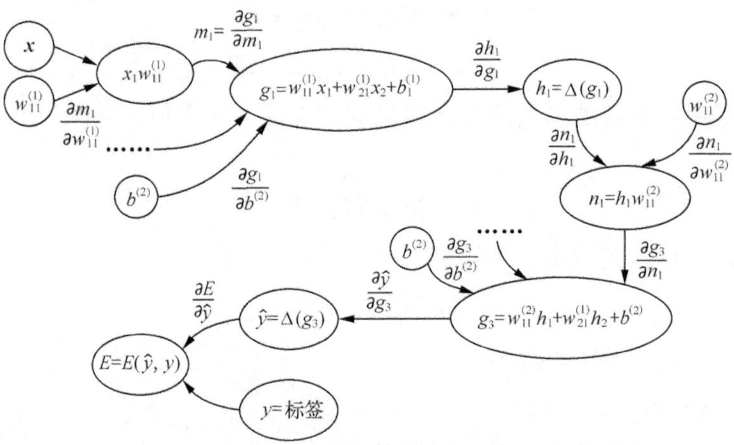

图 9-13　带参量的网络简化计算图

这样看起来就清爽多了。

接下来，就可以按照计算图的方法进行前馈计算和反馈计算了。

9.3.2　神经网络计算图的前馈计算与反馈计算

现在我们已经建构好一个神经网络计算图了，然后进行一次前馈计算。前馈计算包括两个部分（见图 9-14）。

1）计算每个节点的数值。

2）计算两个前后节点之间的梯度（微积分），并根据节点数值计算梯度值。

假设设定输入空间为： $\boldsymbol{x}=\left[x_1,x_2\right]=\left[1,1\right]$

输入层到隐层的权值初始化为： $\boldsymbol{w}^{(1)}=\left[w_{11}^{(1)},w_{21}^{(1)}\right]=\left[1,1\right]$， $\boldsymbol{w}^{(2)}=\left[w_{12}^{(1)},w_{22}^{(1)}\right]=\left[1,1\right]$， $b_1^{(1)}=0$， $b_2^{(1)}=0$

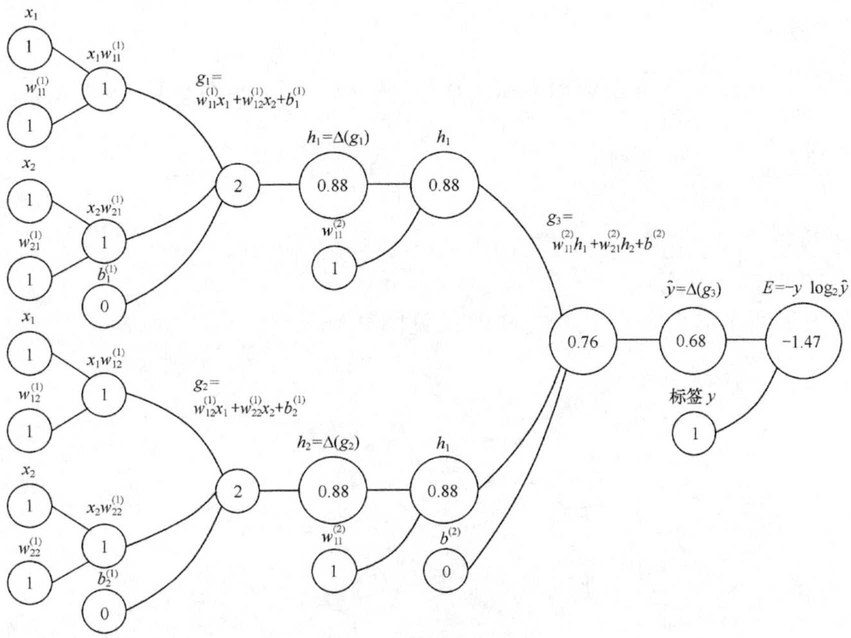

图 9-14 前馈计算示意图

隐层到输出层的权值初始化为：$\boldsymbol{w}^{(2)} = \left[w_{11}^{(2)}, w_{21}^{(2)} \right] = [1,1]$，$b^{(2)} = 0$

激活函数 $\Delta(\cdot) = \mathrm{sigmoid}(\cdot)$

损失函数为交叉熵损失函数 $E = -y\log_2(\hat{y})$，y 是正确的分类标签，$\hat{y}$ 是预测值。

计算得到图 9-15。

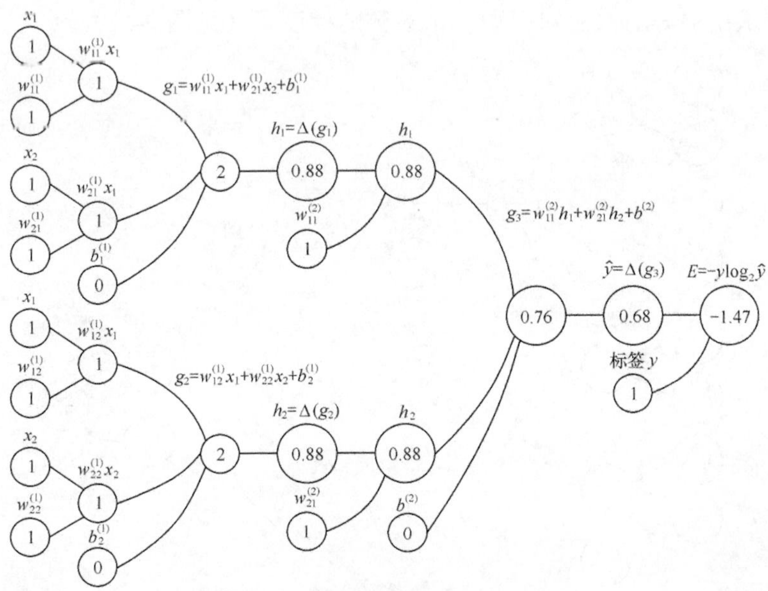

图 9-15 具体参数下的前馈计算示意图

并计算微积分：

$$\frac{\partial m_1}{\partial m_{11}^{(1)}}=x_1 \quad \frac{\partial h_1}{\partial g_1}=\Delta(g_1)(1-\Delta(g_1)) \quad \frac{\partial g_3}{\partial n_1}=1 \quad \frac{\partial \hat{y}}{\partial g_3}=\Delta(g_3)\ (1-\Delta(g_3))$$

$$\frac{\partial g_1}{\partial m_1}=1 \quad \frac{\partial n_1}{\partial h_1}=w_{11}^{(2)} \quad \frac{\partial g_3}{\partial b^{(2)}}=1 \quad \frac{\partial E}{\partial \hat{y}}=-\frac{y}{\hat{y}}$$

$$\frac{\partial g_1}{\partial b^{(2)}}=1 \quad \frac{\partial n_1}{\partial w_{11}^{(2)}}=h_1$$

这样就算出了两个前后节点之间的梯度（见图 9-16）。

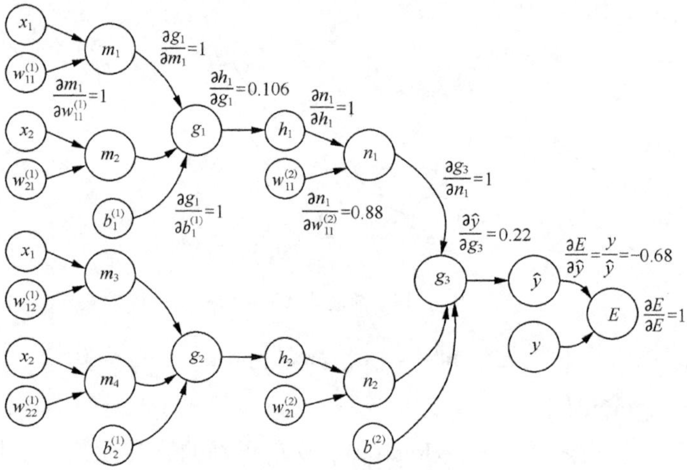

图 9-16　计算前后节点之间的梯度

最后就可以求出损失函数 E 对模型各个参数的梯度了（见图 9-17）。

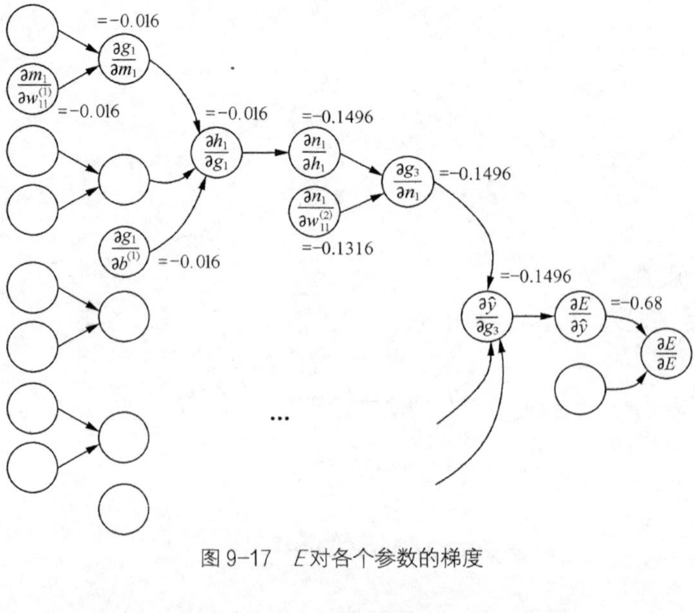

图 9-17　E 对各个参数的梯度

也可以从这个例子中直观地看出“梯度消失”的事实。

现在引入一个符号 ∇ 来表示一个向量、矩阵的梯度。例如，存在一个向量 $J(\theta)=[\theta_1,\theta_2,\theta_3]$，那么 $\nabla_\theta J(\theta)=\left[\dfrac{\partial J}{\partial\theta_1},\dfrac{\partial J}{\partial\theta_2},\dfrac{\partial J}{\partial\theta_3}\right]$，然后就可以将输入空间、各层权重参数用向量表示。它们的乘积用矩阵乘法（matmul）表示（见图 9-18）。

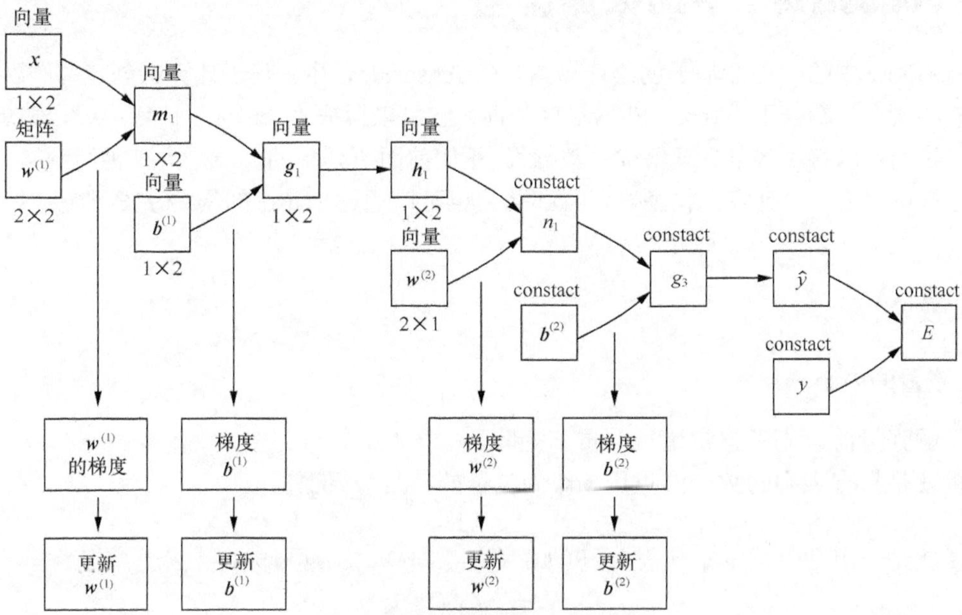

图 9-18 使用矩阵和向量表示的计算图

使用矩阵和向量表示后，计算图大为简化，现在只需要将参数看成参数组成的矩阵（或向量）与输入空间值（或隐层输出值）组成的矩阵（或向量）的矩阵乘法（matmul），最终汇总得到常量值。

在输入层和隐层、隐层与输出层之间产生由权值参数组成的矩阵梯度：

$$\nabla\boldsymbol{w}^{(1)}E=\begin{bmatrix}\dfrac{\partial E}{\partial W_{11}^{(1)}} & \dfrac{\partial E}{\partial W_{12}^{(1)}}\\ \dfrac{\partial E}{\partial W_{21}^{(1)}} & \dfrac{\partial E}{\partial W_{22}^{(1)}}\end{bmatrix}$$

$$\nabla\boldsymbol{b}^{(1)}E=\left[\dfrac{\partial E}{\partial b_1^{(1)}},\dfrac{\partial E}{\partial b_2^{(1)}}\right]$$

$$\nabla\boldsymbol{w}^{(2)}E=\begin{bmatrix}\dfrac{\partial E}{\partial W_{11}^{(2)}}\\ \dfrac{\partial E}{\partial W_{21}^{(2)}}\end{bmatrix}$$

$$\frac{\partial E}{\partial b^{(2)}}$$

根据前面的知识可以了解到，计算图完成前馈计算后，就同时产生了反馈计算的参数梯度，这样就可以进行梯度下降参数的更新了。

9.4 TensorFlow 中的数据流图

TensorFlow 中的一切都基于创建计算图。在 TensorFlow 中，基于计算图创建的“数据流图”就是其核心所在。看一下“TensorFlow”这个词：它可以拆成“Tensor”+“Flow”，意思是张量的流动，我们可以将“张量”理解成“数据”。正如前面所列举的，一个人工神经网络的机器学习训练过程可以由一个计算图模型表示，那么它也可以通过 TensorFlow 来完成训练。

现在我们先了解一下“张量”。

9.4.1 张量

1. 张量的内涵

在了解张量前，先了解常量、向量和矩阵。

常量就是只有大小的数（这里用 s 作为常量的符号），例如：

$$s = 1$$

向量就是一组数（用 $\boldsymbol{v}$ 来代表），例如：

$$\boldsymbol{v} = \begin{pmatrix} 1 \\ 2 \\ 3 \end{pmatrix}$$

矩阵就是一个阵列的数（用 $\boldsymbol{m}$ 来代表），例如：

$$\boldsymbol{m} = \begin{pmatrix} 1 & 2 & 3 \\ 4 & 5 & 6 \\ 7 & 8 & 9 \end{pmatrix}$$

因此，可以用一个维度概念来定义这些数，它称为“阶”。例如，常量的维度是 0 阶，向量的维度是 1 阶，矩阵的维度是 2 阶。因此可以得到表 9-1。

表 9-1　张量

阶	数	数组的表示方法	空间想象
0	常量	$s = 1$	一个点
1	向量	$\boldsymbol{v} = [1, 2, 3]$	一条线
2	矩阵	$\boldsymbol{m} = [[1, 2, 3], [4, 5, 6], [7, 8, 9]]$	一个平面

续表

阶	数	数组的表示方法	空间想象
3	3 阶张量	$t = [[[1],[2],[3]], \cdots [[4],[5],[6]],[[7],[8],[9]]]$	一个立方体
n	n 阶张量	…	计算不过来了

由于在计算机中不能使用直观的表示方法，因此张量使用“数组”的方式表示。可以发现，张量实际上是概括了 n 阶维度的数的表示方法。因此，常量也可以称为 0 阶张量（或常值张量），向量可以称为 1 阶张量，矩阵可以称为 2 阶张量，之后还会有 n 阶张量。

2. 张量的形

定义完张量的“阶”，还需要定义某阶中数的个数（即各个维度内数的个数），它定义为张量的形（shape）（见表 9-2）。

表 9-2　张量的形

阶	形	维　度	例　子
0	[]	0	
1	$[D_0]$	1	$D_0 = 2, \boldsymbol{s} = [1,2]$
2	$[D_0, D_1]$	2	$D_0 = 2, D_1 = 2; \boldsymbol{m} = [[1,2],[3,4]]$
3	$[D_0, D_1, D_2]$	3	$D_0 = 2, D_1 = 2, D_3 = 1; \boldsymbol{t} = [[[1],[2]],[[3],[4]]]$
n	$[D_0, D_1, \cdots, D_n]$	n	…

9.4.2 操作

在前一节的计算图中，我们将数和数的计算用“节点”来定义。在 TensorFlow 中，这个节点称为“操作”（operation）。每个操作都可以接收一个张量，也可以运行一个函数。之前提到，TensorFlow 中的一切都基于计算图，不妨将计算图看成由张量和函数组成的节点网络，那么每个节点都是一种“操作”，它可以存放张量，也可以运行函数（如加减法或更复杂的多元方程）。

例如，新建一个二阶张量（矩阵）和一个一阶张量（向量）：

$$\text{tensor\_1} = \begin{pmatrix} x_1 \\ x_2 \end{pmatrix}$$

$$\text{tensor\_2} = \begin{pmatrix} W_{11} & W_{12} \\ W_{21} & W_{22} \end{pmatrix}$$

再建立一个矩阵乘法操作，例如：

$$\begin{aligned}\text{mat\_mul} &= \text{tensor\_1} \times \text{tensor\_2} \\ &= [x_1, x_2]\begin{bmatrix} W_{11} & W_{12} \\ W_{21} & W_{22} \end{bmatrix} \\ &= [x_1W_{11} + x_2W_{21}, x_1W_{12} + x_2W_{22}]\end{aligned}$$

计算结果是一个一阶张量 ***m***。于是，计算过程可以表示成图 9-19。

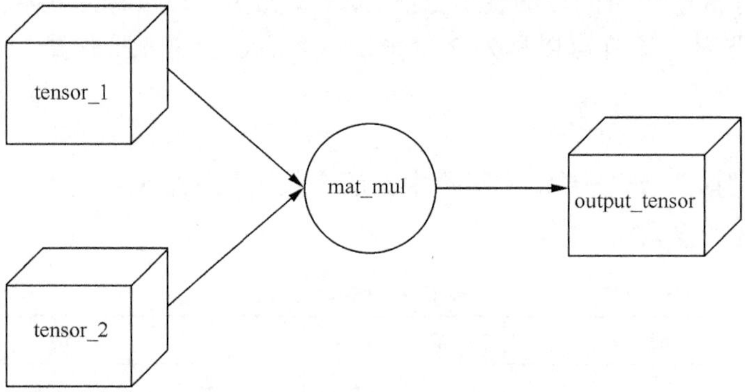

图 9-19　两个张量进行矩阵乘法

注意，图 9-19 中的每个节点都是一个“操作”，在两个操作之间的边线用于传递“张量”，即前一个操作将张量传递给下一个操作。这样就构成了最简单的 TensorFlow 数据流图。

9.4.3　变量和占位符

由于数据流图是流动的，即意味着每个操作中的值是变化的，而张量和操作对象都是不可变的，因此需要一个方法来存放变化着的数据。这里称为变量（Variable）。

大多数时候需要建立由 0、1 或者随机数组成的张量变量。

- tf.zeros()生成由 0 组成的张量。
- tf.ones()生成由 1 组成的张量。
- tf.random_normal()生成由随机均匀数值组成的张量。
- tf.random_uniform()生成由随机正态分布数值组成的张量。
- tf.truncated_normal()生成不超过两个标准差的随机均匀数值张量。

这些函数需要定义初始化用的形（shape）参数，这样就可以确定张量的“阶”了。例如：

```
# 正态分布的三阶张量，2×2×2,平均值=2,标准差=1.0
normal = tf.truncated_normal([2,2,2], mean=2.0, stddev=1.0)
```

或者这样：

```
normal = tf.Variable(tf.truncated_normal([2,2,2], mean=2.0, stddev=1.0)
```

显然，数据类型也是很重要的（见表 9-3）。

表 9-3 TensorFlow 中的数据类型

数据类型	TensorFlow 类型	描　述
DT_FLOAT	tf.float32	32 位浮点数
DT_DOUBLE	tf.float64	64 位浮点数
DT_INT64	tf.int64	64 为整数
DT_INT32	tf.int32	32 位整数
DT_INT16	tf.int16	16 位整数
DT_INT8	tf.int8	8 为整数
DT_UINT8	tf.uint8	8 位有符号整数
DT_STRING	tf.string	每一个张量都是一个字节数组
DT_BOOL	tf.bool	布尔数
……	……	……

机器学习的数据输入格式是一个不好解决的问题。在 TensorFlow 中使用占位符（Placeholder）确保输入的数据为一个张量。

例如，如果训练集为一些 32×32 像素的有标签图片，那么确定输入为

```
images_placeholder = tf.placeholder(tf.float32, shape=(batch_size, IMAGE_PIXELS))

labels_placeholder = tf.placeholder(tf.int32, shape=(batch_size))
```

9.4.4 三段式编程

前面的几节集中介绍了构建 TensorFlow 数据流图的必要知识。现在我们需要将它们以编程的方式实现。可以用一种“三段式编程”的编程风格来实现。

1. inference()

首先是推理（inference），即构建一个计算图，并返回预测结果。它接收占位符为输入，在此基础上建一个神经网络。我们需要建立占位符操作、张量操作、张量计算操作以构建计算图，并建立变量，以存放流动的张量数据。例如，以 mnist 中 28×28 像素的图片作为数据：

```
# 占位符确定数据类型和数据的形，这里的 None 代表任意数量
x = tf.placeholder("float", [None, 784])
y = tf.placeholder("float", [None, 10])

# 构建计算图，可以先试着用手画一个神经网络图
def multilayer_perceptron(x, weights, biases):
    # 输入层到隐层 1 的前馈网络
    layer_1 = tf.matmul(x, weights["h1"])
    layer_1 = tf.add(layer_1, biases["b1"])
    layer_1 = tf.nn.relu(layer_1)
    # 隐层 1 到隐层 2 的前馈网络
    layer_2 = tf.matmul(layer_1, weights["h2"])
    layer_2 = tf.add(layer_2, biases["b2"])
    layer_2 = tf.nn.relu(layer_2)
    # 隐层 2 到输出层的前馈网络
```

```
    out_layer = tf.matmul(layer_2, weights['out'])
    out_layer = tf.add(out_layer, biases['out'])
    return out_layer

# 创建向量，确定数据类型和形
weights = {
    'h1': tf.Variable(tf.random_normal([784,256])),
    'h2': tf.Variable(tf.random_noemal([256,256])),
    'out': tf.Variable(tf.random_normal([256,10]))
    }
biases = {
    'b1': tf.Variable(tf.random_normal([256])),
    'b2': tf.Variable(tf.random_normal([256])),
    'out': tf.Variable(tf.random_normal([10]))
    }

# 最后调用函数，也就是前馈神经网络计算图
pred = multilayer_perceptron(x, weights, biases)
```

2. loss()

第二段是在神经网络的输出操作后面增加一个损失函数操作，这里使用 softmax-交叉熵损失函数（这里将 softmax 的预测部分与损失函数合起来了）。

```
# 这里包含了决策函数和损失函数
cost = tf.nn.softmax_cross_entropy_with_logits(logits=pred, label=y)
# 由于是多分类，所以 reduce_mean 起到了归于一的作用
cost = tf.reduce_mean(cost)
```

3. training()

第三段是训练。一方面，我们要告诉 TensorFlow 训练的方法（如梯度下降）；另一方面，也要进行一个迭代。

```
# 梯度下降，迭代目标是最小化损失函数 cost
# TensorFlow 计算库帮我们省去了构造复杂的梯度下降的参数迭代过程，可以发现核心的部分只需要区分一两行代码。这也是 TensorFlow 容易上手的原因之一
optimizer = tf.train.AdamOptimizer(learning_rate=0.001).minimize(cost)
```

这样就相当于绘制了一幅 TensorFlow 数据流图。

9.4.5　会话

现在得到的 TensorFlow 数据流图只是一个“静态的”模型，要真正开始机器学习过程，必须通过 session（会话）来开启。

在 TensorFlow 中，要让“操作”运行起来，就必须使用会话来启动。例如，要用 TensorFlow 完成一个计算：

$$\text{tensor\_1} \times \text{tensor\_2} = \begin{pmatrix} 1 & 2 \\ 3 & 4 \end{pmatrix} \begin{pmatrix} 5 & 6 \\ 7 & 8 \end{pmatrix}$$

在 TensorFlow 中：

```
# 首先需要建立 4 个"操作"
tensor_1 = tf.constant([[1,2],[3,4]])
tensor_2 = tf.constant([[5,6],[7,8]])
output = tf.matmul(tensor_1,tensor_2)
# 然后开启会话
sess = tf.Session()
# 接着运行
result = sess.run(output)
print result
# 最后要记得关闭会话
sess.close()
```

要让设计好的“操作”得以执行，必须使用“会话”。

我们可以想象某个疯狂科学家制作了一个标本，然后通电激活人的景象（见图 9-20）。

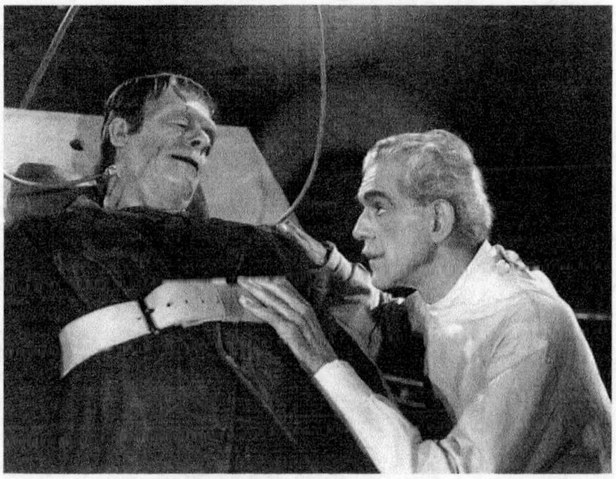

图 9-20　通电激活人

在通电之前，尽管“操作”已经连接在一起，但那仍然不是一个“活人”，经过通电（开启会话）之后，这些“操作”组成的计算图才会变成一个活生生的人。

```
# 精确度也就是用于评估模型性能（P）的指标
correct_prediction = tf.equal(tf.argmax(pred, 1), tf.argmax(y,1))
accuracy = tf.reduce_mean(tf.cast(correction_prediction, 'float')
# 首先要初始化变量，这也是 TensorFlow 的特点
init = tf.initialize_all_variables()
sess = tf.Session()
# 将初始化运行起来
sess.run(init)
# 手动设定迭代的次数
n_epochs = 10
batch_size = 100
for epoch_i in range(n_epochs):
    for batch_i in range(mnist.train.num_examples):
        # tensorflow 使用 feed_dict 处理数据的输入
        batch_x, batch_y = mnist.train.next_batch(batch_size)
        sess.run(optimizer, feed_dict={
            x: batch_x, y: batch_y})
```

```
    result = sess.run(accuracy, feed_dict={
        x: mnist.validation.images,
        y: mnist.validation.labels
        }))
    print result
# 训练结束以后再用测试数据集对性能进行测试
```

这样我们就实现了 TensorFlow 对 mnist 手写识别图片的机器学习。下面看图 9-21 所示的 TensorFlow 数据流图。

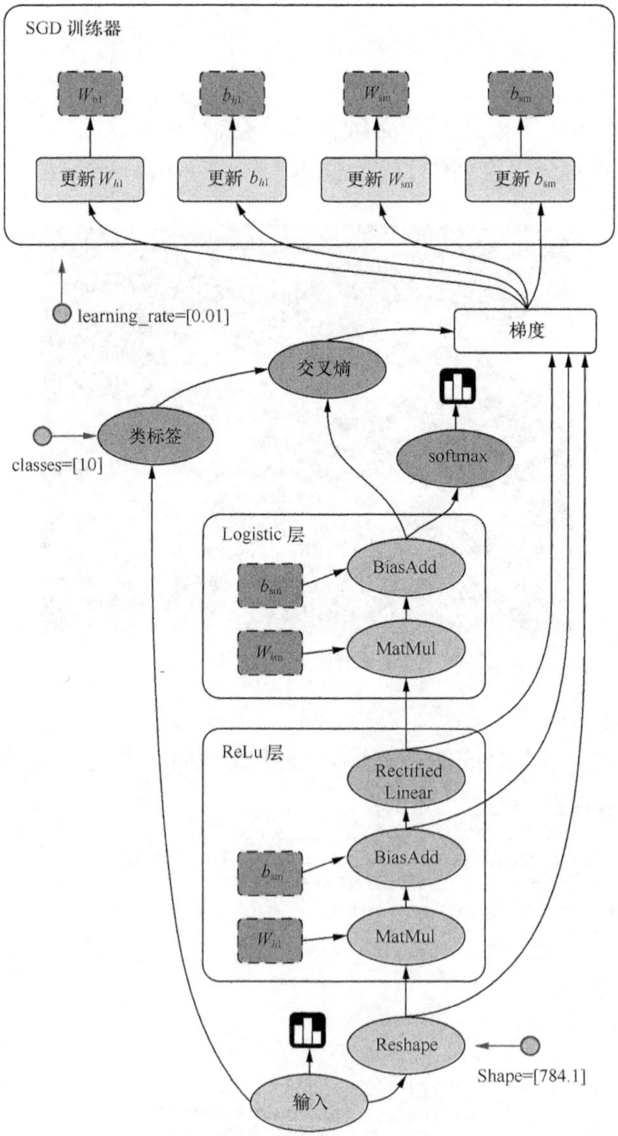

图 9-21　TensorFlow 数据流图

我们可以清晰地将前文所述的知识点与该图一一对应。图 9-21 中的 Input 代表用于训练的数据集，它们包括了像素信息（x）和有监督标签信息（y）。然后将像素信息放入占位符中（这里的 Reshape）；再将其放入前馈神经网络中（这里只表达了一个隐层，激活函数为 relu()）。最后输出到 softmax 分类器以及交叉熵损失函数中。通过计算图的知识我们知道，在前馈的过程中即可进行反馈参数调整，这里采用的是随机梯度下降法（SGD）。

以上基本介绍了 TensorFlow 的主要功能和使用方法。

9.5 使用 GPU

TensorFlow 的一个很重要的特性，就是它可以支持单机多 GPU、多机多 GPU 的分布式计算。为什么非得要用 GPU 呢？这里做一个比喻：CPU 计算加法的能力强，GPU 计算乘法的能力强。例如，同样计算 10×10，假设将 10×10 分解为一个加法组合 10+10+…+10。CPU 只能一个一个往前加，这样需要 9 个步骤。而 GPU 具有多个计算内核（每个内核的计算能力不如 CPU 的内核，但胜在人多力量大）。例如，可以安排 5 个内核分别计算 10+10，再安排 3 个内核计算 20+20，这样需要 4 个步骤即可完成计算，效率比 CPU 提高了很多。

根据先前的知识我们知道，神经网络里有很多参数是需要进行矩阵乘法的，当参数变得很多时，CPU 仍需将这些矩阵乘法分解成一个一个的加法，因此计算效率很低。如果利用 GPU 非常多计算内核的特点，则可以大大加快计算矩阵乘法的效率，这就是尽可能使用 GPU 的原因。

9.5.1 单机 CPU+GPU

我们知道，TensorFlow 的核心在于实现一个计算图，它是如何具体落实到计算内核上的呢？现假设小工和李雷都是中学二年级的同学。老师现在给他们 100 张试卷，每张试卷上都有 10 道乘法计算题。要求完成这些计算题，并将结果加起来写在答题纸上。

下面来看这些试卷：这 100 张试卷可以看成经验数据集的 100 个批次（batch），而每个批次中的 10 道数学题则可以看成 10 个样本（example）。

假设小王计算加法的能力很强（相当于 CPU），李雷计算乘法的能力很强（相当于 GPU），于是他俩约定好小王将每张试卷发给李雷，由李雷算乘法计算题，算完后将计算结果给小王，小王再将结果加起来。同时小王将另一份试卷交给李雷，依次循环下去。

计算一个人工神经网络大致分为两个部分：一是前馈神经网络，主要是做权重参数的矩阵乘法计算；二是反馈神经网络，主要是计算梯度（乘法计算），并进行梯度更新（加法计算）。这样，小王就可以这样分配：CPU 完成梯度更新和批次分发的工作，GPU 负责前馈网络计算和梯度计算的工作，这样可以使效率达到最高（见图 9-22）。

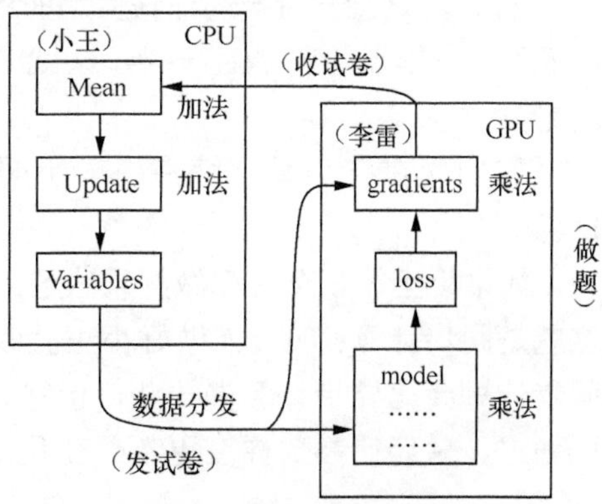

图 9-22 一个 CPU 和一个 GPU 协同工作

9.5.2　单机 CPU+多 GPU

由于小王和李雷出色地完成了 100 份试卷，老师很满意，于是又给了他们 1000 份试卷加以勉励……这下可得做到何时？好在李雷新交了一个女朋友叫韩梅梅，她愿意施以援手。韩梅梅也是做乘法题的高手，于是他们约定小王将每两张试卷分别发给李雷和韩梅梅，由他俩分别完成一张卷子的乘法题，算完后将计算结果给小王，小王再将结果加起来。同时，小王将另外两份分发出去，依次循环。

这是一个并行计算的例子，有了韩梅梅的加入，做试卷的速度将会提高很多。由于小王将两个批次的计算图分别独立地分发给他们，因此李雷和韩梅梅之间各自独立完成一个计算图，他们的工作之间相互独立，不会相互干扰（见图 9-23）。

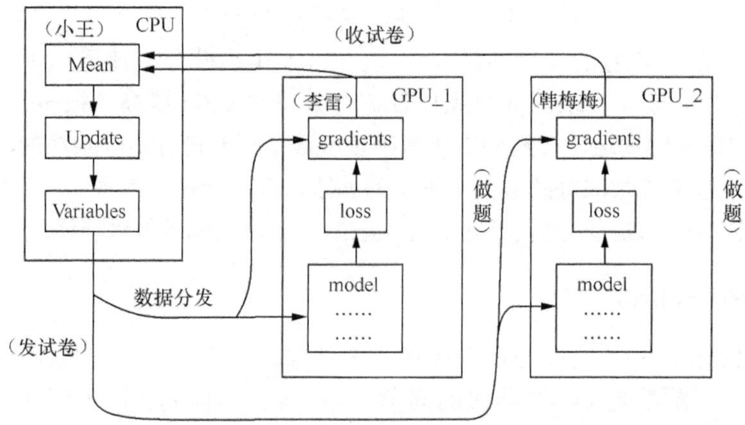

图 9-23　一个 CPU 和两个 GPU 协同工作

可以想象，李雷还可以召唤他的朋友小明、小华、小强等加入到并行计算中来，从而大幅提高做试卷的效率。

然而，这会产生一个问题：每个人做乘法计算的速度不一致。假如韩梅梅已经做完了一整张，小华还没有做完一半，这就是并行计算的同步（synchronous）与异步（asynchronous）问题。

假如现在有李雷、韩梅梅、小明共计 3 个人在做乘法题，小王则负责计算加法和分发试卷。

如果小王等 3 个人都做好乘法题，将 3 份试卷收集在一起，计算一个平均数以后再做加法，这就是同步计算；如果谁做好小王就收谁的试卷，再分别做加法计算，这就是异步计算。显然，同步计算会比异步计算慢一些，但在神经网络的参数更新中更有好处。前者使参数梯度更新、更稳定，后者使参数梯度更新、变化更大，如图 9-24 所示。

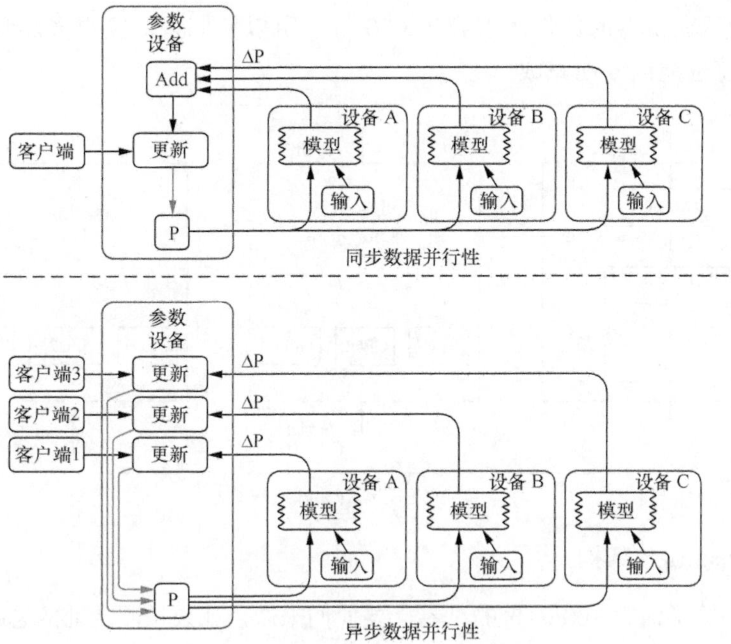

图 9-24 同步异步计算示意图

9.5.3 分布式计算

分布式计算是 TensorFlow 最重要的特性之一。TensorFlow 可以将不同性能的机器组成集群，并进行高效率的神经网络计算。首先看什么是分布式计算：分布式计算研究如何把一个需要非常巨大的计算能力才能解决的问题分成许多小的部分。然后把这些部分分配给许多计算机进行处理。最后把这些计算结果综合起来得到最终的结果。在 TensorFlow 中，分布式计算分为 In-graph 和 Between-graph 两种架构，分别适用不同的场景。

在分布式计算中，训练用的机器已经由单机多 GPU 变为多机多 GPU。那么，如何协调这么多空间距离很远（不在一块主板，意味着通信速度很慢）且 GPU 数量多（怎么让计算能力发挥出来）的计算架构就成为一个问题。

1. In-graph 架构

由于小王和李雷等出色地完成了 1000 份试卷，这引起了教导主任李老师的注意，他们被委以做 10000 份试卷的重任……现在有非常多的乘法题需要处理，因此仅靠李雷、韩梅梅、小明、小华、小强已经不够了。于是他们一商量，决定请隔壁二班的几名同学一起加入进来。于是现在有了两个分布式计算内核：一班的李雷、韩梅梅、小明、小华、小强，以及二班的另外 5 名同学。小王仍然做分发试卷和加法统计的工作，如图 9-25 所示。

这种 In-graph 架构与单机多 GPU 的结构很相似，区别在于前者由不同的机器组成（机器中可能包含多个 GPU），后者仅是一台机器中的不同 GPU（而一台机器中可安装的 GPU 数量是有限的）。因为现在试卷的数量增加到 10000 份，所以他们只需要再多加几个班的同学进来一起算，相较之前也能高效地完成。

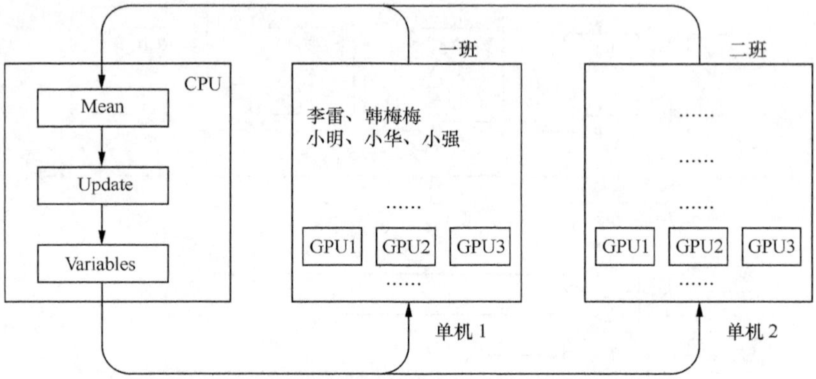

图 9-25　In-graph 架构

2. Between-graph 架构

如果教导主任给了他们 100 万份的试卷，要他们来做，如果按照之前的思路，小王可能会召集整个学校的同学一起来参与，这样会加入非常多的班级（见图 9-26），但这会出现两个问题。

1）尽管并行计算乘法的能力提升了，但只有一个人进行加法计算，小王将不堪重负。

2）100 万份试卷可不是一个小数目，为了将这些批次数据分发给各个班级，小王可能需要跑遍整座教学楼。同样，为了收集计算结果，我仍然需要跑遍整座教学楼。由于分布式架构中计算机的传输速率大大慢于 CPU 与 GPU 的计算速率，因此消耗在数据分发上的时间将拖慢整个集群的计算效率。

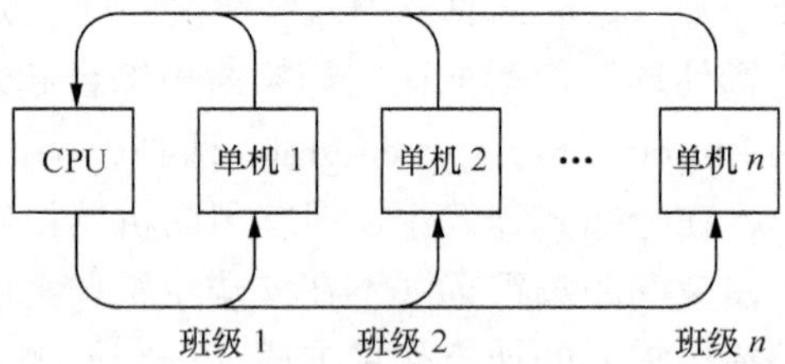

图 9-26　Between-graph 架构

因此，仅依靠增加单机的个数是不能从根本上提升计算效率的。

现在回到之前讲的计算图，这里采用相同的例子（见图 9-4）。

假设试卷中的乘法计算图是 $e = cd$，它可以拆解为 $c = a + b$ 和 $d = b + 1$ 两个节点，这两个节点又分别由 a 和 b 产生。根据先前的知识，可以建立一个计算图，而这个计算图则可以转化成为 TensorFlow 的数据流图。显然，在这个计算图中，每一个节点对应 TensorFlow 中的每一个操作，而变量之间通过张量传输。

为了对这个计算图进行一个机器学习，每个节点上会产生相应的梯度（以及梯度的更新）。现在做如下转换（见图 9-27）。

1）将每个节点（操作）分配给一个班级进行计算（相当于一台分布式架构中的单机）。

2）将小王的加法统计工作分出来，在每个班级当中安排一个单独负责该班级的统计和分发工作的同学（相当于每个计算节点单独使用一个参数更新服务器），不同班级各自完成各自部分的计算部分（计算图中所分配的节点）。

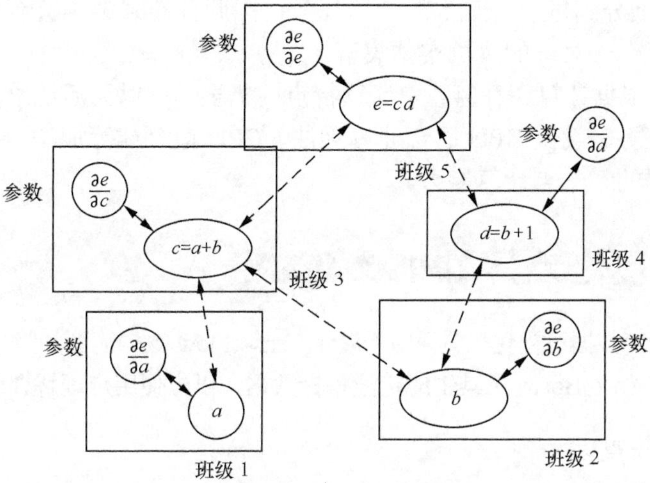

图 9-27　节点的梯度转换

3）在两个比较近的班级之间，安排一个通信员将前一个班级的计算结果传给后一个班级继续计算（相当于单机与单机之间建立的通信方式）。

4）计算过程中不对参数更新结果进行汇总，而是等到全部批次数据计算完成后，再将各个节点的参数汇总。

这就是 TensorFlow 基于计算图的强大之处：它可以将大批量的试卷（相当于一个 TB 级的大数据经验数据集）按照计算图的方式实现分布式架构，且不会因为单机的增多而显著降低效率。事实上，此处的每个单机还可以进一步扩大，在内部安排更多的单机或者 GPU 内核（见图 9-28）。

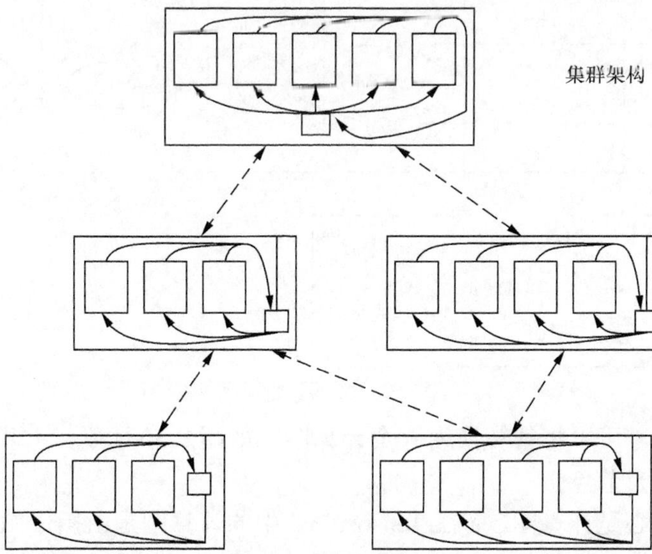

图 9-28　集群架构

你会发现，实际上，分布式架构在计算图写好的那一刻已经布局完成了，真所谓“所见即所得”。计算图已经细分到每一个基本的计算任务，因此分布式架构甚至可以只是“虚拟”地存在，而并非必须存在一对一的单机实体集群。

你还可以发现，根据计算图计算量、计算特点的需要，可以灵活地给分布式架构中的不同计算机分配不同的任务。就像 GPU 适合计算乘法、CPU 适合计算加法一样，这样做更有利于充分利用分布式集群的每一点计算能力。

9.6 数据可视化工具 TensorBoard

TensorBoard 是一套数据可视化工具，用于展示 TensorFlow 数据流图的静态图以及训练过程中的参数动态图。可以用 TensorBoard 工具生成定量指标数据，以方便用户理解训练过程以及参数调试。

9.6.1 生成静态计算图

TensorBoard 可以通过插入额外代码的方式生成一个可视化的计算图，在“三段式编程”中插入一些关于 Tensorboard 的代码即可。

下面首先引述先前使用的例子：

对于一个具有两个隐层的神经网络训练过程，可以大致地将它化为前馈（feed-forward）和反馈（back-propagation）两个部分，而前者还可以继续分解为输入、隐层 1、隐层 2、logit 输出、softmax 预测、损失几个部分（见图 9-29）。

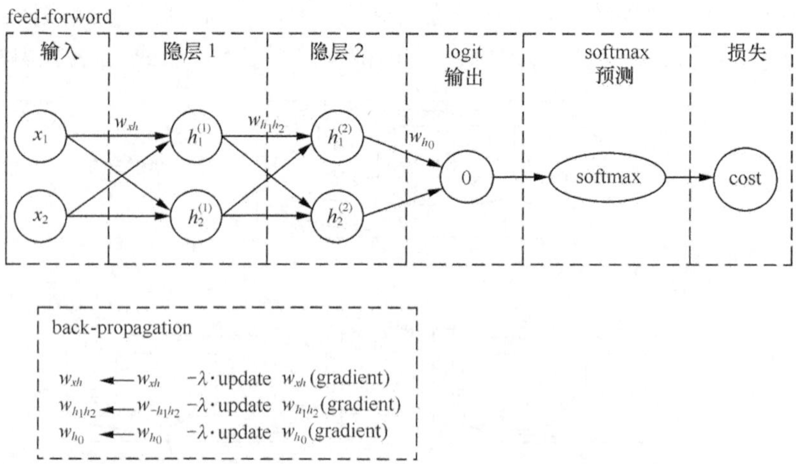

图 9-29　前馈训练部分

根据先前的知识，可以将其转换为一个计算图，如图 9-30 所示，并用一个范围（scope）来划分各种操作（op）节点。

TensorFlow 的核心是计算图，而在 TensorFlow 中的计算图是由操作（op）和张量（Tensor，即 op 与 op 之间的边线）构成的。划分好范围后，按照一个组织结构来编程即可。

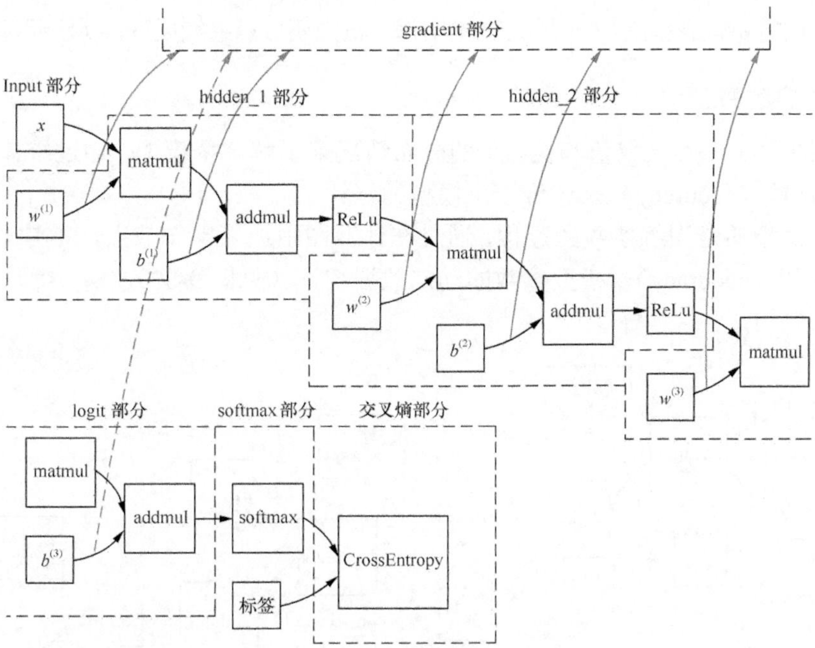

图 9-30 前馈训练部分的计算图

通常使用 tf.name_scope()函数。

这个函数进行范围的划分。注意，在每个操作后面加上（name=''），可以对一个操作进行命名。然后按照代码内的提示，就可以使用 TensorBoard 工具生成静态计算图了（见图 9-31）。

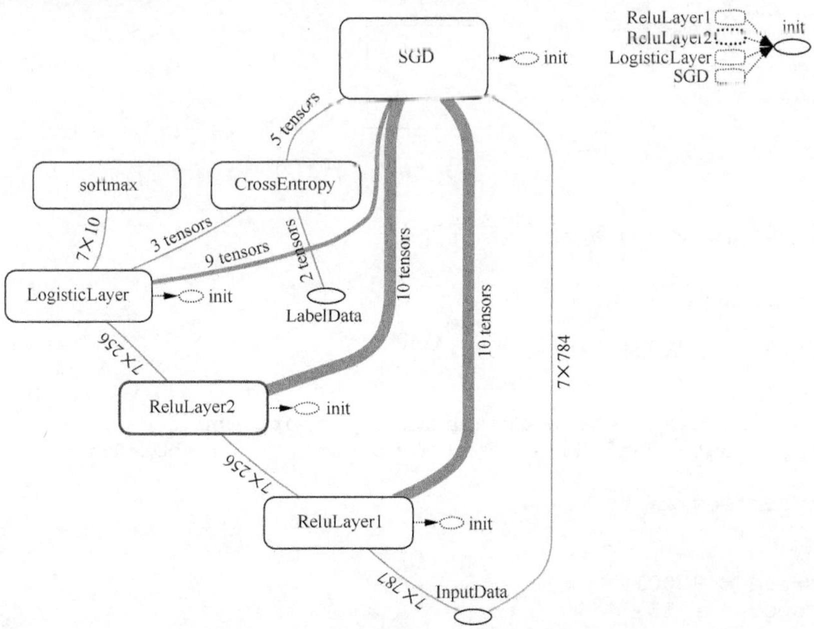

图 9-31 使用 Tensorboard 工具生成静态计算图

图 9-31 中的方块代表范围，椭圆代表操作，每个范围还可以继续展开，以显示更细的操作结构。

9.6.2　统计动态数据流

通过观察模型的参数（权值和偏置）的分布情况来了解一个模型，通过统计和观察损失函数（loss）和性能（accuracy）来评价一个模型的好坏。

模型的训练指的是训练参数的过程，通过在计算图中加入操作节点，来实现对模型损失函数（loss）、性能（accuracy）、模型参数的动态数据统计（见图 9-32）。

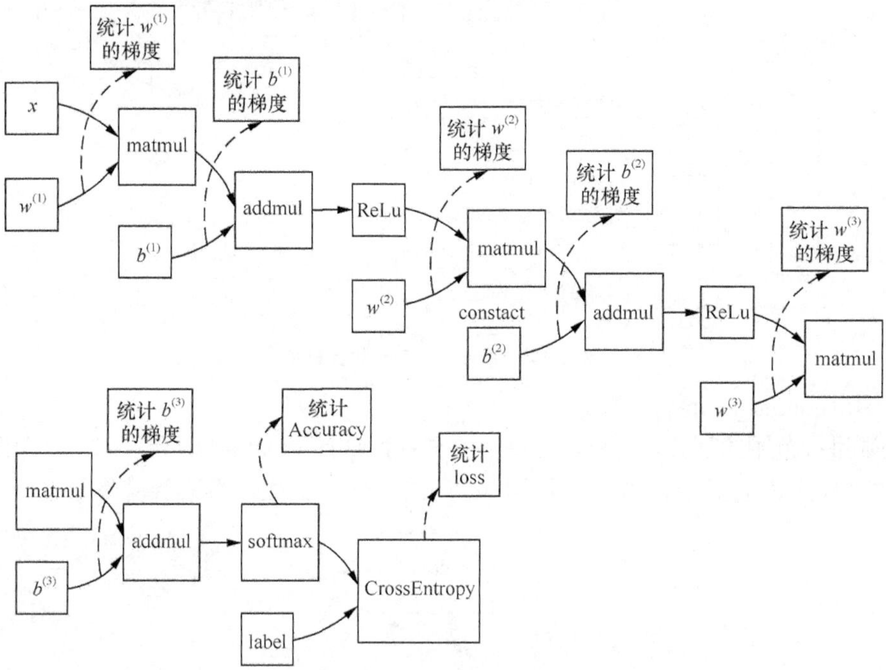

图 9-32　网络中动态数据统计

9.6.3　使用 TensorBoard 实现训练可视化

实现训练可视化的程序如下。

```
from __future__ import print_function

# 导入 mnist 数据
from tensorflow.examples.tutorials.mnist import input_data
mnist = input_data.read_data_sets("/tmp/data/", one_hot=True)

import tensorflow as tf

# 模型超参数
learning_rate = 0.001
training_epochs = 15
batch_size = 100
```

```
display_step = 1
logs_path = '/tmp/tensorflow_logs/example_advanced'

# 网络参数
n_hidden_1 = 256 # 1st layer number of features
n_hidden_2 = 256 # 2nd layer number of features
n_input = 784 # MNIST data input (img shape: 28*28)
n_classes = 10 # MNIST total classes (0-9 digits)

# 创建占位符
x = tf.placeholder("float", [None, n_input], name='InputData')
y = tf.placeholder("float", [None, n_classes], name='LabelData')

# 创建计算图
# 创建第一个隐层，这里使用了 ReLu 激活函数
with tf.name_scope('ReluLayer1'):
    weights_h1 = tf.Variable(tf.random_normal([n_input, n_hidden_1]), name=
'weights_h1')
    biases_b1 = tf.Variable(tf.random_normal([n_hidden_1]), name='biases_b1')
    Matmul_1 = tf.matmul(x, weights_h1)
    BiasAdd_1 = tf.add(Matmul_1, biases_b1)
    ReLu_1 = tf.nn.relu(BiasAdd_1)

# 创建第二个隐层，这里使用了 ReLu 激活函数
with tf.name_scope('ReluLayer2'):
    weights_h2  =  tf.Variable(tf.random_normal([n_hidden_1,  n_hidden_2]),
name='weights_h2')
    biases_b2 = tf.Variable(tf.random_normal([n_hidden_2]), name='biases_b2')
    Matmul_2 = tf.matmul(ReLu_1, weights_h2)
    BiasAdd_2 = tf.add(Matmul_2, biases_b2)
    ReLu_2 = tf.nn.relu(BiasAdd_2)

# Logistic 层
with tf.name_scope('LogitLayer'):
    weights_out  =  tf.Variable(tf.random_normal([n_hidden_2,  n_classes]),
name='weights_out')
    biases_out = tf.Variable(tf.random_normal([n_classes]), name='biases_out')
    Matmul_3 = tf.matmul(ReLu_2, weights_out)
    BiasAdd_3 = tf.add(Matmul_3, biases_out)

# softmax 分类预测层
with tf.name_scope('softmax'):
    pred = tf.nn.softmax(BiasAdd_3)

with tf.name_scope('CrossEntropy'):
    # 定义损失函数
    cost=tf.reduce_mean(tf.nn.softmax_cross_entropy_with_logits(logits=BiasAdd_3,
labels=y))

with tf.name_scope('SGD'):
    # 定义优化方法
    optimizer = tf.train.GradientDescentOptimizer(learning_rate)
    # 定义每个梯度的操作
    grads = tf.gradients(cost, tf.trainable_variables())
    grads = list(zip(grads, tf.trainable_variables()))
```

```
    # 根据梯度修正参数
    apply_grads = optimizer.apply_gradients(grads_and_vars=grads)

with tf.name_scope('Accuracy'):
    acc = tf.equal(tf.argmax(pred, 1), tf.argmax(y, 1))
    acc = tf.reduce_mean(tf.cast(acc, tf.float32))

# 参数初始化
init = tf.global_variables_initializer()

# 可视化交叉熵损失函数
tf.summary.scalar('Cross Entropy', cost)
# 可视化模型精度
tf.summary.scalar('Accuracy', acc)

# 可视化模型参数
for var in tf.trainable_variables():
    tf.summary.histogram(var.name, var)
# 可视化梯度
for grad, var in grads:
    tf.summary.histogram(var.name + '/gradient/', grad)

merged_summary_op = tf.summary.merge_all()

# 运行计算图
with tf.Session() as sess:
    sess.run(init)

    # 将日志写入 TensorBoard
    summary_writer = tf.summary.FileWriter(logs_path, graph=tf.get_default_graph())

    # 创建循环
    for epoch in range(training_epochs):
        avg_cost = 0.
        total_batch = int(mnist.train.num_examples/batch_size)

        for i in range(total_batch):
            batch_x, batch_y = mnist.train.next_batch(batch_size)
            # 运行反馈计算参数操作和损失函数操作
            _, c, summary = sess.run([apply_grads, cost, merged_summary_op],
            feed_dict={x: batch_x, y: batch_y})
            summary_writer.add_summary(summary, epoch * total_batch + i)
            # 计算平均损失
            avg_cost += c / total_batch
        # 显示训练过程
        if epoch % display_step == 0:
            print("Epoch:", '%04d' % (epoch+1), "cost=", \
                "{:.9f}".format(avg_cost))
    print("Optimization Finished!")

    # 模型性能测试
    correct_prediction = tf.equal(tf.argmax(pred, 1), tf.argmax(y, 1))
    # 计算精度
    accuracy = tf.reduce_mean(tf.cast(correct_prediction, "float"))
    print("Accuracy:", accuracy.eval({x: mnist.test.images, y: mnist.test.labels}))
```

```
print("Run the command line:\n" \
      "--> tensorboard --logdir=/tmp/tensorflow_logs\example_advanced " \
      "\nThen open http://0.0.0.0:6006/ into your web browser")
```

9.7 本章小结

本章主要介绍 TensorFlow 的特性。TensorFlow 是一个实现深度学习的框架，它将神经网络通过数据流图的方式进行计算，这一构建方式可以很便利地实现多 GPU 的并行计算，并且可以更好地记录和显示训练过程。本章要点如下。

- 引入计算图的概念。了解计算图是了解 TensorFlow 数据流图的必要知识。
- 将计算图与神经网络的前向传播和反向传播联系起来，从算法上描述了二者的实现过程。
- 介绍 TensorFlow 的矢量部分和数据流部分，TensorFlow 本身就是用数据流图实现矢量的“流动计算”。
- 介绍多个 GPU 并行计算的原理和 TensorBoard 的使用方法。

第 10 章　TensorFlow 案例实践

本章将以 TensorFlow 的一个官方教程“卷积神经网络对 cifar10 的数据集分类”为例，讲解 TensorFlow 下载数据集、构建计算图模型、测试模型性能的整个过程。基于前面几个章节的知识，你将能够明晰地了解 TensorFlow 在构建神经网络时所用代码的具体含义。

显然，还可以根据第 2 章提供的思路搭建这个框架。

- 思考机器学习的任务（T），如做一个图像分类系统。
- 思考机器学习的经验（E），如采用什么数据集。
- 思考机器学习的性能（P），如正确分类的图片/总图片数。
- 思考如何表示（R），如搭建一个卷积神经网络加上 softmax 分类器。
- 思考如何表征输出结果与正确结果的差异程度，例如构建一个什么样的损失函数。
- 思考用什么方法优化参数。
- 用 TensorFlow 以计算图的方式编写代码。
- 运行程序。

10.1 构建 TensorFlow 的图片分类系统

cifar10 数据集是机器学习中的一个公开数据集，它的任务是对一组大小为 32×32 像素的 RGB 图像进行分类，这些图像涵盖了 10 个类别（见图 10-1）。

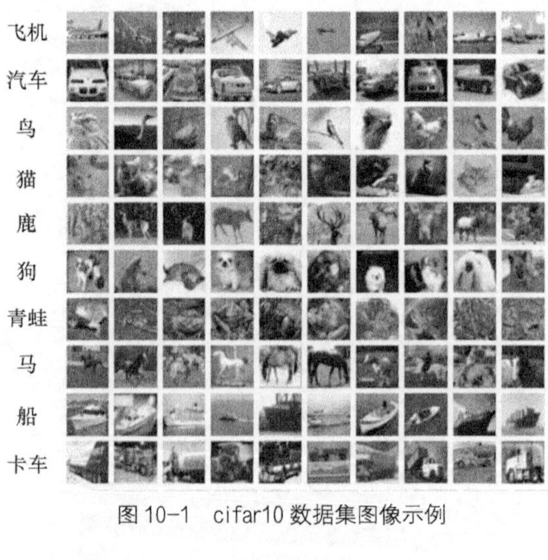

图 10-1　cifar10 数据集图像示例

我们的目标是：建立一个用于识别图像的卷积神经网络，选择 cifar10 数据集中的图片来训练它，最终得到一个 10 分类的物体识别模型（即判断一张图像分别为飞机、汽车、鸟、猫、鹿、狗、青蛙、马、船、卡车的概率，10 个物体的判断概率加起来为 1）。

10.2 准备代码和训练集

首先，从 GitHub 网站下载这个项目文件。

```
$ cd
$ git clone github→tensorflow/models.git
$ cd ./models/tutorials/image/cifar10/
```

就可以看到下面使用的代码。然后，要获取数据集，并对它们进行处理，也就是将像素组成的图片转变为张量（Tensor）。

在这一部分中，先写一个脚本。

输入模型是通过 inputs()和 distorted_inputs()函数建立起来的，这两个函数会从 cifar 10 二进制文件中读取图片文件，并对它们做一些预处理。

图片文件的处理流程如下。

- 图片会被统一裁剪到 24×24 像素大小，裁剪中央区域用于评估，或随机裁剪用于训练。
- 图片会进行近似的白化处理，使得模型对图片的动态范围变化不敏感。

对于训练，还采取了一系列随机变换的方法来人为地增加数据集的大小，这一过程可以简称为“数据增强”。

- 对图像进行随机的左右翻转。
- 随机变换图像的亮度。
- 随机变换图像的对比度。

最终会将 cifar10 数据集中 32×32 像素的图像裁剪成 24×24 像素的图像进行训练。

```
"""解码 cifar 10 二进制文件格式的教程."""

from __future__ import absolute_import
from __future__ import division
from __future__ import print_function

import os

from six.moves import xrange
import tensorflow as tf

# 注意：处理这个大小的图像。不同于原始 cifar 数据集中 32×32 像素的图片大小
# 如果一旦修改这种数量，整个模型架构将会改变，任何模型都需要重新训练

IMAGE_SIZE = 24
```

```
# 描述 cifar10 数据集的全局常量
# 物体 10 分类
NUM_CLASSES = 10
# 每训练 50000 代测一次在测试数据集上的性能
NUM_EXAMCPLES_PER_EPOCH_FOR_TRAIN = 50000
# 每训练 10000 代测一次在验证数据集上的性能
NUM_EXAMCPLES_PER_EPOCH_FOR_EVAL = 10000

def read_cifar10(filename_queue):
  """从 cifar10 数据文件中读取和解析示例
  输入：filename_queue，即要读取的文件名的字符串队列
  函数返回：
    表示单个示例的对象，包含以下字段：
      height：结果中的行数（32）
      width：结果中的列数（32）
      depth：结果中的颜色通道数（3）
      key：在这个例子中，表示描述文件名和记录号的标量字符串 Tensor
      label：int32 Tensor，标签范围为 0~9
      uint8image：a [height, width, depth] uint8 Tensor 的图像数据
  """

  class CIFAR10Record(object):
    pass
  result = CIFAR10Record()

  # 输入图片的格式
  label_bytes = 1  # 输入 cifar100 即 100 个分类的数据集
  result.height = 32
  result.width = 32
  result.depth = 3
  image_bytes = result.height * result.width * result.depth
  # 计算图片的字节数
  record_bytes = label_bytes + image_bytes

  # 调用 tf.FixedLengthRecordReader
  reader = tf.FixedLengthRecordReader(record_bytes=record_bytes)
  result.key, value = reader.read(filename_queue)

  # 从一个字符串转换成 long 类型的 uint8 的向量
  record_bytes = tf.decode_raw(value, tf.uint8)

  # 第一个字节表示从 uint8 到 int32 转换的标签
  result.label = tf.cast(
      tf.strided_slice(record_bytes, [0], [label_bytes]), tf.int32)

  # 重塑图像，从[depth, height, width] 转换为[height, width, depth]
  depth_major = tf.reshape(
      tf.strided_slice(record_bytes, [label_bytes],
                       [label_bytes + image_bytes]),
      [result.depth, result.height, result.width])
  # 从[depth, height, width] 转换为[height, width, depth]
  result.uint8image = tf.transpose(depth_major, [1, 2, 0])

  return result
```

```
def _generate_image_and_label_batch(image, label, min_queue_examples,
                                    batch_size, shuffle):
  """构建一批图像和标签的队列
    参数:
    image: float32, shape为[height, width, 3]的三维Tensor
    label: int32类型的一维Tensor
    min_queue_examples: int32, 在提供批量示例队列中，要保留的最小样本数
    batch_size: 每批次的图像数
    shuffle: boolean, 表示是否使用洗牌队列
    返回:
    images: 图像, 四维tensor, shape为[batch_size, IMAGE_SIZE, IMAGE_SIZE, 3]
    labels: 标签, 一维tensor, shape为[batch_size] size
  """
  # 创建一个洗牌示例的队列, 然后从队列中读'batch_size'图像+标签
  num_preprocess_threads = 16
  if shuffle:
    images, label_batch = tf.train.shuffle_batch(
        [image, label],
        batch_size=batch_size,
        num_threads=num_preprocess_threads,
        capacity=min_queue_examples + 3 * batch_size,
        min_after_dequeue=min_queue_examples)
  else:
    images, label_batch = tf.train.batch(
        [image, label],
        batch_size=batch_size,
        num_threads=num_preprocess_threads,
        capacity=min_queue_examples + 3 * batch_size)

  # 在可视化中显示训练图像, 这里用到tf.summary(), 用于TensorBoard可视化生成
  tf.summary.image('images', images)

  return images, tf.reshape(label_batch, [batch_size])

def distorted_inputs(data_dir, batch_size):
  """构建cifar训练图片的扭曲输入
  参数:
    data_dir: cifar10数据目录的路径
    batch_size: 每批次的图像数
  返回:
    images: 图像, 四维tensor, shape为[batch_size, IMAGE_SIZE, IMAGE_SIZE, 3]
    labels: 标签, 一维tensor, shape为[batch_size] size
  """
  filenames = [os.path.join(data_dir, 'data_batch_%d.bin' % i)
               for i in xrange(1, 6)]
  for f in filenames:
    if not tf.gfile.Exists(f):
      raise ValueError('Failed to find file: ' + f)

  # 创建一个生成要读取的文件名的队列
  filename_queue = tf.train.string_input_producer(filenames)

  # 从文件名队列的文件中读取示例
```

```
  read_input = read_cifar10(filename_queue)
  reshaped_image = tf.cast(read_input.uint8image, tf.float32)

  height = IMAGE_SIZE
  width = IMAGE_SIZE

  # 随机裁剪图像的[height, width]部分
  distorted_image = tf.random_crop(reshaped_image, [height, width, 3])

  # 水平随意翻转图像
  distorted_image = tf.image.random_flip_left_right(distorted_image)

  # 因为这些操作是不可交换的，所以考虑随机化它们操作的命令
  distorted_image = tf.image.random_brightness(distorted_image,
                                               max_delta=63)
  distorted_image = tf.image.random_contrast(distorted_image,
                                             lower=0.2, upper=1.8)

  # 减去均值和除以像素的方差
  float_image = tf.image.per_image_standardization(distorted_image)

  # 设置 tensors 的大小
  float_image.set_shape([height, width, 3])
  read_input.label.set_shape([1])

  # 确保随机混洗具有良好的混合性能
  min_fraction_of_examples_in_queue = 0.4
  min_queue_examples = int(NUM_EXAMCPLES_PER_EPOCH_FOR_TRAIN *
                           min_fraction_of_examples_in_queue)
  print ('Filling queue with %d CIFAR images before starting to train. '
         'This will take a few minutes.' % min_queue_examples)

  # 通过构建一个示例队列生成一批图像和标签
  return _generate_image_and_label_batch(float_image, read_input.label,
                                         min_queue_examples, batch_size,
                                         shuffle=True)

def inputs(eval_data, data_dir, batch_size):
  """构建 cifar 评估的输入
  参数:
    eval_data: bool，表示是否应该使用 train 或 eval 数据集
    data_dir: cifar10 数据集目录的路径
    batch_size: 每批次的图像数
  返回:
    images: 图像，四维 tensor, shape 为[batch_size, IMAGE_SIZE, IMAGE_SIZE, 3]
    labels: 标签，一维 tensor, shape 为[batch_size]
  """
  if not eval_data:
    filenames = [os.path.join(data_dir, 'data_batch_%d.bin' % i)
                 for i in xrange(1, 6)]
    num_examples_per_epoch = NUM_EXAMCPLES_PER_EPOCH_FOR_TRAIN
  else:
    filenames = [os.path.join(data_dir, 'test_batch.bin')]
    num_examples_per_epoch = NUM_EXAMCPLES_PER_EPOCH_FOR_EVAL

  for f in filenames:
```

```
    if not tf.gfile.Exists(f):
      raise ValueError('Failed to find file: ' + f)

  # 创建一个生成要读取的文件名的队列
  filename_queue = tf.train.string_input_producer(filenames)

  # 从文件名队列的文件中读取示例
  read_input = read_cifar10(filename_queue)
  reshaped_image = tf.cast(read_input.uint8image, tf.float32)

  height = IMAGE_SIZE
  width = IMAGE_SIZE

  # 为评估进行图像处理，裁剪图像的中心[height, width]
  resized_image = tf.image.resize_image_with_crop_or_pad(reshaped_image,
                                                         height, width)

  # 减去均值和除以像素的方差
  float_image = tf.image.per_image_standardization(resized_image)

  # 设置张量的大小
  float_image.set_shape([height, width, 3])
  read_input.label.set_shape([1])

  # 确保随机混洗具有良好的混合性能
  min_fraction_of_examples_in_queue = 0.4
  min_queue_examples = int(num_examples_per_epoch *
                           min_fraction_of_examples_in_queue)

  # 通过构建一个示例队列生成一批图像和标签
  return _generate_image_and_label_batch(float_image, read_input.label,
                                         min_queue_examples, batch_size,
                                         shuffle=False)
```

10.3 构造模型计算图

现在开始构建卷积神经网络模型，并将它们以计算图的结构写成代码。

这段代码中使用的模型由卷积层、非线性激活函数、池化层、归一化层交替多次排列构成。这些层最终通过多次全连接层链接到 softmax 分类器上。这个模型和 Alex Krizhevsky 提出的模型基本一致。

它的数据流图如图 10-2 所示。

第一阶段：输入图像的长和宽分别为 24 像素，并且由 3 个颜色通道组成，将这个图像输入到 64 个卷积核（kernel）中进行卷积操作，卷积核尺寸均为 5×5，步长（stride）为 1。通过计算 $\frac{24-5}{1}+1=20$，生成 20×20×64 的特征映射图（feature map）。将它们输入到 ReLu 激活函数中并送入核尺寸为 3×3、步长为 2 的最大池化（max pooling）层，由公式$\frac{20-3+1}{2}+1=10$，生成

10×10×64 的特征映射图。注意，这里使用了白边补齐，不然将无法滑动到底。再将数据输入到归一化（normalization）层中。归一化层的作用是将数据归一化，即将前一层输出的结果调整到合适的数据分布中（如均值为 0、方差为 1），最后得到 10×10×64 的结果（见图 10-2）。

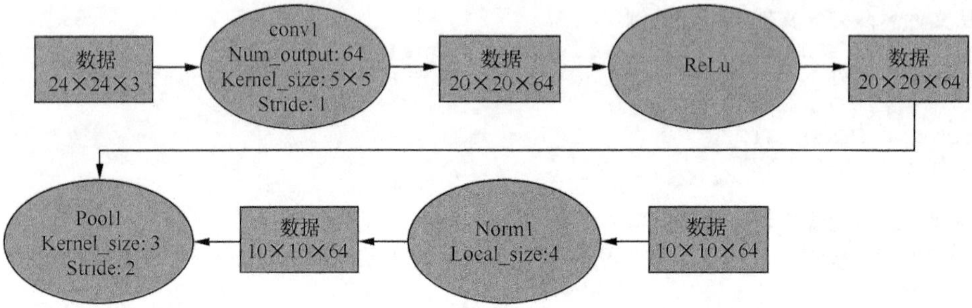

图 10-2　卷积操作部分数据流图

第二阶段：接收来自第一阶段的数据，将它们送到第二个卷积层中。数据流图与第一阶段类似。第二个卷积层共有 64 个卷积核，卷积核尺寸均为 5×5，步长为 1，由公式 $\frac{10-5}{1}+1=6$，生成 6×6×64 的特征映射图。将输出的数据输入到 ReLu 激活函数中，再输入到第二个归一化层中。然后输入到第二个核为 3×3、步长为 2 的池化层中，通过计算 $\frac{6-3+1}{2}+1=3$，得到 3×3×64 的数据。

第三阶段：接收来自第二阶段的数据，将它们送入全连接（fully connected, fc）层中。全连接即人工神经网络，第三个全连接层有 384 个神经元，将输出结果输入到 ReLu 激活函数中。根据第 6 章中知道，特征映射图代表的是图像的某一种特征，如果将 64 种特征映射图合并，那就是将这些提取到的特征合在了一起。然后将输出结果输入到神经元为 192 个神经元的人工神经网络中，并输入激活函数。这一过程可以视为一个特征向量的降维过程，可以提高 softmax 的分类能力。最后将输出结果送入 softmax 的 10 分类器中，输出在 10 个分类上的概率分布结果（见图 10-3）。

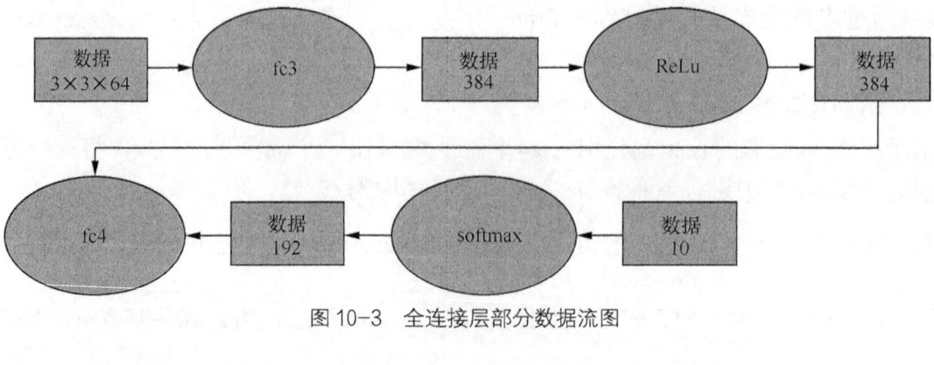

图 10-3　全连接层部分数据流图

```
"""构建 cifar10 网络
可用函数的摘要:
 # 输入图片和标签进行训练
 # 评估，用 inputs()代替
 inputs, labels = distorted_inputs()
 # 根据推理模型的输入做预测
 predictions = inference(inputs)
 # 计算对应标签预测的总损失
 loss = loss(predictions, labels)
 # 创建一个图表，训练运行对应的 loss
 train_op = train(loss, global_step)
"""
from __future__ import absolute_import
from __future__ import division
from __future__ import print_function

import os
import re
import sys
import tarfile

from six.moves import urllib
import tensorflow as tf

import cifar10_input

FLAGS = tf.app.flags.FLAGS

# Basic model parameters.
tf.app.flags.DEFINE_integer('batch_size', 128,
                            """批量处理的图像数量，即一批样本的数量.""")
tf.app.flags.DEFINE_string('data_dir', '/tmp/cifar10_data',
                           """cifar 10 数据目录的路径.""")
tf.app.flags.DEFINE_boolean('use_fp16', False,
                            """用 fp16 训练模型.""")

# 描述 cifar10 数据集的全局常量
IMAGE_SIZE = cifar10_input.IMAGE_SIZE
NUM_CLASSES = cifar10_input.NUM_CLASSES
NUM_EXAMCPLES_PER_EPOCH_FOR_TRAIN =
cifar10_input.NUM_EXAMCPLES_PER_EPOCH_FOR_TRAIN
NUM_EXAMCPLES_PER_EPOCH_FOR_EVAL =
cifar10_input.NUM_EXAMCPLES_PER_EPOCH_FOR_EVAL


# 描述训练过程的常数
MOVING_AVERAGE_DECAY = 0.9999      # 用于滑动平均的衰减
NUM_EPOCHS_PER_DECAY = 350.0       # 学习速度衰退之后的步数
LEARNING_RATE_DECAY_FACTOR = 0.1   # 学习率衰减因子
INITIAL_LEARNING_RATE = 0.1        # 初始学习率

# 注意，当可视化模型时，不要忘记从摘要名中删除该前缀
TOWER_NAME = 'tower'
# 训练数据包下载地址
```

```
DATA_URL = 'http://www.cs.toronto.edu/~kriz/cifar-10-binary.tar.gz'

def _activation_summary(x):
  """创建激活 summary 帮助
  创建一个 summary 函数来记录激活 histogram 和 scalar

  参数:
    x: Tensor
  返回:
    nothing
  """
  # 从名称中删除'tower_ [0-9] /', 以防这是一个多 GPU 训练
  # session 有助于在 tensorboard 中清楚展示
  tensor_name = re.sub('%s_[0-9]*/' % TOWER_NAME, '', x.op.name)
  tf.summary.histogram(tensor_name + '/activations', x)
  tf.summary.scalar(tensor_name + '/sparsity',
                                       tf.nn.zero_fraction(x))

def _variable_on_cpu(name, shape, initializer):
  """Helper to create a Variable stored on CPU memory.
  参数:
    name: 变量名称
    shape: ints 列表
    initializer: 变量的初始化
  返回:
    Tensor 变量
  """
  with tf.device('/cpu:0'):
    dtype = tf.float16 if FLAGS.use_fp16 else tf.float32
    var = tf.get_variable(name, shape, initializer=initializer, dtype=dtype)
  return var

def _variable_with_weight_decay(name, shape, stddev, wd):
  """使用权重衰减创建初始化变量的帮助文档
  注意，使用截断正态分布初始化变量，仅当指定时才加权重衰减
  参数:
    name: 变量的名称
    shape: int 的列表
    stddev: 截断高斯的标准偏差
    wd: 加上 L2Loss 的权重衰减乘以这个浮点数。如果没有，该变量不加权重衰减

  返回:
    Tensor 变量
  """
  dtype = tf.float16 if FLAGS.use_fp16 else tf.float32
  var = _variable_on_cpu(
      name,
      shape,
      tf.truncated_normal_initializer(stddev=stddev, dtype=dtype))
  if wd is not None:
    weight_decay = tf.multiply(tf.nn.l2_loss(var), wd, name='weight_loss')
    tf.add_to_collection('losses', weight_decay)
  return var

def distorted_inputs():
```

```
  """构建 cifar 训练的扭曲输入
  返回:
    images: 图像, 四维 tensor,shape 为[batch_size, IMAGE_SIZE, IMAGE_SIZE, 3]
    labels: 标签, 一维 tensor,shape 为[batch_size]
  提升:
    ValueError: 如果没有 data_dir
  """
  if not FLAGS.data_dir:
    raise ValueError('Please supply a data_dir')
  data_dir = os.path.join(FLAGS.data_dir, 'cifar-10-batches-bin')
  images, labels = cifar10_input.distorted_inputs(data_dir=data_dir,
                                                  batch_size=FLAGS.batch_size)
  if FLAGS.use_fp16:
    images = tf.cast(images, tf.float16)
    labels = tf.cast(labels, tf.float16)
  return images, labels

def inputs(eval_data):
  """构建 cifar 评估的输入
  参数:
    eval_data: bool, 表示是否应该使用 train 或 eval 数据集
  返回:
    images: 图像, 四维 tensor,shape 为[batch_size, IMAGE_SIZE, IMAGE_SIZE, 3]
    labels: 标签, 一维 tensor,shape 为[batch_size]
  提升:
    ValueError: 如果没有 data_dir
  """
  if not FLAGS.data_dir:
    raise ValueError('Please supply a data_dir')
  data_dir = os.path.join(FLAGS.data_dir, 'cifar-10-batches-bin')
  images, labels = cifar10_input.inputs(eval_data=eval_data,
                                        data_dir=data_dir,
                                        batch_size=FLAGS.batch_size)
  if FLAGS.use_fp16:
    images = tf.cast(images, tf.float16)
    labels = tf.cast(labels, tf.float16)
  return images, labels


def inference(images):
  """构建 cifar10 模型
  参数:
    图像: 从 distorted_inputs()或 inputs()返回的图像
  返回:
    对数
  """

  # 初始化所有变量, 使用 tf.get_variable()来代替 tf.Variable()
  # 以便在多个 GPU 训练运行中共享变量
  # 如果只在一个 GPU 上运行这个模型, 用 tf.Variable()
  # 替换 tf.get_variable()的所有实例来简化这个函数
  #
  # conv1, 即第一个卷积层(使用 ReLu 激活函数)
  with tf.variable_scope('conv1') as scope:
    kernel = _variable_with_weight_decay('weights',
```

```
                                          shape=[5, 5, 3, 64],
                                          stddev=5e-2,
                                          wd=0.0)
    conv = tf.nn.conv2d(images, kernel, [1, 1, 1, 1], padding='SAME')
    biases = _variable_on_cpu('biases', [64], tf.constant_initializer(0.0))
    pre_activation = tf.nn.bias_add(conv, biases)
    conv1 = tf.nn.relu(pre_activation, name=scope.name)
    _activation_summary(conv1)

  # pool1，第一个池化层（最大池化层）
  pool1 = tf.nn.max_pool(conv1, ksize=[1, 3, 3, 1], strides=[1, 2, 2, 1],
                         padding='SAME', name='pool1')
  # padding='SAME'代表当不能滑动到底时，用白边补齐
  # norm1 第一个局部响应归一化层
  norm1 = tf.nn.lrn(pool1, 4, bias=1.0, alpha=0.001 / 9.0, beta=0.75,
                    name='norm1')

  # conv2, 第二个卷积层
  with tf.variable_scope('conv2') as scope:
    kernel = _variable_with_weight_decay('weights',
                                         shape=[5, 5, 64, 64],
                                         stddev=5e-2,
                                         wd=0.0)
    conv = tf.nn.conv2d(norm1, kernel, [1, 1, 1, 1], padding='SAME')
    biases = _variable_on_cpu('biases', [64], tf.constant_initializer(0.1))
    pre_activation = tf.nn.bias_add(conv, biases)
    conv2 = tf.nn.relu(pre_activation, name=scope.name)
    _activation_summary(conv2)

  # norm2, 第二个局部响应归一化层
  norm2 = tf.nn.lrn(conv2, 4, bias=1.0, alpha=0.001 / 9.0, beta=0.75,
                    name='norm2')
  # pool2, 第二个池化层
  pool2 = tf.nn.max_pool(norm2, ksize=[1, 3, 3, 1],
                         strides=[1, 2, 2, 1], padding='SAME', name='pool2')

  # local3, 全连接层
  with tf.variable_scope('local3') as scope:
    # 执行单个矩阵乘法
    reshape = tf.reshape(pool2, [FLAGS.batch_size, -1])
    dim = reshape.get_shape()[1].value
    weights = _variable_with_weight_decay('weights', shape=[dim, 384],
                                          stddev=0.04, wd=0.004)
    biases = _variable_on_cpu('biases', [384], tf.constant_initializer(0.1))
    local3 = tf.nn.relu(tf.matmul(reshape, weights) + biases, name=scope.name)
    _activation_summary(local3)

  # local4, 全连接层
  with tf.variable_scope('local4') as scope:
    weights = _variable_with_weight_decay('weights', shape=[384, 192],
                                          stddev=0.04, wd=0.004)
    biases = _variable_on_cpu('biases', [192], tf.constant_initializer(0.1))
    local4 = tf.nn.relu(tf.matmul(local3, weights) + biases, name=scope.name)
    _activation_summary(local4)
```

```
  # Logistic 层(WX + b)
  # 在这里不用 softmax，因为
  # tf.nn.sparse_softmax_cross_entropy_with_logits 接受不成比例的 logits
  # 并在内部执行 softmax，以提高效率
  with tf.variable_scope('softmax_linear') as scope:
    weights = _variable_with_weight_decay('weights', [192, NUM_CLASSES],
                                          stddev=1/192.0, wd=0.0)
    biases = _variable_on_cpu('biases', [NUM_CLASSES],
                              tf.constant_initializer(0.0))
    softmax_linear = tf.add(tf.matmul(local4, weights), biases, name=scope.name)
    _activation_summary(softmax_linear)

  return softmax_linear

# 计算损失函数的值
def loss(logits, labels):
  """为所有的训练变量添加 L2Loss
  为"Loss"和"Loss/avg"添加汇总
  参数：
    logits：来自 inference()的 Logits
    标签：来自 distorted_inputs 或 inputs()的标签。一维 tensor 的大小[batch_size]
  返回：
    float 类型的 Loss tensor
  """
  # 计算批量的平均交叉熵损失
  labels = tf.cast(labels, tf.int64)
  cross_entropy = tf.nn.sparse_softmax_cross_entropy_with_logits(
      labels=labels, logits=logits, name='cross_entropy_per_example')
  cross_entropy_mean = tf.reduce_mean(cross_entropy, name='cross_entropy')
  tf.add_to_collection('losses', cross_entropy_mean)

  # 总损失定义为交叉熵损失加上所有权重衰减项(L2 损失)
  return tf.add_n(tf.get_collection('losses'), name='total_loss')


def _add_loss_summaries(total_loss):
  """在 cifar10 模型中添加损失汇总
  在可视化网络的性能时，为所有损失和相关摘要生成滑动平均值
  参数：
    total_loss：损失总损失 ( )
  返回：
    loss_averages_op：op 用于产生滑动平均 loss
  """
  # 计算个别损失滑动平均值和总损失值
  loss_averages = tf.train.ExponentialMovingAverage(0.9, name='avg')
  losses = tf.get_collection('losses')
  loss_averages_op = loss_averages.apply(losses + [total_loss])

  # 为个别损失和总损失附上一个标量汇总，对于平均损失也一样
  for l in losses + [total_loss]:

    # 将每个损失命名为"(raw)"，并将滑动平均损失命名为原始 loss 名
    tf.summary.scalar(l.op.name + ' (raw)', l)
    tf.summary.scalar(l.op.name, loss_averages.average(l))
```

```
    return loss_averages_op

def train(total_loss, global_step):
    """训练 cifar10 模型
    创建优化器并应用于所有训练变量。为所有的训练变量添加滑动平均值
    参数:
      total_loss: 总损失
      global_step: 计算训练处理步数的整数变量
    返回:
      train_op: op 用来训练
    """
    # 影响学习率的变量
    num_batches_per_epoch = NUM_EXAMCPLES_PER_EPOCH_FOR_TRAIN / FLAGS.batch_size
    decay_steps = int(num_batches_per_epoch * NUM_EPOCHS_PER_DECAY)

    # 根据步数成倍衰减学习率
    lr = tf.train.exponential_decay(INITIAL_LEARNING_RATE,
                                    global_step,
                                    decay_steps,
                                    LEARNING_RATE_DECAY_FACTOR,
                                    staircase=True)
    tf.summary.scalar('learning_rate', lr)

    # 生成所有损失和相关摘要的滑动平均值
    loss_averages_op = _add_loss_summaries(total_loss)

    # 计算梯度
    with tf.control_dependencies([loss_averages_op]):
      opt = tf.train.GradientDescentOptimizer(lr)
      grads = opt.compute_gradients(total_loss)

    # 应用梯度
    apply_gradient_op = opt.apply_gradients(grads, global_step=global_step)

    # 添加可训练变量的直方图
    for var in tf.trainable_variables():
      tf.summary.histogram(var.op.name, var)

    # 添加梯度直方图
    for grad, var in grads:
      if grad is not None:
        tf.summary.histogram(var.op.name + '/gradients', grad)

    # 跟踪所有训练的变量的滑动平均值
    variable_averages = tf.train.ExponentialMovingAverage(
        MOVING_AVERAGE_DECAY, global_step)
    variables_averages_op = variable_averages.apply(tf.trainable_variables())

    with tf.control_dependencies([apply_gradient_op, variables_averages_op]):
      train_op = tf.no_op(name='train')

    return train_op

def maybe_download_and_extract():
```

```
"""从Alex的网站下载并解压缩tarball"""
dest_directory = FLAGS.data_dir
if not os.path.exists(dest_directory):
  os.makedirs(dest_directory)
filename = DATA_URL.split('/')[-1]
filepath = os.path.join(dest_directory, filename)
if not os.path.exists(filepath):
  def _progress(count, block_size, total_size):
    sys.stdout.write('\r>> Downloading %s %.1f%%' % (filename,
        float(count * block_size) / float(total_size) * 100.0))
    sys.stdout.flush()
  filepath, _ = urllib.request.urlretrieve(DATA_URL, filepath, _progress)
  print()
  statinfo = os.stat(filepath)
  print('Successfully downloaded', filename, statinfo.st_size, 'bytes.')
extracted_dir_path = os.path.join(dest_directory, 'cifar-10-batches-bin')
if not os.path.exists(extracted_dir_path):
  tarfile.open(filepath, 'r:gz').extractall(dest_directory)
```

10.4 训练模型

现在，我们已经有了一个 TensorFlow 计算图。简单地梳理一下它的结构，如表 10-1 所示。也可以用 TensorBoard 生成一个模型的数据流图，如图 10-4 所示。

表 10-1 TensorFlow 计算图的结构

层 名 称	描 述
conv1	第一个卷积层和 ReLu 激活函数
pool1	第一个最大池化层
norm1	局部响应归一化
conv2	第二个卷积层和 ReLu 激活函数
norm2	局部响应归一化
pool2	第二个最大池化层
fc3	基于修正线性激活的全连接层
fc4	基于修正线性激活的全连接层
softmax_linear	线性变化输出 Logistic 概率映射

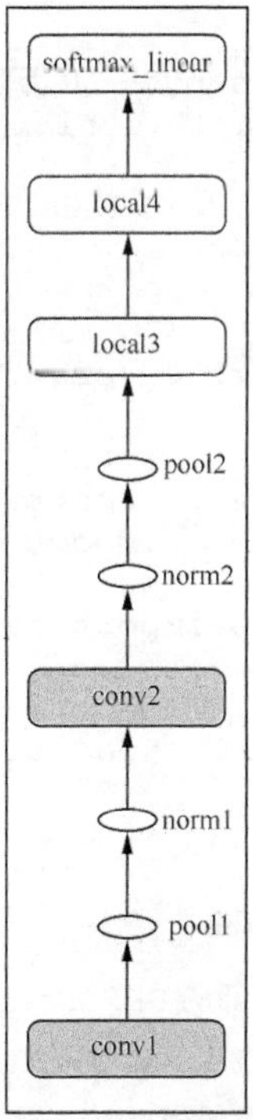

图 10-4 用 TensorBoard 生成的数据流图

然后要开启 TensorBoard 循环执行这个数据流图的计算，将一批一批的图片数据输入进去，根据损失函数确定梯度下降的参数更新值，并反复迭代，直到损失函数收敛，这样就完成了一个模型的训练。

第一次运行这个脚本时，会自动下载 cifar10 数据集，数据集大约有 160MB，所以需要等一会儿。

cifar10_train.py 会周期性地在检查点（checkpoint）中保存模型中的所有参数，但是不会对模型进行评估。cifar10_eval.py 会使用该检查点文件来测试预测性能，这将在下一节详述。

现在执行这个训练脚本：

```
$ python cifar10_train.py
```

开始训练后，脚本会每隔 10 步（epoch）输出一次总损失函数的值。最后一批数据的处理速度类似于这样：

```
2017-04-26 13:44:28.232094: step 0, loss = 4.68 (26.1 examples/sec; 2.453 sec/batch)
2017-04-26 13:44:28.764766: step 10, loss = 4.63 (1201.5 examples/sec; 0.053 sec/batch)
2017-04-26 13:44:29.362821: step 20, loss = 4.45 (1070.1 examples/sec; 0.060 sec/batch)
2017-04-26 13:44:29.982108: step 30, loss = 4.41 (1033.4 examples/sec; 0.062 sec/batch)
2017-04-26 13:44:30.619360: step 40, loss = 4.33 (1004.3 examples/sec; 0.064 sec/batch)
...

"""使用单个 GPU 来训练 cifar10 的二进制文件

准确率:
cifar10_train.py 在 10 万步后达到约 86%的精度(256 epochs of
data)，由 cifar10_eval.py 判断

速度: batch_size 为 128

用法:
请参阅教程和网站: 如何下载 cifar10 数据集、编译程序和训练模型
http://tensorflow.org/tutorials/deep_cnn/
"""
from __future__ import absolute_import
from __future__ import division
from __future__ import print_function

from datetime import datetime
import time

import tensorflow as tf

import cifar10

FLAGS = tf.app.flags.FLAGS #flags 是一个文件: flags.py，用于处理命令行参数的解析工作

#调用 flags 内部的 DEFINE_string 函数来制订解析规则
tf.app.flags.DEFINE_string('train_dir', '/tmp/cifar10_train',
                           """log 日志和 checkpoint 所在的目录.""")
tf.app.flags.DEFINE_integer('max_steps', 1000000,
                            """运行的 batch 数目.""")
```

```
tf.app.flags.DEFINE_boolean('log_device_placement', False,
                            """是否记录 device placement.""")
tf.app.flags.DEFINE_integer('log_frequency', 10,
                            """将结果记录到控制台的频率.""")

def train():
  """训练 cifar10 的多个步骤."""
  with tf.Graph().as_default():
    global_step = tf.contrib.framework.get_or_create_global_step()

    # 获取 cifar10 的图像和标签
    images, labels = cifar10.distorted_inputs()

    # 构建一个计算推理模型的逻辑预测的图表
    logits = cifar10.inference(images)

    # 计算损失函数
    loss = cifar10.loss(logits, labels)

    # 构建一个训练示例的模型和更新模型参数的图表
    train_op = cifar10.train(loss, global_step)

    class _LoggerHook(tf.train.SessionRunHook):
      """记录损失函数和运行时间."""

      def begin(self):
        self._step = -1
        self._start_time = time.time()

      def before_run(self, run_context):
        self._step += 1
        return tf.train.SessionRunArgs(loss)  # 要求损失值

      def after_run(self, run_context, run_values):
        if self._step % FLAGS.log_frequency == 0:
          current_time = time.time() #time.time() 返回当前时间的时间戳（浮点秒数）
          duration = current_time - self._start_time
          self._start_time = current_time

          loss_value = run_values.results
          examples_per_sec = FLAGS.log_frequency * FLAGS.batch_size / duration
          sec_per_batch = float(duration / FLAGS.log_frequency)

          format_str = ('%s: step %d, loss = %.2f (%.1f examples/sec; %.3f '
                        'sec/batch)')
          print (format_str % (datetime.now(), self._step, loss_value,
                               examples_per_sec, sec_per_batch))

    '''MonitoredTrainingSession 函数：当程序发生错误或中断时，
      保持这个 checkpoint，之后可以直接从这个 checkpoint 初始化'''
    with tf.train.MonitoredTrainingSession(
        checkpoint_dir=FLAGS.train_dir, #指定存储变量的路径
        hooks=[tf.train.StopAtStepHook(last_step=FLAGS.max_steps),
        #在特定的步数后请求停止，也就是到达 FLAGS.max_steps 步后停止
               tf.train.NanTensorHook(loss),
```

```
                #在 loss 是 NaN 时，监控 loss，停止训练
                _LoggerHook()],
        config=tf.ConfigProto( #tf.ConfigProto 的实例，用于配置 session。
                              #主要制定设备类型与名字，如"CPU"和"GPU"
            log_device_placement=FLAGS.log_device_placement)) as mon_sess:
      while not mon_sess.should_stop():
        mon_sess.run(train_op)

def main(argv=None):
  cifar10.maybe_download_and_extract()
  if tf.gfile.Exists(FLAGS.train_dir):
    tf.gfile.DeleteRecursively(FLAGS.train_dir)
  tf.gfile.MakeDirs(FLAGS.train_dir)
  train()

if __name__ == '__main__':
  tf.app.run()
```

10.5 评估模型的性能

在这一步中，我们使用一部分数据集（测试数据集和验证数据集）来评估训练模型的性能。脚本文件 cifar10_eval.py 对模型进行评估，利用 inference()函数重构模型，并使用评估数据集中的 10000 张 cifar10 图片进行测试。最终计算出的精度为 1:*N*，*N*=预测值中置信度最高的一项与图片真实 label 匹配的频次。

为了监控模型在训练过程中的改进情况，评估用的脚本文件会周期性地在最新的检查点文件上运行，这些检查点文件由 cifar10_train.py 产生。

训练完后，执行：

```
$ python cifar10_eval.py
```

会看到类似如下的输出：

```
2015-11-06 08:30:44.391206: precision @ 1 = 0.860
...
```

评估脚本只是周期性地返回 precision @1。该例中返回的准确率是 86%。cifar10_eval.py 同时也返回其他一些可以在 TensorBoard 中进行可视化的简要信息。可以通过这些简要信息在评估过程中进一步了解模型：

```
"""cifar10 评估
准确率：
cifar10_train.py 在 10 万步后达到 83.0%的准确率，由 cifar10_eval.py 判断

速度：
在单个 Tesla K40, cifar10_train.py 处理一批的 128 张图像需要 0.25～0.35s
(即 350～600 张图像/s)。在 10 万步后，模型达到 86%的准确率，训练时长为 8h
"""
from __future__ import absolute_import
from __future__ import division
```

```
from __future__ import print_function

from datetime import datetime
import math
import time

import numpy as np
import tensorflow as tf

import cifar10

FLAGS = tf.app.flags.FLAGS #flags是一个文件：flags.py，用于处理命令行参数的解析工作

#调用flags内部的DEFINE_string函数来制订解析规则
#训练结束后，TensorFlow会在/tmp/下保存训练过程中和结束后的模型参数
tf.app.flags.DEFINE_string('eval_dir', '/tmp/cifar10_eval',
                           """log日志所在的目录.""")
tf.app.flags.DEFINE_string('eval_data', 'test',
                           """可选'test'或者'train_eval'.""")
tf.app.flags.DEFINE_string('checkpoint_dir', '/tmp/cifar10_train',
                           """读取checkpoints模型所在的目录.""")
tf.app.flags.DEFINE_integer('eval_interval_secs', 60 * 5,
                            """运行eval的频率.""")
tf.app.flags.DEFINE_integer('num_examples', 10000,
                            """运行的样本数目.""")
tf.app.flags.DEFINE_boolean('run_once', False,
                           """是否只运行一次eval.""")

def eval_once(saver, summary_writer, top_k_op, summary_op):
  """运行一次评估测试
  参数:
    saver: 用于保存和恢复变量
    summary_writer: Summary writer
    top_k_op: 前K个op
    summary_op: Summary op
  """
  with tf.Session() as sess:
    ckpt = tf.train.get_checkpoint_state(FLAGS.checkpoint_dir)
    if ckpt and ckpt.model_checkpoint_path:
      #从检查点恢复
      saver.restore(sess, ckpt.model_checkpoint_path)
      #假设model_checkpoint_path为:
      #   /my-favorite-path/cifar10_train/model.ckpt-0,
      #从中提取 global_step
      global_step = ckpt.model_checkpoint_path.split('/')[-1].split('-')[-1]
    else:
      print('No checkpoint file found')
      return

    # 启动队列
    coord = tf.train.Coordinator()
    try:
      threads = []
      for qr in tf.get_collection(tf.GraphKeys.QUEUE_RUNNERS):
```

```
      threads.extend(qr.create_threads(sess, coord=coord, daemon=True,
                                       start=True))

    num_iter = int(math.ceil(FLAGS.num_examples / FLAGS.batch_size))
    true_count = 0  # 计算预测正确的数目
    total_sample_count = num_iter * FLAGS.batch_size
    step = 0
    while step < num_iter and not coord.should_stop():
      predictions = sess.run([top_k_op])
      true_count += np.sum(predictions)
      step += 1

    # 计算精度，即 Accuracy
    precision = true_count / total_sample_count
    print('%s: precision @ 1 = %.3f' % (datetime.now(), precision))

    summary = tf.Summary()
    summary.ParseFromString(sess.run(summary_op))
    summary.value.add(tag='Precision @ 1', simple_value=precision)
    summary_writer.add_summary(summary, global_step)
  except Exception as e:
    coord.request_stop(e)

  coord.request_stop()
  coord.join(threads, stop_grace_period_secs=10)

def evaluate():
  """评估 cifar10 的多个步骤."""
  with tf.Graph().as_default() as g:
    # 获取 cifar10 的图像和标签
    eval_data = FLAGS.eval_data == 'test'
    images, labels = cifar10.inputs(eval_data=eval_data)

    # 构建一个计算推理模型的逻辑预测的图表
    logits = cifar10.inference(images)

    # 计算损失函数
    top_k_op = tf.nn.in_top_k(logits, labels, 1)

    # 恢复 eval 的滑动平均版本的学习变量
    variable_averages = tf.train.ExponentialMovingAverage(
        cifar10.MOVING_AVERAGE_DECAY)
    variables_to_restore = variable_averages.variables_to_restore()
    saver = tf.train.Saver(variables_to_restore)

    # 根据汇总的 TensorFlow 集合构建操作汇总
    summary_op = tf.summary.merge_all()

    summary_writer = tf.summary.FileWriter(FLAGS.eval_dir, g)

    while True:
      eval_once(saver, summary_writer, top_k_op, summary_op)
      if FLAGS.run_once:
        break
      time.sleep(FLAGS.eval_interval_secs)
```

```
def main(argv=None):
  cifar10.maybe_download_and_extract()
  if tf.gfile.Exists(FLAGS.eval_dir):
    tf.gfile.DeleteRecursively(FLAGS.eval_dir)
  tf.gfile.MakeDirs(FLAGS.eval_dir)
  evaluate()


if __name__ == '__main__':
  tf.app.run()
```

10.6 多 GPU 训练

前面介绍了多 GPU 的并行计算方法。假设拥有两个 GPU，显然可以利用多个 GPU 来提高模型训练的速度。

在并行、分布式的环境中进行训练，需要对训练程序进行协调。如果对模型参数采用异步方式更新，将会得到次优的训练性能，因为我们可能会基于一个旧的模型参数的复制去训练一个模型。但如果采用完全同步更新的方式，其速度将会变得和最慢的模型一样。

但在具有多个 GPU 的工作站中，每个 GPU 的速度基本接近，并且都含有足够的内存来运行整个 cifar10 模型。因此，选择以下方式来设计多 GPU 训练系统。

- 在每个 GPU 上放置单独的模型副本。
- 等所有 GPU 处理完一批数据后，再同步更新模型的参数。

可以从图 10-5 中了解它的结构。

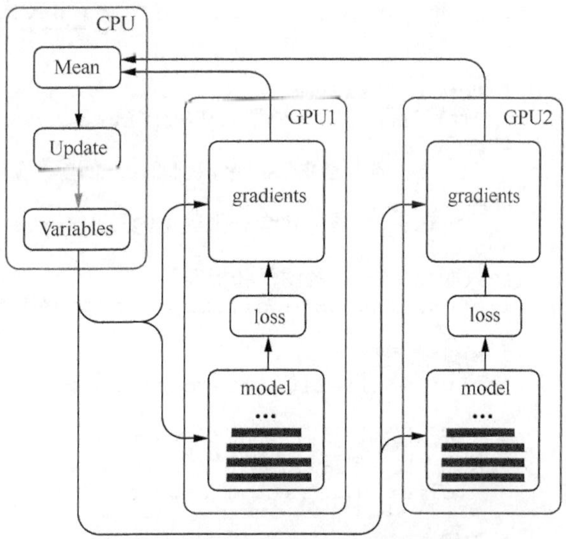

图 10-5 一个 CPU 和两个 GPU 协同工作

可以看到，每一个 GPU 会用一批独立的数据计算梯度和估计值。这种设置可以非常有效地将一大批数据分割到各个 GPU 上。

这一机制要求所有 GPU 能够共享模型参数。但是，众所周知，在 GPU 之间传输数据非常慢，因此我们决定在 CPU 上存储和更新所有模型的参数。这样，GPU 在处理一批新的数据前就会更新一遍参数。

图 10-5 中所有的 GPU 是同步运行的。所有 GPU 中的梯度会累积并求平均值。模型参数会利用所有模型副本梯度的均值来更新。显然，这就是第 9 章所描述的 In-graph 架构的并行计算方法：

```
"""使用多个 GPU 同步更新训练 cifar10 的二进制文件
精确度：
cifar10_multi_gpu_train.py 在 10 万步后达到约 86% 的精度 (256
```

```
epochs of data)，由 cifar10_eval.py 判断

速度：batch_size 为 128

用法：
请参阅教程和网站：如何下载 cifar10 数据集、编译程序和训练模型
http://tensorflow.org/tutorials/deep_cnn/
"""
from __future__ import absolute_import
from __future__ import division
from __future__ import print_function

from datetime import datetime
import os.path
import re
import time

import numpy as np
from six.moves import xrange
import tensorflow as tf
import cifar10

FLAGS = tf.app.flags.FLAGS

tf.app.flags.DEFINE_string('train_dir', '/tmp/cifar10_train',
                           """log 日志和 checkpoint 所在的目录.""")
tf.app.flags.DEFINE_integer('max_steps', 1000000,
                           """运行的 batch 数目.""")
tf.app.flags.DEFINE_integer('num_gpus', 1,
                           """GPU 的个数.""")
tf.app.flags.DEFINE_boolean('log_device_placement', False,
                          """是否记录 device placement.""")

def tower_loss(scope):
  """计算运行 cifar 模型的在单个塔的总 loss
  参数：
    scope：唯一前缀字符串识别 CIFAR 塔，例如'tower_0'
  返回：
     Tensor 的形[]包含一批数据的总 loss
  """
  # 获取 cifar10 的图像和标签
  images, labels = cifar10.distorted_inputs()

  # 构建推理图
  logits = cifar10.inference(images)

  # 生成图形的计算损失的部分。注意，
  # 使用下面的自定义函数来组合 total_loss
  _ = cifar10.loss(logits, labels)

  # 仅组合现有 tower 的所有 loss
  losses = tf.get_collection('losses', scope)

  # 计算当前塔的总 loss
  total_loss = tf.add_n(losses, name='total_loss')
```

```
  # 为个别损失和总损失附上一个标量汇总，对于平均损失也一样
  for l in losses + [total_loss]:
    # 从名称中删除'tower_ [0-9] /'，以防这是一个多 GPU 训练
    # session 有助于在 tensorboard 中清楚展示
    loss_name = re.sub('%s_[0-9]*/' % cifar10.TOWER_NAME, '', l.op.name)
    tf.summary.scalar(loss_name, l)

  return total_loss

def average_gradients(tower_grads):
  """计算所有塔中每个共享变量的平均梯度
  注意，此函数提供了跨所有塔的同步点
  参数：
    tower_grads：(gradient, variable) 元组列表的列表。外部列表超过
      个别的梯度。内部列表超过每个塔的计算梯度
  返回：
     跨所有塔平均所有对列表的梯度
  """
  average_grads = []
  for grad_and_vars in zip(*tower_grads):
    # 注意，每个 grad_and_vars 如下所示：
    #   ((grad0_gpu0, var0_gpu0), ... , (grad0_gpuN, var0_gpuN))
    grads = []
    for g, _ in grad_and_vars:
      # 向梯度添加 0 维，以表示 tower
      expanded_g = tf.expand_dims(g, 0)

      # 附加在'tower'维度后面，下面将会被平均
      grads.append(expanded_g)

    # 平均超过'tower' 维度
    grad = tf.concat(axis=0, values=grads)
    grad = tf.reduce_mean(grad, 0)

    # 注意，变量是多余的，因为它们是跨塔共享的，
    # 所以只会把第一个塔的指针返回到变量
    v = grad_and_vars[0][1]
    grad_and_var = (grad, v)
    average_grads.append(grad_and_var)
  return average_grads

def train():
  """Train CIFAR-10 for a number of steps."""
  with tf.Graph().as_default(), tf.device('/cpu:0'):
    # 创建一个变量来计算 train()调用次数。这等于已处理的批次数乘以 FLAGS.num_gpus
    global_step = tf.get_variable(
        'global_step', [],
        initializer=tf.constant_initializer(0), trainable=False)

    # 计算学习率
    num_batches_per_epoch = (cifar10.NUM_EXAMCPLES_PER_EPOCH_FOR_TRAIN /
                             FLAGS.batch_size)
    decay_steps = int(num_batches_per_epoch * cifar10.NUM_EPOCHS_PER_DECAY)
```

```
# 根据步数成倍衰减学习率
lr = tf.train.exponential_decay(cifar10.INITIAL_LEARNING_RATE,
                                global_step,
                                decay_steps,
                                cifar10.LEARNING_RATE_DECAY_FACTOR,
                                staircase=True)

# 创建一个执行梯度下降的优化器
opt = tf.train.GradientDescentOptimizer(lr)

# 计算每个模型塔的梯度
tower_grads = []
with tf.variable_scope(tf.get_variable_scope()):
  for i in xrange(FLAGS.num_gpus):
    with tf.device('/gpu:%d' % i):
      with tf.name_scope('%s_%d' % (cifar10.TOWER_NAME, i)) as scope:
        # 计算 cifar 模型的一个塔的损失。这个函数
        # 构建整个 cifar 模型，但共享变量跨所有塔
        loss = tower_loss(scope)

        # 重新使用下一个塔的变量
        tf.get_variable_scope().reuse_variables()

        # 从最后的塔保留 summaries
        summaries = tf.get_collection(tf.GraphKeys.SUMMARIES, scope)

        # 在 cifar 塔上计算批次数据的梯度
        grads = opt.compute_gradients(loss)

        # 跟踪所有塔的梯度
        tower_grads.append(grads)

# 必须计算每个梯度的平均值。注意同步点跨所有塔
grads = average_gradients(tower_grads)

# 添加汇总来追踪学习率
summaries.append(tf.summary.scalar('learning_rate', lr))

# 添加梯度的直方图
for grad, var in grads:
  if grad is not None:
    summaries.append(tf.summary.histogram(var.op.name + '/gradients', grad))

# 应用梯度来调整共享变量
apply_gradient_op = opt.apply_gradients(grads, global_step=global_step)

# 为训练变量添加直方图
for var in tf.trainable_variables():
  summaries.append(tf.summary.histogram(var.op.name, var))

# 跟踪所有训练的变量的滑动平均值
variable_averages = tf.train.ExponentialMovingAverage(
    cifar10.MOVING_AVERAGE_DECAY, global_step)
variables_averages_op = variable_averages.apply(tf.trainable_variables())
```

```
# 将所有更新分组成单个训练 op
train_op = tf.group(apply_gradient_op, variables_averages_op)

# 创建一个 saver
saver = tf.train.Saver(tf.global_variables())

# 从最后的塔汇总构建汇总操作
summary_op = tf.summary.merge(summaries)

# 构建一个初始化，运行以下操作
init = tf.global_variables_initializer()

# 在图上开始运行操作。allow_soft_placement 必须设置为 True，
# 以便在 GPU 上构建塔，因为一些 op 没有 GPU 实现
sess = tf.Session(config=tf.ConfigProto(
    allow_soft_placement=True,
    log_device_placement=FLAGS.log_device_placement))
sess.run(init)

# 启动队列
tf.train.start_queue_runners(sess=sess)

summary_writer = tf.summary.FileWriter(FLAGS.train_dir, sess.graph)

for step in xrange(FLAGS.max_steps):
  start_time = time.time()
  _, loss_value = sess.run([train_op, loss])
  duration = time.time() - start_time

  assert not np.isnan(loss_value), 'Model diverged with loss = NaN'

  if step % 10 == 0:
    num_examples_per_step = FLAGS.batch_size * FLAGS.num_gpus
    examples_per_sec = num_examples_per_step / duration
    sec_per_batch = duration / FLAGS.num_gpus

    format_str = ('%s: step %d, loss = %.2f (%.1f examples/sec; %.3f '
                  'sec/batch)')
    print (format_str % (datetime.now(), step, loss_value,
                         examples_per_sec, sec_per_batch))

  if step % 100 == 0:
    summary_str = sess.run(summary_op)
    summary_writer.add_summary(summary_str, step)

  # 定期保存模型的检查点
  if step % 1000 == 0 or (step + 1) == FLAGS.max_steps:
    checkpoint_path = os.path.join(FLAGS.train_dir, 'model.ckpt')
    saver.save(sess, checkpoint_path, global_step=step)
```

```
def main(argv=None):
  cifar10.maybe_download_and_extract()
  if tf.gfile.Exists(FLAGS.train_dir):
    tf.gfile.DeleteRecursively(FLAGS.train_dir)
  tf.gfile.MakeDirs(FLAGS.train_dir)
  train()


if __name__ == '__main__':
  tf.app.run()
```

10.7 本章小结

通过前面 9 章的内容，相信你已经掌握深度学习的基础知识了。在这一章中，我们使用一个卷积神经网络来对 cifar10 数据集做了多分类训练，实现了一个可以分类 10 个物体的分类器。

通过之前构筑的预备知识和本章的实践，相信你可以更深刻地理解深度学习作为一种机器学习模型如何完成从设定任务（T）、处理经验（E）到测试性能（P）的整个过程。

在这一过程中，我们使用卷积神经网络作为表示（R）、使用交叉熵损失函数作为评价（E）、使用随机梯度下降算法作为优化（O），基于 TensorFlow 来解决图像的多分类问题。

然而，深度学习之旅对你来说才刚刚开始，关于它的知识，难以在书中详尽展开。本书旨在帮助你以更平缓的方式掌握深度学习这个工具。